KB116017

OTHER MINDS

OTHER MINDS: The Octopus, the Sea, and the Deep Origins of Consciousness by Peter Godfrey-Smith
Copyright © 2016 by Peter Godfrey-Smith. All rights reserved.

This Korean edition was published by **leekimpress** in 2019
by arrangement with Farrar, Straus and Giroux, New York
through KCC(Korea Copyright Center Inc.), Seoul.

이 책은 (주)한국저작권센터(KCC)를 통한 저작권자와의 독점계약으로
도서출판 이김에서 출간되었습니다. 저작권법에 의해 한국 내에서 보호를 받는
저작물이므로 무단전재와 복제를 금합니다.

아더 마인즈
문어, 바다, 그리고 의식의 기원

초판 1쇄 펴냄 2019년 5월 8일
초판 2쇄 펴냄 2019년 6월 21일

지은이 피터 고프리스미스
옮긴이 김수빈
책임편집 이송찬

펴낸곳 도서출판 이김
등록 2015년 12월 2일 (제25100-2015-000094)
주소 서울시 은평구 통일로 684 22-206 (녹번동)
ISBN 979-11-89680-05-3 (03400)

값 16,000원
잘못된 책은 구입한 곳에서 바꿔 드립니다.

이 도서의 국립중앙도서관 출판예정도서목록(CIP)은 서지정보유통지원시스템 홈페이지(http://seoji.nl.go.kr)와 국가자료종합목록시스템(http://www.nl.go.kr/kolisnet)에서 이용하실 수 있습니다. (CIP제어번호 : CIP2019015090)

아더 마인즈

Other Minds

문어, 바다,
그리고
의식의 기원

피터 고프리스미스Peter Godfrey-Smith
김수빈 옮김

이음

바다를 보호하는 모든 이들을 위해

차례

감사의 말

이 작업을 도와 준 해양생물학자, 진화이론학자, 신경과학자, 고생물학자를 비롯한 많은 과학자들에게 감사드린다. 명단의 가장 위에 올라야 할 사람은 내가 두족류를 이해할 수 있게 해 주고 용기를 북돋아 준 크리시 허퍼드와 카리나 홀일 것이다. 짐 겔링, 가스파 제켈리, 알렉산드라 슈넬, 마이클 쿠바, 진 알루페이, 로저 핸런, 진 보얼, 베니 호크너, 제니퍼 매더, 앤드류 배런, 셸리 애더머, 진 맥키넌, 데이비드 에델만, 제니퍼 바질, 프랭크 그라소, 그레이엄 버드, 로이 캘드웰, 수전 캐리, 니콜러스 스트로스펠드, 로저 뷰익 등의 많은 생물학자들은 무척 중요한 도움을 주었다. 옥토폴리스에서 나와 함께한 매튜 로렌스, 데이비드 쉴, 스테판 린퀴스트의 역할은 본문에서도 분명히 드러날 것이다. 우리가 함께 촬영한 영상의 이미지를 쓸 수 있게 허락해 준 데 대해서도 그들에게 감사하다.

철학적 측면에서 다니엘 데닛의 저작을 애호하는 사람이라면 내가 데닛에게 많은 영향을 받았음을 금방 알아차릴 수 있을 것이다. 또한 프레드 카이저, 킴 스터렐니, 데릭 스킬링스, 어스틴 부스, 로라 프랭클린홀, 론 플래너, 로자 차오, 콜린 클라인, 러버트 러츠, 피오나 쉬크, 마이클 트레스트먼, 조 비티에게도 감사한다. 다이브 센터 맨리와 레츠고 어드벤처스(넬슨 베이)에서는 스쿠버 다이빙에 지대한 도움을 주었다. 엘리자 주윗은 78쪽과 272쪽의 그림을, 에인슬리 시고는 73쪽에 있는 그림을 그려 주었다. 컬러 페이지의 처음에 들어간 사진은 "Cephalopod Cognition" *Animal Behaviour*, vol. 106, August 2015, pp. 145-47에도 등장한다. 또한 데니스 와틀리, 토니 브레이미, 신시아 크리스, 데니스 로다니체, 믹 섈리원, 린 클리어리에게도 큰 감사를 표한다. 뉴욕시립대 대학원은 학술 연구를 하기에 정말 환상적인 곳이다. 생각하고 글을 쓸 수 있는 자유와 훌륭한 지적 분위기를 제공한다. 캐비지 트리 베이 해양 보호구역, 부더리 국립공원, 저비스 베이 마린 파크, 포트 스티븐스-그레이트 레이크 마린 파크에서 생태계를 보호하고 살피는 관리인들에게도 깊은 감사를 표한다.

알렉스 스타는 단지 좋은 편집자의 필요성을 훌쩍 뛰어넘을 정도로 매우 중요한 역할을 했다. 마지막으로 나는 제인 쉘든에게 감사를 표해야 할 것인데 그는 여러 초고를 날카롭게 논평해 주었고 주목할 만한 해양생물을 발견했으며 많은 아이디어들에 영감과 도움을 주었을 뿐 아니라, 이 책을 처음 구상한 해변가에 있는 우리의 작은 아파트에 점점 늘어나는 짠물과 네오프렌 재질의 장비들을 인내심을 갖고 다뤄 줬다.

과학의 여러 분야에서 연속성에 대한 요구는 참으로 예언적인 힘을 갖고 있음을 보여 주었다. 따라서 우리는 의식의 기원에 대해 가능한 모든 방법으로 상상하려고 전심으로 노력해야 마땅하다. 의식의 기원이 이전까지는 존재하지 않았던 새로운 본성의 세계로 난입한 것처럼 보이지 않도록.

—윌리엄 제임스, 『심리학 원리The Principles of Psychology』(1890)

하와이에서 전해져 내려오는 생명 창조의 드라마는 몇 단계로 나뉘어 있다.…먼저 낮은 단계의 식충류와 산호가 생겨났고 그 다음 벌레와 갑각류가 태어났다. 이들은 자신보다 앞서 생겨난 존재들을 정복하고 파괴하겠다고 천명했고 가장 강한 자만이 살아남는 존재의 투쟁이 시작됐다. 이러한 동물 형태의 진화와 더불어 식물이 육지와 바다에서 시작됐다. 처음에는 조류藻類가, 그 다음에는 해조류와 골풀이 생겨났다. 새로운 생명의 종류가 잇달아 생겨나면서 죽은 생명들이 썩어 생겨난 점액이 뭉쳐 육지를 바다 위로 들어올렸고, 과거의 세계에서 유일하게 살아남은 문어가 이 모든 것을 바라보며 바다 속을 유영한다.

—롤랜드 딕슨, 『바다의 신화Oceanic Mythology』(1916)

1. 생명의 나무에서의 만남

두 번의 만남과 한 번의 결별

2009년의 어느 봄날 아침, 매튜 로렌스Matthew Lawrence는 호주 동부 해안의 푸른 만灣으로 작은 배를 끌고 나가 닻을 내리고 물속으로 뛰어내렸다. 그는 스쿠버 장비를 하고 닻이 있는 곳까지 헤엄쳐 내려간 다음 닻을 붙잡고 기다렸다. 수면 위로 부는 바람이 배를 조금씩 밀어내자 배는 움직이기 시작했고 매튜는 닻에 매달린 채 따라갔다.

그 만은 다이빙으로 널리 알려진 곳이지만 정작 다이버들은 절경으로 유명한 두어 군데만 찾았다. 인근에 사는 스쿠버 다이빙 매니아 매튜는 넓고도 고요한 이 곳에서 자신만의 해저 탐험을 시작했다. 모험이랄 것은 장비의 산소가 다 떨어질 때까지 바람이 빈 배를 이끄는대로 닻을 따라 헤엄치는 것이었다. 물속을 모험하던 어느 날, 그는 가리비가 널려 있는 편평한 해저 모래톱 위를 지나다가 뭔가 범상치 않은 상황을 마주했다. 마치 바위처럼 보이는 것을 중심으로 가리비 껍데기 수천 개가 이리저리 널려 있었다. 문어 십여 마리가 조개껍데기 위에 각자 얕은 웅덩이를 파서 들어가 있었다. 매튜는 내려가 그들 가까이에서 유영했다. 문어의 크기는 대체로 축구공만 했다. 문어들은 다리를 펼친 채로 앉아 있었다. 몸통은 대체로 회갈색을 띠었는데 시시각각 변했다. 눈은 커다랗고, 고양이의 눈동자를 가로로 젖힌 것처럼 수평으로 기다란 동공 말고는 사람의 눈과 그리 다르지 않아보였다.

문어들은 매튜를 지켜보면서 다른 문어를 주시하는 것도 잊지 않았다. 몇몇 문어는 어슬렁거리며 돌아다니기 시작했다. 그들은 굴에서 몸을 꺼낸 다음 조개껍데기 더미 위를 부드럽게 움직였다. 서로에게 아무런 반응이 없을 때도 있었지만, 어떤 때는 문어 두 마리가 여러 개의 다리로 몸싸움을 벌였다. 이 문어들은 서로 친구도 적도 아닌, 복잡한 공존 관계로 보였다. 15센티미터 정도되는 아기 상어 몇 마리는 이 광경이 별로 낯설지도 않다는듯 문어들이 주변을 돌아다녀도 가리비 껍데기 위에 조용히 누워 있었다.

이 일이 있기 두 해 전, 나는 시드니에 있는 다른 만에서 스노클링을 했다. 바위와 암초로 가득한 지역이었다. 나는 튀어나온 바위 밑에서 놀랄 만큼 커다란 무언가가 움직이는 것을 발견하고 자세히 보기 위해 내려갔다. 그것은 마치 거북이에 붙어 있는 문어 같았다. 납작한 몸통에 커다란 머리, 그리고 머리에서 그대로 뻗어나온 여덟 개의 다리가 있었다. 유연하고 빨판이 있는 다리는 문어 다리와 거의 비슷했다. 몸 뒤쪽에는 치마처럼 보이는 몇 센티 너비의 지느러미가 부드럽게 일렁이고 있었다. 그 동물은 빨간색이며 회색인 동시에 푸르스름한 녹색이기도 했다. 몸통의 무늬는 순식간에 나타났다가 사라졌다. 색깔이 나는 부분들 사이로 지나가는 은빛 정맥은 마치 빛나는 송전선 같았다. 그 동물은 해저면 가까이에 있다가 나를 보려고 다가왔다. 수면에서 봤을 때 짐작한 대로 이 동물은 길이가 1미터에 달할 정도로 '거대했다'. 다리는 이리저리 움직였고, 색깔은 시시각각 변하면서 앞뒤로 움직였다.

그것은 대왕갑오징어였다. 갑오징어는 문어의 친척쯤 되는 동물로 오징어에 더 가깝다. 문어, 갑오징어, 오징어는 모두 '두족류'의 일원이다. 다른 유명한 두족류로는 태평양 심해에서 껍질을 갖고 사는 앵무조개가 있는데, 문어의 친척들과는 삶의 방식이 확연히 다르다. 문어, 갑오징어, 오징어가 지닌 다른 두족류와의 차이점은 크고 복잡한 신경계를 갖고 있다는 것이다.

나는 이 동물을 보려고 숨을 참고 몇 번이고 물속으로

들어갔다. 금세 지쳤지만 그만두고 싶진 않았다. 내가 관심을 가진만큼 이 동물도 내게 관심을 가진 듯했기 때문이다. 나는 이때 처음으로 두족류의 흥미로운 면모를 경험했다. 그들과 내가 상호 '관계engagement'를 맺고 있다는 느낌이었다. 그들은 보통 적절한 거리를 유지하지만, 아주 가끔씩 가까이 다가와 당신을 관찰한다. 어떤 대왕갑오징어는 내가 가까이 갔을 때 다리를 슬쩍 내밀어 나를 건드렸다. 단지 한 번 건드려 보고 그 이상 뭘 시도하지는 않았다. 문어는 촉각적 호기심이 크다. 문어 굴 앞에 앉아서 손을 내밀면 다리 한두 개를 내뻗어 응수한다. 처음에는 당신을 탐색하고, 그 다음에는 터무니없게도 당신을 자신의 굴로 잡아끌려고 할 것이다. 이것은 분명 당신을 한 끼 점심 거리로 삼으려는 무모한 시도다. 그런데 밝혀진 바에 따르면 문어는 절대로 먹을 수 없는 것에도 관심을 보인다.

인간과 두족류 사이의 만남을 이해하려면 정반대의 사건까지 거슬러 올라가야 한다. 바로 결별departure이다. 결별은 만남보다 꽤 오래전인 대략 6억 년 전에 발생했다. 만남처럼 결별도 바닷속 동물들 사이에서 일어났다. 그 동물들의 정확한 생김새는 아무도 모르지만 아마 작고 납작한 벌레 모양이었을 것이다. 길이는 몇 밀리미터 정도거나 조금 더 길었을지도 모른다. 헤엄을 쳤거나 해저를 기어다녔을지도 모르고 어쩌면 둘 다 가능했을 수도 있다. 단순한 구조의 눈을 가지고 있었거나, 아니면 적어도 양쪽에 빛을 감지할 수 있는 부위를 갖고 있었을 것이다. 그렇다면 "머리"와 "꼬리" 외에 구분할 만한 부위는 없었을 것이다. 그 동물은 신경계를 갖고 있었다. 신경 그물만 몸 전체에 퍼져 있었을 수도,작은 뇌에 집적된 신경 회로를 갖고 있었을 수도 있다. 이 동물이 무엇을 먹었고 어떻게 생활하고 번식했는지는 알 수 없다. 그러나 이들은 진화론적 관점에서 매우 중요하며 과거를 돌아보는 방법으로만 볼 수 있는 한 가지 특징을 갖고 있다. 이 생물은 당신과 문어, 그러니까 포유류와 두족류의 "마지막" 공통 조상이다. 마지막 이라는 말은 '가장 최근', 그러니까 종분화의 마지막 지점이라는 뜻이다.

동물의 역사는 나무 형상을 하고 있다. 하나의 "뿌리"에서 시간의 흐름을 따라 가지가 갈라져 나온다. 하나의 종이 둘로 나뉘고 또 각각의 종이 다시 나뉜다(그 전에 멸종하지 않는다면 말이다). 만일 한 종이 분화하고 분화한 두 종 모두 생존해서 계속 분화한다면 두 개 혹은 그보다 많은 종 집단의 진화로 이어질 것이다. 각 집단이 구분할 수 있을 정도로 뚜렷한 차이를 보이면 그때는 우리에게 친숙한 조류나 포유류 같은 명칭을 붙인다. 오늘날 살아 있는 동물들, 예를 들어 딱정벌레와 코끼리의 현저한 차이는 수천만 년 전에 일어난 분화 때문이다. 처음 분화가 일어나 새로운 집단이 생길 때까지는 비슷한 생물이지만 바로 그 지점부터 독립적인 진화

가 시작된다.

역삼각형 또는 뒤집힌 원뿔 모양이며 그 안은 매우 불규칙적인 나무를 떠올려 보자. 위 그림처럼 생겼다.

이제 이 나무 맨 꼭대기에 있는 가지에 앉아 내려다 본다고 상상해 보자. 당신이 이 나무 꼭대기에 있는 것은 단지 살아있기 때문이지 우월해서가 아니다. 현존하는 생물은 모두 당신과 동등한 위치에 있다. 당신 가까이에는 인간의 사촌에 해당하는 침팬지나 고양이 같은 동물이 있다. 나무 꼭대기에서 양옆을 더 멀리 살펴보면 당신과 먼 관계인 동물들을 보게 될 것이다. 완전한 "생명의 나무"는 식물과 박테리아, 그리고 원생동물까지도 포함하지만 이 책에서는 일단 동물만 다루기로 하자. 시선을 나무 뿌리 쪽으로 돌려 보면 가까운 조상부터 더 먼 조상까지 당신의 조상들을 찾을 수 있다. 오늘날 살아있는 동물들이라면 어떻게 짝을 짓더라도

(당신과 새, 당신과 물고기, 심지어 새와 물고기라도) 이 나무를 따라 내려가서 '공통' 조상, 다시 말해 둘 다의 조상에 해당하는 동물을 찾을 수 있다. 조금만 내려가서 만나는 공통 조상도 있고 한참을 내려가야 만나기도 한다. 인간와 침팬지의 경우에는 약 600만 년만 내려가면 공통 조상을 발견할 수 있다. 차이가 큰 종류의 동물(이를테면 인간과 딱정벌레)끼리는 훨씬 더 아래로 내려가야 한다.

생명의 나무에 앉아 가깝고 먼 친척들을 바라보면서 다음 특징을 가진 동물을 꼽아보자. 우리가 흔히 "똑똑하다"고 말하는, 커다란 뇌를 갖고 있으며 그 행동이 복잡하고 유연한 동물 말이다. 분명 침팬지와 돌고래는 들어갈 것이고, 개와 고양이, 사람도 들어갈 것이다. 이 동물들은 모두 생명의 나무에서 당신과 꽤 가까운 위치에 있다. 진화론적 관점에서는 이들은 가까운 친척이나 다름없다. 제대로 떠올리고 있다면 분명 조류도 포함되었을 것이다. 최근 수십 년 사이에 동물심리학 분야에서 매우 중대한 발전이 있었는데 까마귀와 앵무새가 얼마나 똑똑한지 밝혀진 것이다. 까마귀와 앵무새는 포유류는 아니지만 척추동물이다. 따라서 침팬지만큼은 아니지만 우리와 어느 정도 가까운 존재다. 포유류와 조류를 모두 모아 놓고 나면 이런 질문이 떠오를 것이다. 이 동물들의 최근 공통 조상은 누구이며 언제 살았을까? 생명의 나무 위에서 이 동물들이 만나는 곳까지 따라 내려가면 무엇을 만날 수 있을까?

바로 도마뱀을 닮은lizard-like 동물이다. 대략 3억 2000만 년 전에 살았으니 공룡의 시대보다 조금 먼저 등장했다. 척추가 있고 적절한 크기의 이 동물은 뭍에서의 삶에 적응했다. 몸 구조는 우리와 유사하게 네 개의 팔다리와 머리 그리고 골격을 갖추고 있었다. 걸어다녔고 우리와 비슷한 감각을 활용했으며 중추신경계가 잘 발달되어 있었다.

이제 똑똑한 동물(인간을 포함한) 집단과 문어를 이어 주는 공통 조상을 찾아보자. 이 공통 조상을 찾으려면 가지를 따라 훨씬 아래로 내려가야 한다. 지금으로부터 약 6억 년 전으로 가면 찾을 수 있는데 앞서 묘사한 납작한 벌레 형태flatten worm-like 동물이다.

이 공통 조상을 찾기 위해 거슬러 올라간 시간은 포유류와 조류의 공통 조상을 찾는 데 거스른 시간의 두 배에 가깝다. 인간과 문어의 공통 조상이 살던 시기에는 육지로 올라간 생물은 없었고 주변에서 가장 거대한 동물은 해면동물과 해파리였다(특이한 사례가 있는데 다음 장에서 설명할 것이다).

우리가 이 동물을 찾았다고 가정하고 인간과 문어에 이르기까지 어떠한 결별과 진화의 분기를 거쳤는지를 살펴보자. 뿌연 바다가 있다. 우리는 그 속(해저든 해수층이든)에서 수많은 벌레들이 태어나고, 죽고, 번식하는 것을 본다. 알 수 없는 이유로 몇몇 개체가 무리에서 갈라져 나오고 우연히 일어난 변화가 축적되면서 다른 방식으로 살아간다. 시간이 흐르고 그 후손들은 다른 몸으로 진화한다. 분화를 거듭하면 마침내 우리는 두 무리의 벌레가 아닌 진화의 나무에서 뻗어나온 거대한 두 개의 가지를 목도하게 된다.

물속에서 갈라져 뻗어 나온 가지 하나는 척추동물로, 척추동물 중에서도 포유류로, 그리고 마침내 인간에 이르기까지 이어진다. 다른 갈래는 방대한 무척추동물의 세계로 이어진다. 게와 벌 그리고 그 친척들, 다양한 종류의 벌레와 조개, 굴, 달팽이를 포함한 연체동물들도 여기에 속한다. 이 갈래가 통상 "무척추동물"로 알려진 모든 동물을 포함하는 것은 아니지만 거미, 지네, 가리비, 나방 등 우리가 아는 대부분의 무척추동물이 여기에 속한다.

예외는 있지만 이 갈래에 속하는 동물은 대부분 작은 편이고 신경계 규모 또한 작다. 몇몇 벌레와 거미는 매우 복잡한 행동, 특히 사회적 행동을 하는데도 작은 신경계를 갖고 있다. 이 갈래에 속하는 동물은 대체로 그렇지만 두족류는 예외다. 두족류는 연체동물의 하위 분류군으로 조개와 달팽이의 친척이지만 그들보다 방대한 신경계를 갖도록 진화되었다. 또한 다른 무척추동물과는 매우 다른 방식으로 행동하는 능력을 갖췄다. 두족류는 우리와는 완전히 분리된 진화의 경로에서 이런 능력을 갖게 되었다.

두족류는 정신적 복잡성으로 보자면 무척추동물이라

는 바다에 있는 외딴 섬과도 같다. 인간과 두족류의 최근 공통 조상은 너무 오래 전에 존재한 생물이며 또한 너무 단순했기 때문에 두족류는 커다란 두뇌와 복잡한 행동의 진화에 대한 완전히 '독립적 실험'인 셈이다. 만일 우리가 두족류와 지각이 있는 존재로서 서로 '교류contact'할 수 있다면 그것은 공통점이 있거나 역사를 공유하고 있기 때문이 아니라 진화가 정신을 두 가지로 빚어냈기 때문이다. 두족류와 교류한다는 것은 지성을 가진 외계인과의 만남과 가장 비슷한 일일 것이다.

개요

정신과 물질의 관계는 내가 다루는 학문(철학) 분야의 오랜 문제다. 물리적 세계에 감각, 지능, 의식의 자리는 어디에 있을까? 나는 이 책에서 이 광대한 문제에 대해 진전을 이루고자 한다. 나는 진화가 걸어온 길을 따라가는 방식으로 이 문제에 접근해서 생명체의 소재인 물질에서 어떻게 의식이 생겨났는지를 알아내고자 한다. 오래전, 동물은 바닷속에서 하나의 단위로 살아가기 시작한 다양한 세포 군집 중에 하나였다. 하지만 그때 세포 군집 중 일부가 독특한 삶의 방식을 만들었다. 이동하고, 움직이고, 눈과 더듬이를 틔우고 주변 사물을 이용했다. 벌레의 살금살금 걷는 능력, 각다귀의 울음소리, 고래의 긴 항해 능력을 진화시켰다. 다른 능력의 진화와 마찬가지로 알 수 없는 단계에서 '주관적 경험'의 진화가 도래했다. 어떤 동물에게는 그 동물로 '존재하는 것 같다고 느끼는' 무언가가 있다. 현재를 경험하는 일종의 자아가 있다는 것이다.

나는 모든 종류의 경험이 진화한 과정에 관심이 있지만 이 책에서 두족류는 특별히 중요한 위치를 차지한다. 무엇보다 첫째로 두족류는 정말 놀라운 생물체다. 두족류가 말을 할 수 있다면 정말 많은 이야기들을 우리에게 들려줄 수 있으리라. 하지만 그 이유만으로 두족류들이 이 책 속을 기어다니고 헤엄치는 것은 아니다. 바닷속에서 이들을 따라다니고 그들이 무엇을 하고 있는지 밝히는 과정은 나의 여정에 중요한 부분이었는데, 이 동물들이 내가 갖고 있는 철학적 문제들을 보다 뚜렷하게 규명해 주었기 때문이다. 동물의 정신에 대한 문제에 접근하다 보면 인간의 관점에 영향을 받기 쉽다. 보다 단순한 동물의 삶과 경험에 대해 상상할 때 우리는 보통 우리 자신을 다운그레이드한 모습을 떠올린다. 두족류와 조우한다는 것은 전혀 새로운 일이다. 그들에게 세계는 어떻게 보일까? 문어의 눈은 우리의 눈과 비슷하다. 상image을 망막에 투영하는 조절 가능한 렌즈가 있는 카메라 같은 구조다. 눈은 비슷하지만 그 너머에 있는 뇌는 거의 모든 차원에서 인간과 다르다. 우리가 '다른' 정신을 이해하기 원한다면 두족류의 정신이야말로 가장 적절할 것이다.

철학은 가장 물질적 혹은 육체적 요소가 필요없는 직업이다. 순전히 삶의 정신적인 부분이라고 할 수도 있다. 다뤄야 할 도구도 없고 연구소나 실험실도 필요하지 않다. 이게 이상한 것도 아니다. 수학이나 시도 그렇지 않은가. 하지만 이 프로젝트에서는 신체적 면모가 무척 중요했다. 나는 물속에서 시간을 보내다 우연히 두족류와 마주치게 됐다. 두족류를 쫓아다니기 시작했고 그러다 보니 그들의 삶에 대해 생각하게 됐다. 이 프로젝트는 두족류의 물질적 존재와 예측불가능성에 큰 영향을 받았다. 또한 장비의 필요성과 가스, 수압, 청록색 빛 속에서 중력이 완화되는 느낌 등, 물속에 들어가는 데 따르는 수많은 현실적 측면에도 영향을 받았다. 바다에 적응하기 위한 노력 자체가 뭍에 사는 생명과 바다에 사는 생명의 차이를 말해 준다. 심지어 바다는 정신의 고향, 적어도 어렴풋한 최초의 정신이 태어난 곳인데도 말이다.

이 책의 첫머리에 나는 철학자이자 심리학자인 윌리엄 제임스William James가 19세기 말에 쓴 글을 인용했다. 제임스는 어떻게 의식이 이 우주에 존재하게 됐는지 이해하고자 했다. 그는 이 문제에 대해 생물학적 진화를 넘어 전우주적 진화를 지지하는 태도를 견지했으며, 갑작스런 등장이나 도약이 아닌, 연속성과 이해 가능한 변이에 기반한 이론이 필요하다고 생각했다.

제임스와 마찬가지로 나는 물질과 정신의 관계에 대해 이해하고 싶다. 그리고 단계적인 발전의 이야기야말로 우리에게 필요한 이야기라고 생각한다. 이쯤 되면 그런 이야기는 어느 정도 알고 있다고 말하는 이가 등장할지도 모르겠다. 뇌가 진화하고 더 많은 뉴런이 더해지면서 어떤 동물은 다른 동물보다 더 똑똑해졌다, 뭐 그런 얘기 아니겠냐고. 그러나 이렇게 말하면 가장 난감한 문제를 회피하게 된다. 어떠한 종류의 주관적 경험을 갖게 된 최초의, 가장 단순한 동물은 무엇일까? 처음으로 상처를 '느낀', 다시 말해 이것을 고통으로 느끼게 된 동물은 무엇일까? 커다란 두뇌를 갖고 있는 두족류는 스스로를 '존재'하는 것으로 느낄까? 아니면 그 내부는 어두컴컴한 생화학적 기계일 뿐일까? 이 세계에는 어떻게든 맞아 떨어져야 하는 두 가지 측면이 있지만 우리가 지금 이해하고 있는 방식으로는 그렇게 되지 않는 것 같다. 하나는 행위자가 느끼는 감각과 다른 정신적 작용들의 존재이고 다른 하나는 생물학, 화학, 물리학의 세계다.

이 책에서 이 모든 문제들을 완전히 해결하지는 못할 것이다. 그러나 감각과 신체 그리고 행동의 진화를 그려봄으로써 진전을 이루는 것은 가능하다. 그 과정 속에는 정신의 진화가 숨어 있다. 그래서 이 책은 철학책이면서 동물과 진화에 관한 책이다. 이 책이 철학책이라고 해서 불가사의하고 접근 불가능한 세계의 것은 아니다. 대체로 철학을 한다는 건 매우 커다란 퍼즐 조각들을 모아 뭔가 말이 되게 만드는 일이다. 좋은 철학은 기회주의적이다. 어떤 정보나 도구라도 유용해 보이는 건 모두 활용한다. 나는 이 책이 당신이 눈치채지 못하는 사이에 계속해서 철학 속으로 들어갔다 나오기를 바란다.

이 책에서는 정신 그리고 정신의 진화를 깊고 넓게 다룰 것이다. '넓이'는 다른 종류의 동물에 대해 생각하는 것이다. '깊이'는 시간의 깊이를 말한다. 생명의 역사에서 여러 시대를 포괄하기 때문이다.

인류학자 롤랜드 딕슨Roland Dixon은 내가 윌리엄 제임스의 글귀 다음으로 인용한 진화하는 듯한 설화가 하와이에서 유래했다고 한다. "먼저 원시적인 식충류zoophyte와 산호가 생겨났고 그 다음 벌레와 갑각류가 태어났다. 이들은 자신보다 앞서 생겨난 존재들을 정복하고 파괴하겠다고 천명했고…" 딕슨이 묘사하는 그 이후 차례로 전개된 정복의 이야기는 실제로 생명의 역사가 진행된 순서와는 다르며 문어는 "과거의 세계에서 유일하게 살아남은" 동물도 아니다. 그러나 문어가 정신의 역사에서 특별한 위치에 있는 것은 사실이다. 문어는 생존자가 아니라 과거에 존재했던 정신의 두 번째 발현expression이다. 문어는 『모비딕』의 이스마엘과 같이 혼자 살아남아 이야기를 전해주는 이가 아니라 다른 계보를 타고 내려와 결과적으로 다른 존재가 된 먼 친척이다.

2. 동물의 역사

태초

지구의 나이는 약 45억 살이며 생명은 38억 년 전쯤부터 출현했다. 동물의 등장은 훨씬 나중으로 10억 년 전이라는 의견도 있지만 아마도 그보다 조금 더 나중의 일일 테다. 생명은 지구의 역사 대부분에 걸쳐 존재했지만 동물은 그렇지 않았다. 장대한 세월 동안 지구의 생명이라곤 바닷속 단세포 생물이 전부였다. 오늘날 지구에 존재하는 많은 생명이 아직까지 정확히 같은 형태로 존재한다.

동물이 등장하기 이전의 이 긴 시대를 상상할 때, 아마도 사람들은 단세포 생물이 하나씩 있는 모습을 떠올릴 것이다. 둥둥 떠다니기만 하면서 (어떻게든) 먹이를 먹고 둘로 갈라지는 셀 수 없이 많은 작은 섬들처럼 말이다. 그러나 그때

나 지금이나 단세포 생물의 삶은 생각보다 복잡하게 얽혀 있다. 많은 단세포 생물들은 단순히 공존하거나 긴밀히 협력하면서 함께 살아간다. 초기의 협력 관계 중 몇몇은 너무도 긴밀한 나머지 "단세포" 모드에서 벗어났을 것으로 보이지만, 우리같은 동물이 그랬듯이 신체를 이룬 것은 전혀 아니다.

단세포 생물만 사는 세상을 상상한다면 여러분은 아마 동물이 없으니 행동도 없으며 외부 세계를 감각할 수도 없다고 예단할 것이다. 이번에도 틀렸다. 단세포 생물은 감각할 수 있으며 반응도 할 수 있다. 이들의 반응 중 대부분은 매우 넓은 의미에서 '행동'으로 간주할 수 있는데, 주변에서 벌어지는 것을 감지하고 그에 대한 반응으로 움직임을 조절하고 어떤 화학물질을 만들지 조절할 수 있다. 어떠한 생물이든 이를 하기 위해서는 그 생물의 일부분은 '수용적', 다시 말해 보거나 냄새맡거나 들을 수 있어야 하며 다른 부분은 '능동적', 다시 말해 유용한 일이 일어나게 할 수 있어야 한다. 또한 생물은 어떠한 형태로든 이 둘 사이에 연결하는 호arc를 만들어야 한다.

우리 주변에는 물론 몸 속에 엄청난 수가 살고 있는 대장균E. coli은 가장 많이 연구된 단세포 생물종이다. 대장균은 미각 또는 후각이라고 할 만한 감각을 갖고 있어서 주변에 있는 좋아하거나 혹은 좋아하지 않는 화학물질을 감지하고,

다가가거나 도망가는 방법으로 반응한다. 대장균의 감각 수용체는 세포 외막을 연결하는 분자의 집합체로, 세포 겉면에 줄지어 박혀 있다. 이것이 대장균이라는 생물의 "입력" 부분이다. "출력" 부분을 담당하는 '편모'는 대장균이 헤엄을 칠 때 사용하는 가늘고 긴 실처럼 생긴 기관이다. 대장균은 '달리'거나 '구르는' 두 가지 동작을 주로 한다. 대장균이 달릴 때는 직선으로 움직이고 대장균이 구를 때는 (예상대로) 방향을 무작위로 바꾼다. 대장균 세포는 지속적으로 두 활동을 번갈아 하지만 먹이의 농도가 증가하는 것을 감지하면 구르는 횟수가 줄어든다.

대장균의 크기는 너무 작아서 한 개체가 갖고 있는 감각만으로는 좋은 화학물질이나 나쁜 화학물질이 있는 방향을 알 수 없다. 대장균은 이 문제를 시간차를 이용해 공간을 가늠하여 극복한다. 대장균 세포는 특정 순간에 어떤 화학물질이 얼마나 있는지보다 화학물질의 농도가 증가하는지 감소하는지에 관심이 있다. 만약 대장균이 단지 선호하는 화학물질이 농도가 높다는 이유로 직선으로만 헤엄친다면, 방향에 따라 천국으로 들어가는 대신 그곳으로부터 도망치게 될 수도 있다. 박테리아는 기발한 방식으로 이 문제를 해결한다. 박테리아는 자신의 세계를 감각하면서 하나의 메커니즘으로 현재 상태를 기록하고, 다른 메커니즘으로 조금 전 상태를 기록한다. 박테리아는 조금 전에 감각했을 때보다 지금 감각했을 때 선호하는 화학물질의 상태가 '더 낫다고' 여겨지면 계속 직선으로 헤엄칠 것이다. 그렇지 않으면 경로를 바꾸는 편이 좋을 것이다.

박테리아는 수많은 단세포 생물 중 하나로 나중에 동물이 되는 세포에 비해 여러면에서 단순하다. 진핵생물이라고 불리는 이 세포들은 박테리아보다 크고 내부 구조도 보다 정교하다. 15억 년 전에 나타난 것으로 추정되는 진핵생물은 작은 박테리아 같은 세포가 다른 세포를 집어삼키는 과정에서 생겨났다. 단세포 진핵생물은 많은 경우 박테리아보다 헤엄치는 능력과 주변을 감각하는 능력이 발달돼 있는데, 특히 중요한 감각에 거의 근접해 있다고 할 수 있다. 바로 시각이다.

살아있는 존재에게 빛은 두 가지 의미가 있다. 빛은 많은 생명의 에너지원으로 매우 중요한 자원이다. 또한 다른 사물을 식별하는 데 필요한 정보를 제공한다. 우리에게 너무나 친숙한 두 번째 용도를 작은 생명체가 갖기란 쉽지 않다. 단세포 생물이 식물처럼 일광욕을 하고 받은 빛은 주로 태양에너지를 얻는 데 사용한다. 많은 박테리아들이 빛의 존재를 감지하고 반응할 수 있다. 너무 작은 생명체들은 빛을 통해 어떠한 이미지를 보기는 커녕 빛이 어느 방향에서 오는지도 판단하기가 어렵다. 그러나 특정 단세포 진핵생물과 특수한 몇몇 박테리아는 원시적인 '시각'을 갖고 있다.

진핵생물은 빛을 감지하는 "안점eyespot"을 갖고 있는데, 빛을 차단하거나 빛에 적응할 수 있어서 훨씬 유용한 정보를 제공한다. 어떤 진핵생물은 빛을 찾아다니지만 또 어떤 종류는 빛을 피하며 또 어떤 종류는 에너지가 필요할 때는 빛을 따라다니다가 충분한 에너지를 얻은 다음엔 피하거나, 빛이 너무 강하지 않을 때는 따라다니다가 위험해질 정도로 강해지면 피하는 등 둘 사이를 오가기도 한다. 이런 반응을 하는 진핵생물은 모두 세포가 헤엄치게 만드는 메커니즘과 안점을 연결하는 통제 체계를 갖고 있다.

이 작은 생물체들이 하는 대부분의 감각은 먹이를 찾고 독성을 피하는 데 목적이 있다. 그러나 최초로 대장균을 연구할 때부터 뭔가 다른 목적도 있는 것처럼 보였다. 이들이 자신이 먹을 수 없는 화학물질에도 관심을 보였기 때문이다. 생물학자들은 이 생물체를 계속 연구하면서 박테리아의 감각이 단지 먹을 수 있거나 없는 화학물질 뿐만 아니라 다른 세포의 존재와 활동에 맞춰져 있다고 여기게 됐다. 박테리아 세포의 표면에 있는 수용체는 여러 가지에 감응하는데 이중에는 박테리아 자신들이 여러 가지 이유로(때로는 그저 대사 과정의 과잉으로) 배설하는 화학물질도 있다. 이것은 그리 대단치 않게 들릴지 모르나 중요한 가능성을 하나 열어두는 것이다. 똑같은 화학물질을 감각하고 생산하는 게 가능하다면 세포들끼리 협력할 가능성이 생긴다. 사회적 행동의 탄생에 다다른 것이다.

일례로 쿼럼센싱quorum sensing이 있다. 어떤 박테리아가 특정 화학물질을 감지하고 생산한다면 주변에 같은 종류의 박테리아가 얼마나 있는지 판단하는 데 이용할 수 있다. 이를 이용해 많은 박테리아가 동시에 생성해야 제 역할을 할 수 있는 화학물질을 만들 수 있을 만큼 충분한 수의 박테리아가 근처에 있는지를 판단할 수 있다.

초기에 밝혀진 쿼럼센싱 사례는 마치 이 책을 위해서라는 듯 바다와 두족류가 연관되어 있다. 하와이 오징어Hawaiian squid의 몸 속에 사는 박테리아는 화학반응으로 빛을 생성하는데 이 반응을 같이 하는 박테리아가 주변에 충분히 많을 때만 가능하다. 이 박테리아는 주변의 "유도물질" 분자 농도를 감지하여 발광을 조절하는데, 이 유도물질도 이 박테리아가 생성하며 각각의 박테리아에게 주변에 빛을 낼 수 있는 박테리아가 얼마나 있는지에 대한 감을 준다. 빛을 내는 것과 마찬가지로 이 박테리아는 더 많은 화학물질을 '감각'할 수 있다면 더 많이 '생성'할 수 있다는 규칙을 따른다.

빛이 충분하게 생성되면 이 박테리아를 몸 안에 갖고 있는 오징어는 몸이 위장되는 이익을 얻는다. 오징어는 밤에 사냥을 하기 때문에 오징어의 달그림자가 바다 밑에 있는 포식자의 눈에 띌 수 있는데, 몸에서 나오는 빛이 이 그림자를 상쇄하기 때문이다. 그 보상으로 박테리아가 얻는 이익은 오징어가 제공하는 쾌적한 주거 공간이다.

생명 역사의 초기 단계를 생각할 때는 물속이라는 배경을 염두에 두어야 한다. 물론 지금 우리가 이야기하는 진화의 이야기가 벌어지는 시점은 오징어라는 생물이 있기 훨씬 전이지만. 생명의 화학 작용은 물속에서 이루어진다. 우리는 막대한 양의 짠물을 우리 몸 안에 담고 육지로 올라왔기에 겨우 살아남을 수 있었다. 생명의 초기 단계에 발생했고 감각, 행동, 협동을 탄생시킨 진화적 행보는 대부분 바닷속에서 화학물질들이 자유롭게 부유하는 데 의존했을 것이다.

지금까지 우리가 만난 모든 세포는 외부 환경에 감응했다. 일부는 동종 생명체를 비롯한 '다른 생명체'에 특별히 감응하기도 했다. 그중 어떤 세포들은 단지 부산물이 아닌, 다른 생명체가 '상대에게 인식되기 위해 생성하는' 화학물질에 감응했다. 다른 생명체가 인식하고 반응할 것이기 때문에 생성되는 화학물질은 이제 우리를 단순한 신호 보내기signalling와 의사소통communication의 경계로 데려간다.

우리는 하나가 아닌 두 개의 경계에 도달한다. 우린 단세포 수중 생물의 세계에서 개체가 주변을 어떻게 감각하고 상대에게 신호를 보내는지 살펴보았다. 하지만 이제 단세포 생명에서 다세포 생명으로 넘어가는 것을 보게 된다. 전환이 시작되면 한 생명체와 다른 생명체를 연결시켰던 신호를 보내는 행위와 이를 감각하는 행위가 지금부터 등장할 새로운 형태의 생명 '내부'에서 이루어지는 새로운 상호작용의 기반이 된다. 생명체 사이의 감각과 신호는 이제 생명체 내부의 감각과 신호가 된다. 한 세포가 외부 환경을 감각하는 데 사용했던 도구가 이제는 동일한 생명체 안의 다른 세포가 무엇을 하는지, 그리고 무엇을 말하려 하는지 감각하는 데 사용하는 도구가 된다. 이제 한 세포의 '환경'은 주로 다른 세포들로 이뤄지게 되고 새로 나타난 보다 큰 다세포 생명체의 생존 능력은 이제 세포들의 협응력coordination에 달렸다.

함께 살기

동물은 다세포로, 서로 협동하여 작용하는 여러 세포로 구성돼 있다. 동물의 진화는 몇몇 세포들이 각자의 개성을 침잠시키고 더 큰 합작회사의 일부가 되면서 시작됐다. 단세포 생명이 다세포 형태로 변화하는 일은 여러 차례 있었다. 한번은 동물로 이어졌고 또 다른 경우는 식물, 균류, 다양한 해초류, 그리고 덜 눈에 띄는 생명체로 진화하기도 했다. 동물은 외로운 세포들이 우연히 서로 맞닥뜨려 시작된 것은 아닐 것이다. 그보다는 세포 분화 중 제대로 분화가 이루어지지 못한 세포의 후손들로부터 시작됐으리라. 보통 단세포 생물이 두 개로 분화되면 새로 태어난 후손들은 각기 다른 길을 떠나지만 항상 그런 건 아니다. 하나의 세포가 분화한 다음에도 계속 함께 있는다면, 그리고 그 과정이 계속 반복된다면 세포로 이루어진 공이 된다는 것을 상상할 수 있다. 그 뭉터기 속의 세포들은 바다를 함께 떠다니면서 다른 박테리아를 잡아먹었을 것이다.

생명의 역사에서 그 다음 단계가 어떤지는 분명치 않다. 서로 경쟁 관계에 있는 두 개의 시나리오는 각자 다른 종류의 증거에 기반한 것이다. 아마 다수설일 한 시나리오에서는 이 세포 뭉터기들 중 일부가 둥둥 떠다니는 삶을 그만두고 해저에 정착했다고 본다. 거기서 이들은 몸 속의 관을 통해 물을 걸러 먹이를 습득하기 시작했고 그 결과 해면동물로 진화했다는 것이다.

해면동물이라니? 그 이상 더 우리 조상이라 믿기 어려운 동물을 고르기도 힘들 것이다. 무엇보다 해면동물은 움직이지 않는다. 벌써 막다른 길에 다다른 것만 같다. 그러나 움직이지 않는 것은 오직 성체가 된 해면동물 뿐이다. 유충의 경우는 다르다. 해면동물의 유충은 정착할 곳을 찾아 헤엄치고 그곳에서 성체가 된다. 해면동물 유충은 뇌가 없지만 몸에 주변 세계의 냄새를 맡는 감각기관이 있다. 아마도 유충들 중 일부가 어느 한 곳에 정착하는 대신 '계속' 헤엄치기를 택했을 것이다. 계속 움직이고 물 위를 부유하는 동안 성적으로 성숙하고 그렇게 새로운 종류의 생명이 시작된 것이다. 이들은 해저에 눌러앉은 친척들을 뒤로 하고 다른 모든 동물의 어머니가 됐다.

내가 방금 설명한 시나리오는 해면동물이 현재 생존해 있는 동물들 중 우리의 가장 먼 친척이라는 관점에 영향을 받은 것이다. '먼' 친척이라는 말은 '오래된' 친척을 의미하진 않는다. 오늘날의 해면동물은 우리와 마찬가지로 긴 시간 동안 진화를 거친 동물이다. 그러나 만약 여러 가지 이유로 해면동물이 매우 초기에 분기해 나갔다면, 이들이 최초의 동물이 어떻게 생겼는지에 대한 실마리를 제공해 주었을 것이다. 그러나 최근의 연구는 인간과 가장 먼 친척인 동물이 해면동물이 아닐 수도 있다고 말한다. 그 대신 이 영예는 '빗해파리comb jelly'에게 돌아갈 수 있다.

유즐동물ctenophore이라고도 불리는 빗해파리는 매우 여리여리한 해파리처럼 생겼다. 거의 투명에 가까운 공 모양의 몸에 머리카락 같은 색색의 가닥들이 몸에서 퍼져 나와 있다. 빗해파리는 해파리의 사촌처럼 보이지만 이는 닮은 점들 때문에 생긴 오해다. 해파리와 빗해파리는 해면동물보다도 먼저 서로 갈라져 나갔을 수 있다. 이게 사실이더라도 우리의 조상이 오늘날의 빗해파리처럼 생겼다는 걸 의미하는 건 아니다. 그러나 빗해파리 시나리오는 초기의 진화 과정에 대해 다른 모습을 제기한다. 다시 세포 뭉터기에서 시작하지만, 이번에는 이 뭉터기가 얇은 구체 형태로 변하고 해수층에서 부유하면서 단순한 리듬에 맞추어 헤엄을 친다. 여기서부터 동물의 진화가 시작된다. 모든 동물의 어머니가 이번에는 꿈틀거리는 해면동물 유충이 아니라 부유하는 유령같은 모습인 것이다.

다세포 생물이 나타났을 때, 한때는 각각의 생명체였던 세포들이 보다 큰 개체의 부분으로 일하기 시작했다. 새로운 생명체가 세포 뭉터기들을 이리저리 붙여놓은 것 이상이 되기 위해서는 협응이 필요했다. 앞서 나는 단세포 생명에서 볼 수 있는 감각과 행동에 대해 기술한 바 있다. 이 감각 및 행동 체계는 다세포 생물에서 보다 복잡해진다. 게다가 동물의 신체라는 새로운 독립체의 '존재' 자체가 그 감각과 행동 능력에 달렸다. 생명체끼리의 감각과 신호 능력은 이제 그 생명체 내부에서의 감각과 신호 능력으로 이어진다. 한때는 각기 다른 생명체로 살았던 세포들의 '행동' 능력은 이제 새로운 다세포 생명체 내의 협응력의 기반이 된다.

동물은 이 협응력에 몇 가지 역할을 부여한다. 그중 하나는 식물과 같은 다른 다세포 생물에서도 볼 수 있는 것으로, 세포들 사이의 신호를 통해 그 생명체를 '이루는', 다시 말해 그 생명체를 존재하게 만드는 역할이다. 또 하나의 역할은 조금 일찍부터 존재했고, 특별히 동물의 특성이기도 하다. 거의 모든 동물에서 세포들 사이의 화학적 상호작용은 '신경계'(크기와 상관 없이)의 기반이 되었다. 몇몇 동물에서는 화학적 상호작용을 하는 세포가 한 곳에 밀집했고, 전기화학 신호의 폭풍과 불꽃을 일으키며 뇌가 되었다.

뉴런과 신경계

신경계는 여러 부분으로 이루어져 있는데, 가장 중요한 부분은 '뉴런'이라 불리는 특이하게 생긴 세포다. 뉴런은 긴 가닥과 정교한 분기로 우리 머리에서 몸까지 하나의 미로를 이룬다.

뉴런의 활동은 두 가지 요소에 의해 이루어진다. 하나는 전기적 피자극성으로, 특히 세포들을 따라 연쇄반응으로 흐르는 전기적 경련인 '활동전위action potential에서 보여진다. 다른 하나는 화학적 감각과 신호 보내기다. 하나의 뉴런은 자신과 다른 뉴런 사이의 "빈 공간gap, cleft"에 약간의 화학물질을 분사한다. 다른 뉴런이 이 화학물질을 감지하면 인접한 세포에 활동전위를 발생(몇몇 경우 억제시키기도 한다)시키는 걸 도울 수 있다. 이 화학적 영향은 고대 생명체들이 서로 신호를 주고 받던 것이 내부로 이어진 것이라 할 수 있다. 활동전위 또한 동물이 진화하기 전부터 세포 속에 있었으며 지금도 동물 외의 세포에도 존재한다. 활동전위는 19세기 찰스 다윈Charles Darwin에 의해 처음 측정되었는데, 실험 대상은 파리지옥풀이라는 식물이었다. 몇몇 단세포 생물도 활동 전위를 갖고 있다.

신경계는 일반적인 세포 간 신호 전달이 아니라 특정한 종류의 신호 전달을 가능하게 만든다. 무엇보다 신경계는 '빠르다'. 파리지옥풀 같은 식물은 보다 느린 시간의 척도에서 활동하기 때문에 예외이다. 둘째로 뉴런은 길고 가느다란 돌기로 하나의 세포가 뇌나 몸 속에서도 일정 거리에 있는 소수의 세포를 '겨냥해' 영향을 미칠 수 있다. 진화는 세포 간 신호 전달 체계를 변형시켰다. 세포 안에서 일어난 작용을 단순히 널리 퍼뜨리는 체계에서, 가까이 있는 세포끼리 신호를 보내고 받는 조직화된 네트워크가 되었다. 우리가 갖고 있는 신경계는 전기 신호의 아우성과 세포 사이의 틈에 뿌려지는 화학물질이 전달하는 작은 세포들의 발작으로 이루어진 연속적인 교향곡이다.

이 내면의 소란에는 '비용'이 많이 든다. 뉴런은 운영하고 유지하는 데 상당한 양의 에너지를 소모한다. 이들이 전기적 발작을 일으키는 것은 1초에 수백 번 배터리를 충전하고 방전하는 것이나 마찬가지다. 우리와 같은 동물의 경우 음식물로 섭취되는 에너지의 상당 부분(인간의 경우 거의 4분의 1 수준)이 오롯이 뇌의 활동을 유지하는 데 사용된다. 모든 신경계는 효율이 떨어지는 매우 사치스러운 장치다. 곧 신경계가 언제 어떻게 진화했는지, 이 장치의 역사에 대해 설명할 것이다. 먼저 '왜'에 대한 전반적인 질문을 좀 다뤄보자.

뇌 혹은 어떤 종류건 신경계를 갖고 있는 게 그만한 가치가 있는 일일까? 대체 뭘 위해서 신경계가 필요하다는 말인가? 내가 볼 때 두 개의 관점이 이 문제에 대한 사람들의 생각에 길잡이가 된다. 두 관점은 과학 연구에서도 볼 수 있으며 철학에도 스며들어 있을 정도로 뿌리가 깊다. 첫 번째 관점에 의하면 신경계 본래의 근본적인 역할은 '인식'을 '행동'과 연결시키는 것이다. 뇌는 행동을 지도하기 위해 있으며 행동을 유용하게 "지도"하는 유일한 방법은 발생한 것과 본 것(그리고 만지고 맛본 것)을 연결시키는 것이다. 감각은 주변 환경에서 일어나는 일을 탐지하고 신경계는 이 정보를 갖고 무엇을 할지 결정한다. 나는 이것을 신경계와 그 기능에 대한 '감각운동sensory-motor'적 관점이라고 부를 것이다.

감각기관과 '반응기effector' 메커니즘 사이에는 그 빈 공간을 이어주는, 감각기관이 습득한 정보를 사용하는 무언가가 있어야 한다. 대장균의 사례에서 본 것처럼 심지어 박테리아도 이런 것을 갖고 있다. 동물은 보다 복잡한 감각을 갖고 보다 복잡한 행동을 하며 자신의 감각과 행동을 연결시키는 더 복잡한 기구를 갖고 있다. 감각운동적 관점에 따르면 그 사이를 연결하는 것은 언제나 신경계의 중추적인 역할이었다고 한다. 처음부터 지금까지 신경계는 진화의 모든 단계에서 항상 중추적 역할을 했다.

이 첫 번째 관점은 매우 직관적이기 때문에 다른 대안의 여지가 없는 것처럼 보일 수도 있다. 첫 번째 관점에 비해 놓치기 쉽지만 다른 관점도 있다. 바깥에서 벌어지는 사건에 대응하여 당신의 행동을 수정하는 것은 물론 필요하지만 일어나야 할 일이 또 있다. 그리고 어떤 상황에서는 이것이 보다 단순하면서도 보다 달성하기 어렵다. 바로 '행동 그 자체를 만드는 것'이다. 가장 처음의 행동은 어떻게 가능한 것일까?

바로 앞쪽에서 나는 이렇게 말했다. 당신은 일어난 일을 감각하고 그에 따른 반응으로 행동한다. 하지만 무엇인가를 '한다'는 것은 당신이 여러 개의 세포들로 이루어져 있다면 결코 사소한 문제가 아니다. 단순히 된다고 치부할 수 있는 문제가 아니라는 것이다. 첫 행동에는 당신의 일부분들끼리 상당한 협응이 필요하다. 당신이 세포 하나뿐인 박테리아라면 그리 큰일이 아니다. 그러나 그보다 큰 생명체라면 상황은 달라진다. 당신의 소소하면서도 무수한 일부분들이 만드는 미세한 수축, 뒤틀림, 경련들을 가지고 전 생명체 차원에서 정연한 행동을 만들어야 하는 임무가 당신에게 주어지는 것이다. 무수한 '미시'행동들을 '거시'행동으로 빚어내야 한다.

이런 문제는 우리가 사회생활에서 겪는 팀워크의 문제처럼 친숙하다. 하물며 축구 경기에서도 축구선수는 팀 전체의 플레이에 자신의 플레이를 맞춰야 하는데, 이것은 상대 팀이 단순하게만 움직이더라도 상당히 어려운 일이다. 오케스트라도 같은 문제를 해결해야 한다. 팀이나 오케스트라가 직면하는 이 문제를 몇몇 개별 생명체들도 맞닥뜨린다. 이 문제는 주로 동물 특유의 문제다. 단세포 생명체가 아닌 다세포 생명체의 문제이며, 그중에서도 복잡한 행동을 하는 다세포 생명체들만의 문제다. 박테리아에겐 문제조차 되지 않으며 해초류에게는 큰 문제가 아니다.

앞서 나는 뉴런들 사이의 상호작용을 일종의 신호 보내기로 다뤘다. 완벽한 비유는 아니지만 초기 신경계의 역할에 대한 두 가지 견해를 이해하는 데에 다시 한번 도움이 된다. 헨리 워즈워스 롱펠로우Henry Wadsworth Longfellow가 (상당한 문학적 허구와 함께) 전해 주는 1775년 미국 독립전쟁 발발 당시의 폴 리비어 이야기를 떠올려 보자. 보스턴의 올드노스 교회의 관리인은 영국군의 움직임을 관찰할 수 있었으며 등불을 사용해 폴 리비어에게 메시지를 전달했다("육로로 오면 한 개를 켜고 바다로 오면 두 개를 켜라"). 여기서 교회 관리인은 감각기관이라 할 수 있고 리비어는 근육, 그리고 관리인의 등불은 신경 연결처럼 작용했다.

리비어의 이야기는 사람들로 하여금 정확한 방법으로

의사소통을 하는 것에 대해 생각하게 하기 위해 사용된다. 분명 이 이야기는 도움이 된다. 그런데 이 이야기는 또한 특정한 종류의 문제를 해결하는 특정한 종류의 의사소통 방식에 대해 생각하게 한다. 비슷하지만 조금 다른 상황을 생각해 보자. 뱃사공이 여럿 있는 배에 타고 있다고 가정하자. 사공들은 힘을 합쳐 배를 앞으로 나아가게 할 수 있는데, 그들이 아무리 힘이 세더라도 서로 협응하지 않으면 개개인의 행동만으로는 배는 어느 곳으로도 갈 수 없을 것이다. 그들이 같은 시간 동안 노를 젓기만 한다면 타이밍을 정확하게 맞추지 않아도 된다. 이 상황을 해결하는 한 가지 방법은 누군가가 "영차"하고 신호를 주는 것이다.

일상의 의사소통은 교회 관리인과 리비어의 역할을 둘 다 한다. 다시 말해 감각운동적 역할은 누가 보는 일을 하고 누가 행동하는 일을 하는지에 대한 분업에 기반한 것이고 뱃사공의 사례에서 볼 수 있듯 순전히 협응의 역할이 있다. 두 가지 역할은 동시에 수행 가능하며 서로 상충하지 않는다. 배를 움직이는 데에는 미시행동들의 협응이 필요하며 또한 배가 어디로 가는지 보는 사람이 필요하다. 노를 저으라는 신호를 보내는, 흔히 '키잡이'라고 부르는 사람은 사공들의 눈과 미세행동의 협응자 역할 두 가지를 동시에 수행한다. 동일한 조합을 신경계에서도 볼 수 있다.

이 두 가지 역할에 근본적인 충돌은 없지만 이 둘을 구분하는 것 자체는 중요하다. 20세기 전반에 걸쳐 감각운동적 관점이 신경계의 진화에 대한 견해를 지배했고, 내부의 협응에 기반한 두 번째 관점이 분명해지기까지는 어느 정도 시간이 걸렸다. 영국의 생물학자 크리스 판틴Chris Pantin은 1950년대에 두 번째 관점을 개발했고, 최근에는 철학자 프레드 카이저Fred Keijzer가 이 관점을 부흥시켰다. 이들은 각각의 '행동'을 단일한 단위로 생각하는 습관에 빠지기 쉽다는 점을 정확하게 지적한다. 행동을 단일한 단위로 생각하면 해결해야 할 문제는 언제 X가 아닌 Y 행동을 해야 할지 같은 행동과 감각을 협응시키는 문제만 남게 된다. 생명체가 보다 덩치가 커지고 더 많은 일을 할 수 있게 되면서 이러한 관점은 점차 더 부정확해졌다. 이 관점은 생명체가 애초에 X나 Y 행동을 어떻게 할 수 있는지의 문제를 무시한다. 감각운동적 이론의 대안을 밀어붙인 것까지는 좋은 일이었다. 나는 이 관점을 초기 신경계가 수행한 역할에 관한 '행동형성action-shaping'적 관점이라 부를 것이다.

다시 역사로 돌아와서, 처음으로 신경계를 가진 동물은 어떻게 생겼을까? 이들의 삶을 어떻게 그려봐야 할까? 우리는 아직 이에 대해 알지 못한다. 이 영역에 대한 많은 연구는 해파리, 말미잘, 산호 등을 포함하는 '자포동물cnidarians'에 집중돼 있다. 자포동물은 인간과 동떨어진 종이지만 해면동물만큼은 아니며 신경계를 갖고 있다. 생명의 나무에서 동물이 최초로 갈라져 나온 사건은 아직 대부분이 불분명하지만 통상적으로 최초로 신경계를 갖게 된 동물은 해파리와 '비슷'한 형체로 껍데기나 골격 없이 부드러우면서 물속을 부유했을 것으로 여겨진다. 신경 활동의 리듬이 처음으로 시작된 투명한 전구를 상상하면 된다.

아마 7억 년 전에 일어난 일이다. 이 시기는 순전히 유전적 자료로 추정한 것이며 이만큼 오래된 동물의 화석은 존재하지 않는다. 이 시대의 암석들을 바라보면 모든 것이 정적이고 고요했다고 생각할 것이다. 그러나 DNA 자료는 동물의 역사에서 중대한 분기점의 많은 수가 이 시기에 발생했음을 강하게 시사하고 있으며 이는 이 시기에도 동물들이 무엇인가를 하고 있었음을 뜻한다. 이 중대한 시대에 대해 불확실한 게 많다는 사실은 뇌와 정신의 진화에 대해 이해하고자 하는 사람에겐 불만스러운 일이다. 우리가 현재로 가까이 다가가야만 그림은 더 명확해진다.

정원

1946년 호주의 지질학자 레지널드 스프릭Reginald Sprigg은 호주 남부의 오지에 버려진 광산들을 탐험하고 있었다. 스프릭에게 주어진 과제는 이 광산들 중 다시 운영할 만한 가치가 있는 곳이 있는지를 확인하는 것이었다. 그는 에디아카라라는 가장 가까운 바다에서 수백 킬로미터 떨어진 외딴 곳에 있었다. 스프릭은 점심을 먹다가(전해지기로는 그렇다) 뭔가 해파리의 화석처럼 보이는 암석을 발견했다. 스프릭은 지질학자로서 이 암석이 매우 오래됐고 중요한 의미가 있는 발견임을 알았다. 그러나 스프릭이 화석에 대해서는 공인 받은 전문가가 아니었기 때문인지 논문을 발표했을 때 이를 진지하게 받아들이는 이는 거의 없었다. 스프릭은《네이처》에서 거절당한 논문을 여기저기에 투고하기를 거듭하다가 1947년《남호주왕립학회보Transaction of the Royal Society of South Australia》에 '초기 캄브리아기(?) 해파리Early Cambrian(?) Jellyfishes'라고 직접 이름 붙인 것에 대한 논문을 "몇몇 호주 포유류의 몸무게에 관하여"와 같은 논문들 사이에 실을 수 있었다. 논문은 별다른 관심을 끌지 못했고 스프릭이 발견한 게 무엇이었는지 사람들이 깨닫기까지는 10년이 넘는 세월이 걸렸다.

당시 화석 자료를 다루는 과학자라면 약 5억 4200만 년 전에 시작된 캄브리아기의 중요성에 대해 잘 알고 있었다. 이 시기에 일어난 "캄브리아기 대폭발" 때 오늘날 우리가 알고 있는 매우 폭넓은 종류의 동물 체제body plan가 처음 등장했다. 스프릭이 발견한 것은 캄브리아기 이전에 살았던 동물의 첫 화석 자료라는 게 밝혀졌다. 스프릭은 1947년 당시에는 이 사실을 몰랐다. 자신이 발견한 해파리가 캄브리아기 초기의 것이라고 생각했다. 그러나 비슷한 화석이 세계 각지에서 발견되고 사람들이 스프릭의 해파리를 자세히 연구하면서 이 화석들은 캄브리아기보다 더 이전의 것이며 대부분의 경우 해파리와는 전혀 다른 동물이라는 사실이 분명해졌다. 이제 '에디아카라기'(스프릭이 탐험 중이던 지역의 이름을 땄다)라는 이름이 붙은 이 시대는 대략 6억 3500만 년 전부터 5억 4200만 년 전까지를 가리킨다. 에디아카라기 화석으로 우리는 극초기 동물들의 삶이 어땠는지를 직접적으로 보여 주는 첫 증거를 얻게 됐다. 크기는 어느 정도인지 개체수가 얼마나 되는지 어떻게 살았는지를 알 수 있게 된 것이다.

스프릭이 화석을 발견한 곳에서 가장 가까운 대도시인 애들레이드에 있는 남호주박물관은 다량의 에디아카라기 화석을 소장하고 있다. 나는 1972년부터 이 화석들을 연구했고 스프릭과도 개인적 친분이 있는 짐 겔링Jim Gheling의 안내를 받아 전시물을 관람했다. 나는 이 고대의 환경에 수많은 생명들이 빽빽이 들어차 있음을 보고 놀랐다. 에디아카라기는 몇 안 되는 생물들이 외로이 살아가던 시기가 아니었다. 겔링이 수집한 많은 암석판이 각기 다른 크기의 화석 수십 개를 담고 있었다. 가장 눈에 띈 것은 디킨소니아Dickinsonia로 가느다란 줄무늬 같은 몸 마디를 갖고 있어서 연잎이나 욕실 매트처럼 생겼다. (남호주박물관이 소장한 디킨소니아의 사진이 바로 아래에 나온다.) 그러나 큰 화석에만 집중하면 그곳에 있는 생명 대부분을 놓치게 된다. 겔링은 이런 암석들 중 볼품없고 특별한 구석도 없어 보이는 부분에다 실리콘 뭉치를 대고 눌렀다. 그가 실리콘 뭉치를 떼자 미세한 동물의 세밀한 흔적이 남아 있었다.

에디아카라기의 동물은 작지 않았다. 대부분 길이가 몇 센티미터씩은 됐고 거의 1미터 정도 되는 것도 있었다. 이들은 대체로 해저에서 살았던 것으로 보이며 박테리아를 비롯한 미생물 덩어리들 사이에서 살았던 것 같다. 그들의 세계는 일종의 바닷속 늪이었다. 대부분은 성체가 되면 한 곳에 정착해 움직이지 않았을 것이다. 이들 중 몇몇은 해면동물과 산호류의 초기 형태였을 것이다. 다른 에디아카라기 동물은 이 시기 이후에는 진화로부터 완전히 버림받은 신체

형태를 갖고 있었다. 3면 또는 4면으로 이루어진 몸을 갖고 있거나 양치식물의 길게 갈라진 잎과 비슷한 장식을 달고 있었다. 많은 에디아카라기 생물이 바다의 밑바닥에서 거의 움직임 없이 조용한 삶을 살았던 듯하다.

DNA 자료는 이 시기에 신경계가 존재했음을 강하게 시사한다. 애들레이드 서호주박물관 벽에 전시된 암석에도 신경계를 가졌을 가능성이 높은 동물들이 있다. 어떤 것일까? 이 동물 중 몇몇은 자기 힘으로 움직였던 것으로 보인다. 가장 확실한 사례는 킴버렐라Kimberella다. 내가 아래에 그린 이 동물은 마치 마카롱(달걀처럼 생긴 마카롱이긴 하지만)의 한쪽 면처럼 생겼던 듯하다. 앞뒤가 구분되며 어쩌면 한쪽에 혓바닥처럼 생긴 부속물이 달려 있었을 수도 있다. 킴버렐라가 남긴 흔적은 이 동물이 기어다니면서 자기 앞의 퇴적물을 밀어내며(어쩌면 먹이를 먹으면서) 지나간 곳의 표면을 긁었음을 말해준다. 킴버렐라가 연체동물이라는 의견도 있고 어쩌면 연체동물과 가깝지만 진화의 역사에서 대가 끊긴 계통에 속할 수도 있다. 만일 킴버렐라가 기어다닐 수 있었다면, 더욱이 몇 센티미터까지 자라는 이 동물은 거의 틀림없이 신경계를 갖고 있었을 것이다.

킴버렐라는 에디아카라기 생물 중 스스로 움직일 수 있는 가장 뚜렷한 사례이지만 그밖의 동물들도 스스로 움직일 수 있었을 것으로 여겨진다. 디킨소니아 화석 근처에서는 같은 형태의 희미하게 이어진 흔적이 종종 발견된다. 아마도 디킨소니아는 한 곳에서 어느 정도 머무르면서 먹이를 먹다가 다시 이동했을 것이다. 에디아카라기의 모습을 재현한 그림에서는 발견자 스프릭의 이름을 따서 지은 '스프리기나'를 비롯한 소수의 동물들이 헤엄치는 모습을 볼 수 있다. 그러나 겔링은 그랬을 가능성은 거의 없다고 생각한다. 왜냐하면 스프리기나 화석은 언제나 똑같은 부분이 위로 향한 채 발견되기 때문이다. 만약 스프리기나가 헤엄을 칠 수 있었다면 작은 사고를 만나 죽었을 때 다른 부분이 위로 향한 채로 바닥에 가라앉았을 수도 있었을 것이다. 때문에 겔링은 스프리기나가 킴버렐라처럼 기어다녔을 것이라 생각한다.

어떤 생물학자는 에디아카라기 생물들은 동물과 유사한 진화적 실험의 일원이기는 하나 제대로 된 동물은 아니라고 주장한다. 생명의 나무에서 동물의 가지에 앉는 대신 이들은 세포가 생명체를 형성하는 또 다른 방식을 보여 준다는 것이다. 기이한 3면의 형태와 길게 갈라진 잎을 엮은 듯한 장식은 이런 관점을 옹호하는 듯 보인다. 좀 더 일반적인 관점은 킴버렐라 같은 몇몇 에디아카라기 생물들은 친숙한 동물 종의 일원이지만 다른 화석들은 고대 조류藻類를 비롯한 다른 생명들처럼 진화가 택했다가 저버린 경로들을 대변한다고 본다. 그러나 에디아카라기 세계는 대체로 싸움이나 포식이 없는 상대적으로 '평화'로운 곳이었을 것이라는 관점도 꾸준히 제시되고 있다.

"평화"라는 단어는 뭔가 우정이나 휴전 같은 뉘앙스 때문에 적절하지 않을 수 있다. 보다 정확히 말하자면 에디아카라기 생물들은 서로 상호작용이 거의 없었던 것으로 보인다. 이들은 바닥에 있는 유기물 덩어리를 갉아먹거나, 물을 걸러 먹이를 섭취했다. 몇몇의 경우 주변을 돌아다니기는 했지만 화석 자료를 근거로 추정하건대 서로 상호작용하는 일은 전혀 없었다.

어쩌면 화석 자료가 그리 좋은 길잡이는 아닐 수도 있다. 나는 이 장 초반에 오늘날 단세포 생물의 세계에서 활발하게 나타나는 화학적 신호를 통한 상호작용에 대해 설명했는데, 에디아카라기도 마찬가지였을 수 있다. 이같은 상호작용은 화석에 아무런 흔적을 남기지 않는다. 번식하는 생물의 세계에서 경쟁은 피할 수 없는 일이며, 에디아카라기 생물도 진화적 의미에서는 서로 경쟁했음이 분명하다. 그러나 한 생명체와 다른 생명체 사이에서 벌어지는 가장 뚜렷한 형태의 상호관계는 보이지 않는다. 특히 포식의 증거(절반 정도 먹힌 동물의 사체)가 없다. (소수의 화석이 클로디나

cloudina라는 동물에게 포식과 관련된 손상이라고 할 만한 흔적을 보여 주고 있으나 이조차도 분명하지는 않다.) 분명 생존을 위해 처절히 투쟁하는 세계는 아닌 것이다. 미국의 고생물학자 마크 맥미너민Mark McMenamin의 말마따나 "에디아카라의 정원" 같은 곳이었다.

에디아카라기 생물의 사체를 통해 이 정원의 생명에 대한 다른 사실도 알 수 있다. 이 생물들에게는 크고 복잡한 감각기관은 없었던 것으로 보인다. 커다란 눈도, 더듬이도 없었다. 빛이나 화학물질의 흔적에 반응하는 능력은 틀림없이 있었을 테지만 이들은 감각 기관에 거의 '투자'를 하지 않았다. 또한 발톱이나 가시, 껍데기 같은 것도 없었다. 무기도 없고 무기를 막을 방패도 없었던 것이다. 이들의 삶은 분쟁이나 복잡한 상호작용의 삶은 아니었던 듯하다. 그런 종류의 상호작용에 사용되는 친숙한 도구들을 발달시키지 않았다. 상대적으로 자족적이고 침착한 존재들의 정원이었던 것이다. 이들은 캄캄한 밤길을 거니는 마카롱이었다.

이들의 삶은 오늘날의 동물의 삶과는 완전히 다르다. 우리 동물 친구들은 주변의 변화에 매우 민감하게 반응한다. 그들은 친구와 적 그리고 주변 풍경의 무수한 다른 특징을 탐지한다. 그들에게 중요한 '상황'이며 삶과 죽음을 갈라놓는 경우도 흔하기 때문이다. 에디아카라기의 생명이 주변 환경에 매 순간 반응해 왔다는 분명한 증거는 보이지 않는다. 만일 그렇다면 우리의 에디아카라기 선조들은 신경계를 갖게 됐을 때 근래에 가까운 동물들이 사용하는 것과는 다른 용도로 썼을 가능성이 높다. 특히 당시의 신경계가 내가 앞서 설명한 신경계 진화에 대한 두 번째 이론에 부합하는 용도로 사용됐을 수 있다. 감각운동 통제보다는 내부의 협응에 주목하는 관점 말이다. 신경계는 움직임을 만들고 리듬을 유지하고 기어다니고 (어쩌면) 수영을 하기 위한 것이었다. 여기에는 주변 환경을 감각하는 역할도 어느 정도 있었겠지만 그리 대단하지는 않았을 것이다.

이 추론은 오해를 부를 수 있다. 어쩌면 상당한 수준의 감각과 상호작용이 오갔지만 부드러운 재질로 된 기관을 사용해서 흔적이 남지 않았을 수도 있다. 에디아카라기가 평화로웠는가에 대한 논의에서 날 항상 어리둥절하게 만들었던 것은 바로 해파리의 역할이었다. 스프릭의 추측과는 달리 그가 발견한 화석은 해파리가 아니었다. 그러나 이 시기에 해파리는 존재했던 것으로 여겨진다. 그리고 해파리는 보통 아무런 흔적도 남기지 않는다. 자포동물, 그중에서도 특히 해파리는 쐐기세포stinging cells를 갖고 있다. 쏘는 해파리들로 가득한 정원은 에덴동산과는 확연히 거리가 멀다. 해파리에게 많이 쏘여본 호주 사람이라면 특히 잘 알 것이다.

2015년 런던 왕립학회Royal Society of London가 주최한 초기 동물과 최초의 신경계에 대한 컨퍼런스에서 '해파리가 언제

처음으로 쏘기 시작했는가'라는 주제를 가지고 학자들은 무척 열띤 토론을 했다. 자포동물의 침은 일찌기 발달한 것으로 보인다. 자포동물의 두 가지 주요 계통의 분화는 에디아카라기 또는 그보다 더 일찍 시작된 것으로 보이는데 두 계통의 동물들 모두 같은 종류의 침을 갖고 있다는 사실에서 추론한 것이다. 자포동물의 침은 '무기'다. 이것은 공격용이었을까 방어용이었을까? 오늘날 자포동물을 잡아먹는 동물이나 자포동물의 먹이가 되는 동물 모두 이 시대에는 존재하지 않았다. 그렇다면 그 침은 누굴 겨냥했던 것일까? 우리는 알지 못한다.

에디아카라기의 삶이 추측과는 달리 그다지 평화롭지 못했다 할지라도 완전히 다른 세계가 뒤이어 나타난다.

"캄브리아기 대폭발"은 약 5억 4200만 년 전에 시작됐다. 상대적으로 급작스레 시작된 일련의 사건들로부터 오늘날 볼 수 있는 기본적인 동물의 형태 대부분이 등장했다. 이 "동물의 기본 형태"에 포유류는 포함되지 않았으나 척추동물은 어류의 형태로 있었다. 또한 몸 외부에 골격이 있고 관절이 있는 사지를 가진 삼엽충과 같은 절지동물과 벌레를 비롯한 다양한 동물이 있었다.

그럼 이 대폭발은 왜 일어났으며 왜 그렇게 빠르게 일어났을까? 그 시기는 어쩌면 지구의 화학적 성질과 기후의 변화와 관련 있을지 모른다. 그러나 대폭발의 과정 자체는 대체로 생명체들의 상호작용에 의한 일종의 진화적 피드백에 의해 촉진됐을 것이다. 캄브리아기에 동물들은 포식이라는 새롭고 특별한 방법으로 '서로의 삶의 일부'가 됐다. 한 종류의 생명체가 약간 진화하면 다른 생명체가 직면하는 환경을 바꿔놓고 그러면 다른 생명체들도 그에 대한 대응으로 진화하게 된다. 초기 캄브리아기부터는 포식 행위가 확실히 존재했다. 포식 행위가 촉진시키는 추적, 추격, 방어 행동이 나타났다. 사냥감이 숨거나 스스로를 방어하게 되자 포식자는 추적하고 제압하는 능력을 발달시켰다. "군비 경쟁"이 시작된 것이다. 캄브리아기 초기부터 동물 신체animal bodies 화석 자료에는 에디아카라기에서는 보이지 않았던 눈, 더듬이, 발톱 등이 보인다. 신경계의 진화가 새로운 길로 향하고 있던 것이다.

캄브리아기에는 동물의 행동에도 혁명이 발생한 것으로 보인다. 대부분 각 생물의 '신체'가 가지고 있던 가능성이 발현되면서 일어난 것이다. 해파리의 몸에는 위와 아래는 있어도 왼쪽이나 오른쪽은 없다. 이를 방사 대칭radical symmetry이라고 부른다. 그러나 인간이나 물고기, 문어, 개미, 지렁이는 모두 '좌우대칭동물bilaterians'이다. 우리에게 앞과 뒤가 있고 따라서 왼쪽과 오른쪽, 위와 아래가 있다. 최초의 좌우대칭동물은, 적어도 초기 좌우대칭동물 중 몇은 이렇게 생겼을 것이다.

나는 이 동물의 "머리" 양쪽에 안점을 그려넣었다. 초기 좌우대칭동물이 안점을 갖고 있었는지는 아직 논쟁거리고 그림에서는 안점이 과장돼 있지만 실제로는 미세한 크기였을 것이다. 나는 초기 좌우대칭동물에게 관대한 편이다.

몇 쪽 앞에 그림으로 나타난 킴버렐라를 비롯해 몇몇 에디아카라기 생물들은 좌우대칭이었을 것으로 여겨진다. 킴버렐라가 좌우대칭동물이라면 캄브리아기 이전의 좌우대칭동물은 이미 다른 동물들보다 더 활동적인 삶을 살고 있었을 것이다. 좌우대칭형의 체제는 이동에 도움이 되고(걷는 행위는 매우 좌우대칭적이다) 여러 가지 복잡한 행동에 적합하다. 캄브리아기에 생명의 다양화와 그 복잡한 관계들은 대부분 좌우대칭동물들의 작품이다.

좌우대칭 진화의 세계로 나아가기 전에 잠시 멈추어 생각해 보자. 좌우대칭형 체제가 아닌 동물 중 가장 복잡한 행동을 하며 가장 똑똑한 것은 무엇일까? 이런 질문에 아무런 편견 '없이' 답하기는 무척 어렵지만 이 경우에 정답은 분명하다. 좌우대칭동물이 아닌 동물 중 가장 복잡한 행동을 하는 동물은 상자해파리다.

몸이 흐물흐물하고 화석 자료가 희귀한 탓에 각종 해파

리들이 언제 진화했는지를 알기는 어렵다. 그러나 상자해파리는 캄브리아기나 그 이후에 등장한 것으로 여겨진다. 자포동물들의 일반적인 특징 하나는 바로 쐐기세포다. 어떤 상자해파리 종은 수많은 인간을 죽일 수도 있을 정도로 강력한 독을 갖고 있다. 호주 북부에서는 상자해파리의 출현 때문에 여름마다 해변이 텅텅 빈다. 다른 계절에도 그물을 쳐놓지 않으면 해안에서 수영하는 게 무척 위험하다. 더욱 심각한 문제는, 이 해파리가 물속에 있으면 보이지 않는다는 것이다. 상자해파리는 좌우대칭동물이 아닌 동물들 중 가장 복잡한 행동 양식을 가졌다. 상자해파리는 몸의 상단에 우리 눈처럼 망막과 수정체가 있는 고도로 발달한 눈을 24개 갖고 있다. 상자해파리는 시속 5.6킬로미터로 헤엄칠 수 있으며 몇몇 종류는 해안의 지형지물을 보고 방향을 읽을 수도 있다. 상자해파리, 좌우대칭이 아닌 생물로서 파괴적 행동의 정점에 선 이 존재는 캄브리아기에 열린 새로운 세계의 산물이기도 하다.

감각

신경계는 좌우대칭형 체제가 등장하기 이전부터 진화했다. 그러나 좌우대칭동물의 신체는 신경계의 새롭고 거대한 가능성을 필요로 했고 만들어냈다. 캄브리아기가 시작되면서 한 동물과 다른 동물의 관계는 서로의 생존에 보다 중요한 요인이 됐다. 이제 동물의 행위는, 주시하거나 낚아채거나 회피하는 등, 다른 동물들을 '겨냥'한 것이 됐다. 캄브리아기 초기부터 우리는 이러한 상호작용을 하는 기관인 눈, 발톱, 더듬이를 보여 주는 화석들을 볼 수 있다. 이 동물들은 또한 움직일 수 있었다는 것을 명백하게 보여 주는 다리와 지느러미도 갖고 있었다. 다리와 지느러미는 다른 동물과의 상호작용에 대한 증거가 되지는 못한다. 그러나 발톱에는 애매한 구석이 없다.

에디아카라기에는 자신의 주변에 동물이 있더라도 특별히 의미가 없었다. 캄브리아기에는 각각의 동물들이 서로의 주변환경에 중요한 일부분이 됐다. 한 생명이 다른 생명과 뒤얽히고 그로 인해 진화에 영향을 미치게 된 것은 행동과 그것을 통제하는 메커니즘 때문이었다. '이때부터 정신mind은 다른 존재의 정신에 반응하며 진화했다.'

내가 이렇게 말하면 독자는 '정신'이라는 어휘가 잘못 사용됐다고 답할지도 모른다. 이 장에서 나는 그것에 대해 논쟁하진 않을 것이다. 뭐, 좋다. 어쨌든 여기서 관건은 감각과 신경계, 그리고 각각의 동물의 행동이 다른 동물의 감각, 신경계, 행동에 대응하여 진화했다는 것이다. 한 동물의 행동은 다른 동물에겐 기회가 되거나 다른 동물의 행동을 이끌어낸다. 만약 두 개의 큰 부속지grasping appandages를 가진 대형 바퀴벌레처럼 생긴 1미터 길이의 아노말로카리스Anomalocaris가 빠른 속도로 당신을 향해 덤벼든다면 어떻게 해서든 이런 일이 벌어지고 있음을 '아는' 것과 이를 피하는 행동을 하는 것이 매우 좋을 것이다.

캄브리아기 동물들에게 감각은 매우 중요했을 것이다. 그들의 감각기관은 세계, 특히 서로를 향하고 있었다. 상이 맺힐 정도로 정교한 눈이 이때 처음으로 등장한 것으로 보인다. 캄브리아기에는 곤충에서 볼 수 있는 겹눈과 우리가 갖고 있는 카메라 눈이 모두 등장했다. 당신 주변에 있는 사물을 처음으로 볼 수 있게 된 것이 행동과 진화에 미칠 영향에 대해 상상해 보라. 특히 어느 정도 떨어져 있고 움직이고 있는 물체를 볼 수 있게 됐을 때 말이다. 생물학자 앤드류 파커Andrew Parker는 눈의 탄생이 캄브리아기의 결정적 사건이라고 주장한 바 있다. 다른 학자들도 각기 관점의 차이는 있지만 대체로 비슷한 시각을 견지한다. 고생물학자 로이 플로트닉Roy Plotnick과 그의 동료들이 이름 붙였듯, 이렇게 감각기관이 열린 결과로 '캄브리아기 정보혁명'이 일어났다. 감각 정보의 유입으로 내부적으로 복잡한 정보를 처리할 수 있는 능력이 요구됐고, 더 많은 걸 알게 될수록 판단은 더욱 복잡해졌다. (두 구멍 중에 한 곳에 숨는다면 아노말로카리스가 날 잡아챌 확률이 높은 곳은 어디일까?) 상을 맺을 수 있는 눈

덕분에 그 이전에는 상상할 수 없었던 행동이 가능해졌다.

이 변화를 만든 피드백 과정의 진행 시나리오는 나를 에디아카라기로 안내해 준 짐 겔링과 영국의 고생물학자 그레이엄 버드Graham Budd가 만든 것이다. 겔링은 에디아카라기가 끝나갈 때쯤 죽은 고기를 먹는 행위가 나타났고 이후 포식 행위가 생겨났을 것으로 본다. 동물들은 미생물을 먹다가 사체를 먹기 시작했고 그 다음 살아있는 생물을 사냥하기 시작했다. 버드는 동물의 행동 자체가 에디아카라기에 자원이 배분되는 방식을 바꿨다고 본다. 당신 앞에 먹을 수 있는 미생물이 엉겨 있는 판이 마치 질펀한 풀밭처럼 끝없이 늘어져 있는 세계를 상상해 보라. 그 판 위로 천천히 움직이는 동물들이 거닐며 이 단일한 자원을 섭취한다. 다른 동물들은 움직이지 않은 채로 음식을 섭취한다. 움직이지 않는 동물은 영양가 있는 탄소화합물로 가득한 새로운 자원이 '된다.' 영양분은 과거만큼 널리 퍼져 있지 않다. 이제는 군데군데 존재한다. 처음에는 이런 동물들이 죽고 나서야 소비됐을 수 있다. 그러나 상황은 급변했다. 사체 섭취가 포식이 된 것이다.

화석 자료를 액면 그대로 받아들이자면 이 추세의 시작을 연 것은 절지동물로 추정된다. 오늘날 절지동물에는 곤충, 게, 거미 등이 포함된다. 우리는 캄브리아기 초기에 삼엽충의 등장을 보게 된다. 삼엽충은 초기 절지동물로 껍질과 관절이 달린 다리와 겹눈을 갖고 있었다. 50쪽 디킨소니아 화석 사진을 보면 디킨소니아 바로 아래에 있는 'A'와 'B'(동그라미로 표시) 위에서 훨씬 작은 화석들을 볼 수 있다. 겔링은 길이가 몇 밀리미터에 불과한 이 동물들이 어쩌면 삼엽충의 선조일지도 모른다고 생각했다. 몸은 여전히 물렁하지만 삼엽충을 연상시키는 형태다. 이 사진에서 작은 벌레들은 밑으로 파고들어 숨고 있지만, 디킨소니아는 다리도 머리도 방어장치도 없는 전형적인 에디아카라기 형태를 갖고 있다. 이 사진은 내가 어릴 때 갖고 있었던 공룡과 공룡의 멸망에 대한 책에 있는 삽화를 떠올리게 한다. 거대한 공룡이 우뚝 서 있고 작고 말썽쟁이처럼 생긴 뒤쥐를 닮은 포유류 동물들이 그 발 밑에서 공룡의 알을 노리고 있는 듯한 그림이었다. 삼엽충의 선조들 또한 비슷한 목적을 갖고 있는 듯했다. 연잎 또는 욕실 매트처럼 생긴 디킨소니아는 위에서 벌어지는 일을 의식하지 못했겠지만.

철학자 마이클 트레스트먼Michael Trestman은 이런 동물들을 바라보는 흥미로운 방법을 제시한다. '복잡하고 활동적인 신체'를 가진 동물들의 집합을 생각해 보라는 것이다. 여기 속하는 동물들은 빠르게 움직일 수 있으며 물체를 포획하고 조작할 수 있다. 여러 방향으로 움직일 수 있는 부속기관들과 눈처럼 멀리 있는 물체를 추적할 수 있는 감각기관을 갖고 있다. 트레스트먼은 오직 세 종류의 동물군만이 복잡하고 활동적인 신체Complex Active Bodies, CAB를 갖고 있는 종을 만들었다고 말한다. 절지동물, 척삭동물(우리처럼 척추에 신경삭이 있는 동물), 그리고 바로 연체동물의 일종인 두족류다. 이 세 종류는 우리가 쉽게 떠올리는 것들이라 큰 규모의 동물군처럼 생각하겠지만 여러 측면에서 작은 동물군이다. 동물 문門은 총 34개 정도인데 이 중 단 세 개 문에만 복잡하고 활동적인 신체를 가진 동물이 속한다. 그리고 이 세 개 문 중 하나인 연체동물 중에는 오직 두족류만 여기에 해당한다.

역사의 고대 시대에 대한 이야기는 일단 여기까지 하고, 나는 다시 신경계와 그 진화에 대한 두 관점, 감각운동적 관점과 행동형성적 관점의 차이로 돌아갈 것이다. 앞서 이 두 관점의 차이를 소개하면서 사회적 삶에서 신호가 가질 수 있는 두 가지 역할(교회 관리자와 존 리비어 대 노 젓기)에 연결시켰고, 두 역할이 다르긴 하지만 호환 역시 가능하다고 지적했다. 이 차이가 역사적으로 어떤 중요성이 있을까? 어쩌면 에디아카라기에서 캄브리아기를 거쳐 보다 가까운 시대로 넘어오는 수천 년의 행진 과정에 이 차이가 뭔가 자연스러운 방법으로 들어맞을 수 있지는 않을까? 신경계가 갖고 있던 역할에 변화가 생기는 것은 분명 가능한 듯하다. 외부 세계의 사건들을 추적하는 게 언제나 가치 있는 일은 아니지만 캄브리아기에는 외부의 사건들이 생물에게 미치는 영향이 크게 증대했다. 생물들에게는 단지 보는 것만으로는 충분하지 않았고 자신이 본 것에 대해 대응해야 할 필요가 늘었다. 한 번의 부주의는 곧 덮쳐드는 아노말로카리스에게 잡아먹힌다는 것을 의미하게 됐다. 만약 그렇다면 최초의 신경계는 일차적으로 행동들을 협응하는 역할을 했으리라. 처음에는 고대 자포동물의 몸을 움직이게 했고 그 다음에는 에디아카라기 생물들의 행동을 형성했을 것이다. 그러나 그런 시기가 있었다면 캄브리아기에 접어들어서는 모두 끝났을 것이다.

그러나 현대에 볼 수 있는 생물들의 신체를 기반으로 한 우리의 상상이 다른 가능성을 과소평가했을 수도 있다. 가능성은 풍부하다. 생물학자 데틀레프 아렌트Detlev Arendt와 그의 동료들은 이런 학설을 제시했다. 그들이 볼 때 신경계는 두 차례 발생했다. 두 종류의 동물이 각자의 신경계를 진화시켰다는 얘기가 아니다. '동일한' 동물의 몸 속 각기 다른 위치에서 신경계가 두 차례 발생했다는 것이다. 반구형의 몸체를 갖고 있으며 몸 아래에 입이 달려 있는 해파리 같은 동물을 떠올려 보라. 신경계 하나가 몸 상부에서 발달해 빛을 탐지하지만 행동을 지시하지는 않는다. 다만 빛을 사용해 신체의 리듬과 호르몬을 조절한다. 움직임을 제어하기 위해 또 다른 신경계가 진화한다. 처음에는 입의 움직임만 제어한다. 그러다 어느 단계에서 두 신경계는 몸 속에서 이동하여 서로 새로운 관계를 이룬다. 아렌트는 이것이 캄브리아기에 좌우대칭동물들의 진보를 이룬 결정적 사건이라고 본다. 동물의 신체를 제어하는 신경계의 일부가 빛에 반응하는 신경계가 있는 몸 꼭대기까지 이동했다. 빛에 반응하는 신경계는 단지 화학적 변화와 신체 리듬만 조절하고 있었지 행동을 관장하지는 않았다. 그러나 두 신경계의 만남은 서로에게 새로운 역할을 부여했다.

얼마나 놀라운 모습인가. 기나긴 진화의 과정에서 움직임을 통제하는 뇌가 당신의 머리 속으로 행진해 훗날 눈이 되는 빛에 반응하는 기관을 만난 것 말이다.

분기

좌우대칭동물의 체제는 캄브리아기 이전, 작고 볼품없는 형태로 발생했지만 이는 그 뒤로 동물의 행동적 복잡성이 오래도록 증대되는 신체적 발판이 됐다. 이 책에서 초기 좌우대칭 동물은 또 다른 역할이 있다. 그들이 등장한 지 얼마 지나지 않아, 아마도 여전히 에디아카라기였을 것으로 여겨지는데, 수천 년이 지나면서 발생한 헤아릴 수 없을 정도의 진화적 갈래 중 하나의 분기가 있었다. 이 분기를 거친 동물들은 작고 납작한 벌레같이 생겼을 것이다. 이 동물은 뉴런을 갖고 있었으며 어쩌면 매우 단순한 수준의 눈을 갖고 있었을 것이나 향후 눈이 갖게 되는 복잡성은 거의 없었다. 그 크기는 아마 밀리미터 단위 수준이었을 테다.

이 심심한 분기가 지나고 양쪽의 동물들은 각기 다른 길을 가게 된다. 그리고 각기 생명의 나무에서 거대하고도 널리 퍼져 있는 가지의 조상이 된다. 한 편은 불가사리 같은 놀라운 친구들을 비롯한 척추동물을 포함하는 동물군으로 이어졌고 다른 편은 방대한 종류의 무척추동물로 이어졌다. 이 분기가 일어나기 바로 직전까지가 우리 자신과 딱정벌레, 랍스터, 민달팽이, 개미, 나방을 비롯한 무척추동물군이 공유하는 마지막 진화적 역사다.

생명의 나무에서 이 부분을 표현한 그림을 소개한다. 이 그림에 생략된 부분이 많다는 점을 감안하자. 우리가 다루

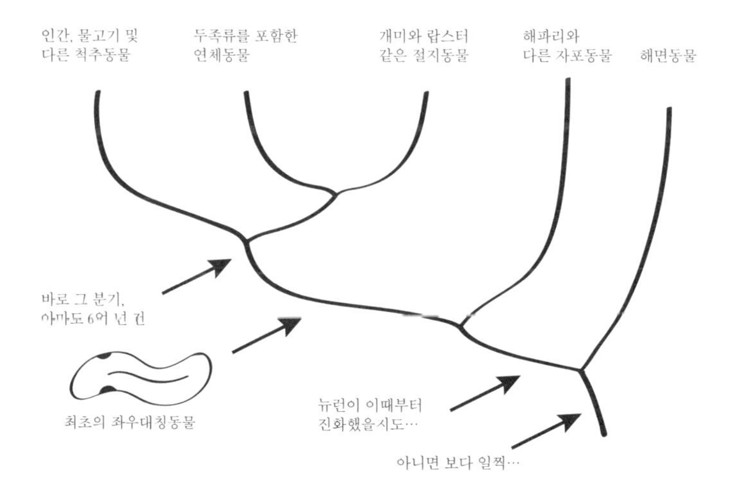

고 있는 부분은 '바로 그 분기'라고 써두었다.

바로 그 분기 이후 한 단계씩 올라갈수록 더 많은 가지치기가 발생했다. 한쪽에서는 결과적으로 물고기가 발생했고 공룡과 포유류도 발생했다. 이 쪽에 우리가 속해 있다. 그 반대편에서는 분화가 더 이어지면서 절지동물과 연체동물 등이 탄생했다. 에디아카라기를 거쳐 캄브리아기를 지나면서 '양쪽' 모든 생물은 얽혀서 살아가기 시작했고 감각기관들은 열리고 신경계는 확장됐다. 긴 시간 동안 행동과 감각이 얽혀 온 사건 중 아주 작은 사례가 하나 있었다. 고무로 몸을 무장한 포유류 하나와 색깔을 계속 뒤바꾸는 두족류 하나가 태평양 바다 한가운데서 서로를 응시하고 있었다.

3. 장난과 기교

"이 생물체가 갖고 있는 독특한 점은 장난과 기교다."
—클라우디우스 아에리아누스, 서기 3세기, 문어에 대한 글에서

해면의 정원에서

누군가 당신을 주시하고 있다. 하지만 당신은 그들을 볼 수 없다. 그러다 당신은 알아차린다. 그들의 눈이 당신을 주시하고 있음을.

당신은 밝은 오렌지색 해면동물이 수풀처럼 우거진 바다 밑 해면 정원에 있다. 녹회색 해초를 몸에 칭칭 감고 해면에 매달려 있는 고양이만한 동물이 하나 있다. 그 몸은 어디에나 있으며 동시에 존재하지 않는 듯하다. 그 동물은 일정한 형태가 없는 것이나 마찬가지다. 당신이 또렷하게 구분할 수 있는 부분이라고는 작은 머리와 두 개의 눈뿐이다. 당신이 해면 주변으로 다가가자 그 두 눈 또한 해면에 몸을

숨기고 당신과 거리를 유지하며 움직인다. 그 동물의 색깔은 주변의 해초와 완벽하게 일치했고 피부에 작은 탑 모양 돌기 끝부분 색은 해면의 오렌지색과 거의 일치한다. 당신이 그것이 있는 쪽으로 계속 다가가자 그것은 갑자기 머리를 높이 쳐들고는 물을 뿜고 도망가 버린다.

두 번째로 만난 문어는 둥지 안에 있었다. 낡은 유리 조각과 조가비들이 둥지 앞 여기저기 널려 있었다. 그 집 앞에 멈춰선 당신과 그것은 서로를 바라본다. 그것의 크기는 테니스공 정도로 작았다. 당신은 손을 뻗어 손가락 하나를 가까이 내밀었다. 문어도 당신을 만지기 위해 다리 하나를 내민다. 당신의 살갗에 닿는 빨판의 흡착력이 당황스러울 정도로 강하다. 그것이 빨판을 붙인 다음엔 손가락을 잡고 자신의 둥지 안으로 부드럽게 끌어당긴다. 그것의 다리에는 수백 개의 감각기관을 가진 빨판이 수십 개 있다. 그것은 당신의 손가락을 끌어당기며 '맛'을 보고 있는 것이다. 다리에는 독자적인 생명체처럼 신경활동의 집합체인 뉴런이 있다. 다리 뒤에 보이는 커다랗고 둥근 눈이 당신을 계속 주시하고 있다. 2장에서 본 사건들로부터 수억 년이 흘러 동물의 진화는 여기에까지 이르렀다.

문어를 비롯한 두족류가 속한 '연체동물'은 조개, 굴, 달팽이를 포함하는 대규모 동물 분류군이다. 그래서 문어의 이야기는 연체동물 진화의 역사이기도 하다. 앞 장에서 우리는 생명의 역사에서 매우 다양한 동물 체제가 화석 자료로 나타나기 시작하는 캄브리아기에 다다랐다. 많은 동물군이 캄브리아기 이전에 등장한 사실은 틀림없으나, 연체동물은 캄브리아기에 들어서야 껍데기 덕분에 눈에 띄기 시작했다.

연체동물에게 껍데기란 당시 동물들에게 닥친 한 가지 급작스러운 변화, 바로 포식의 발명에 대한 대응책이었다. 당신이 만약 당신을 포착하고 잡아먹으려는 동물들에게 둘러싸였다면 대응 방법은 여러 가지가 있을 것이다. 연체동물이 특별히 개발한 방식은 딱딱한 껍데기를 만들어서 뒤집어쓰거나 그 안에 사는 것이다. 두족류는 껍데기를 가진 초기 연체동물에서 비롯된 것으로 보인다. 이 초기 연체동물은 마치 모자 같은 딱딱한 껍데기를 쓰고 바다 밑바닥을 기어다녔을 것이다. 이들은 오늘날 바닷가 바위에 붙어 있는 삿갓조개처럼 생겼다. 이 껍데기 모자는 진화의 시간을 겪으며 피노키오의 코처럼 커졌고 점차 뿔 모양을 하게 됐다. 이 동물은 크기가 작아서 '뿔'이라고 해도 손가락 한 마디보다 짧았다. 껍데기 밑에는 다른 연체동물처럼 근육으로 이루어진 '발'이 있어 몸체를 고정시키거나 해저를 기어다닐 수 있었다.

캄브리아기의 어느 단계에서 초기 두족류 중 몇몇은 해저에서 떠올라 해수층으로 진입했다. 육지에 사는 동물이 공중에서 이동하기는 쉽지 않다. 그런 동작을 하려면 날개 아니면 날개 비슷한 것이라도 필요하다. 바닷속에서는 쉽게 떠올라서 휩쓸려가고 어디로 가는지 볼 수 있다.

위로 솟아 있으면서 몸을 보호하는 껍데기 안에 공기를 채우면 부유체로도 활용할 수 있다. 초기 두족류가 바로 그렇게 했을 것이다. 껍데기에 부력이 생기면 좀더 쉽게 기어다닐 수 있게 된다. 오래된 두족류가 그렇게 바다 밑바닥에서 반쯤 기어다니고 반쯤 헤엄치는 식으로 움직였을 것이다. 그러나 몇몇은 더 높이 올라 새로운 기회로 가득한 신세계를 발견했다. 껍데기에 채운 약간의 공기가 삿갓조개를 비행선으로 만들어 주었다.

물속을 부유하는 생물에게 기어다니기 위한 "발"은 쓸모가 없다. 그래서 비행선 두족류는 분사 추진jet propulsion을 발명했다. 튜브 모양 '수관siphon'을 이용해 특정 방향으로 물을 발사하는 것이다. 역할에서 자유로워진 발은 사물을 움켜쥐고 다룰 수 있게 되었고, 일부는 촉수 다발로 꽃피웠다. 어떤 촉수에는 수십 개의 날카로운 갈고리가 달려 있었으니 이 촉수에 붙잡힌 동물에게는 "꽃피우다"라는 표현이 부적절하게 들릴 것이다. 물속으로 떠오른 두족류가 움켜쥘 수 있었던 기회는 바로 다른 동물들을 잡아먹을 수 있는, 스스로 포식자가 될 수 있는 기회였다. 이들은 진화를 향한 위대한 집념으로 포식자의 지위를 성취했다. 쭉 뻗어 있는 것부터 코일 형태까지 다양한 형태의 껍데기가 있었고, 가장 큰 개체는 5.4미터에 달했다. 아주 작은 삿갓조개에서 시작한 두족류는 바다에서 가장 무시무시한 포식자가 됐다.

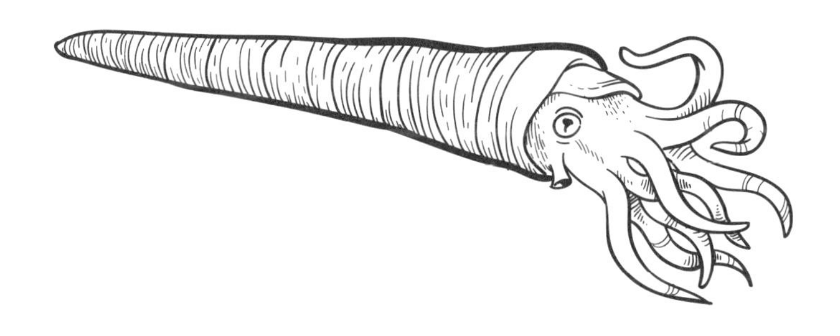

비행선 형태부터 호버크래프트나 탱크 모양까지 다양한 두족류가 해저를 배회했을 것이다. 이 시기에 나타난 껍데기 중 몇몇은 물속을 떠다니기에는 너무 크고 무거웠을 것으로 보인다. 지금 이 동물들은 모두 멸종했다. 예외가 하나 있는데 무시무시한 동물과는 거리가 먼 앵무조개다. 많은 동물이 대멸종에 휩쓸려 생명의 역사 속으로 사라졌지만, 몇몇 포식 두족류는 덩치가 커지고 훌륭하게 무장을 갖춘 물고기와의 경쟁에서 점차 도태된 것으로 보인다. 제펠린 비행선도 결국 비행기의 등장으로 도태되지 않았는가.

앵무조개는 살아남았다. 그 이유는 누구도 모른다. 이 책의 첫머리에 인용한 하와이의 창조신화에서 문어를 과거 세계의 "유일한 생존자"로 묘사한다고 썼다. 진짜 생존자가 두족류인 것은 맞지만 문어보다는 앵무조개가 더 알맞다. 여전히 태평양에 살고 있는 오늘날의 앵무조개는 2억 년 전과 비교해도 거의 변한 게 없다. 코일 형태의 껍데기 속에 사는 앵무조개는 바다의 청소부다. 단순한 눈과 촉수 다발을 갖고 있으며 바다의 깊은 곳과 얕은 곳을 특정한 리듬에 따라 오르내리는데 이 리듬에 대해서는 아직도 연구 중이다. 앵무조개는 밤에는 수심이 얕은 데서 머무르고 낮에는 깊은 곳으로 들어가는 듯 보인다.

진화 과정에서 두족류의 몸은 또 다른 전환을 맞이한다. 공룡의 시대가 시작되기 전에 몇몇 두족류는 점차 껍데기를 포기한 것으로 보인다. 부유체로 사용됐던 껍데기는 버려지거나 축소되거나 몸 안으로 들어갔다. 이로 인해 움직임의 자유는 커졌지만 그 대가로 훨씬 취약해졌다. 이 진화는 상당한 도박으로 보이지만 두족류는 진화를 거치면서 여러 차례 이러한 방향을 선택했다. "현대" 두족류의 최근 공통 조상은 알려지지 않았으나 어떤 단계에서 문어가 속해 있는 다리가 여덟 개 달린 집단과 오징어, 갑오징어가 속한 다리가 열 개 달린 집단으로 분화됐다. 이들은 각기 다른 방식으로 껍데기를 축소시켰다. 갑오징어는 껍데기를 몸 안에 보존했고 이 껍데기는 여전히 갑오징어가 부유하는 데 도움을 준다. 오징어 몸 안에는 "연갑pen"이라는 칼 모양 구조물이 남아 있다. 문어는 껍데기를 완전히 잃어버렸다. 많은 두족류가 몸을 보호할 수 없는 부드러운 신체를 갖고 얕은 바다의 암초에서 살기 시작했다.

가장 오래된 문어 화석은 2억 9000만 년 전의 것으로 '추정'된다. 내가 불확실성을 강조하는 까닭은 이 화석이 하나밖에 없는 표본인 데다가 암석의 얼룩과 크게 다를 게 없기 때문이다. 이 화석 이후에는 자료에 공백이 있고 약 1억 6400만 년 전이 돼서야 보다 분명한 사례가 나온다. 의심의 여지없이 문어로 보이는, 여덟 개의 다리와 문어 같은 자세를 취한 화석이다. 문어의 화석 자료는 잘 보존되기 어렵기 때문에 여전히 매우 부족하다. 그러나 어떤 단계에 이르러 문어는 크게 번성한다. 오늘날 약 300종의 문어가 존재하며 여기에는 심해에 사는 종과 암초에 사는 종도 포함된다. 길이가 손가락 마디 하나보다 짧은 종부터 무게가 45킬로그램에 달하고 다리를 펼친 길이가 6미터에 달하는 문어giant pacific octopus까지 다양하다(이 문어는 한국 동해와 남해에 분포하는 종으로 한국에서는 그냥 "문어"라고 부른다. - 옮긴이).

여기까지가 두족류의 몸이 거쳐 온 여정이다. 에디아카

라기 마카롱 모양에서 삿갓조개 같은 갑각류를 거쳐 포식자 호버크래프트와 비행선에 이르렀다. 그후 외부 껍데기의 불편함을 버리고 껍데기를 몸속에 내장하거나 아니면 문어처럼 완전히 껍데기를 버렸다. 이 과정을 거치면서 문어는 뚜렷한 몸의 형태를 거의 잃었다.

골격과 껍데기 모두를 완전히 포기하는 것은 문어 같은 크기와 복잡성을 가진 동물에서는 드물게 나타나는 진화적 행보다. 문어에게 단단한 부위는 전혀 없다고 해도 과언이 아니다. 눈과 이빨 정도가 가장 단단한 부위라 할 수 있다. 그 결과 문어는 자신의 눈알 크기만한 구멍을 통과할 수 있으며 몸의 형태를 얼마든지 바꿀 수 있다. 두족류의 진화는 문어에게 완전한 가능성을 가진 신체를 주었다.

내가 이 장을 처음 쓸 무렵 며칠 동안 바위가 많은 얕은 해안에서 문어 두어 마리를 관찰했다. 그들이 짝짓기를 하는 장면을 한 번 봤는데 짝짓기가 끝난 다음 오후 내내 그저 앉아서 보내는 듯했다. 암컷은 잠깐 다른 데로 갔다가 해가 지기 시작하자 다시 굴로 돌아왔다. 수컷은 비교적 노출된 곳에서 낮 시간을 보냈지만 암컷의 굴에서 30센티미터도 되지 않은 곳이었다. 그는 암컷이 돌아올 때까지 거기 그대로 있었다.

내가 문어들을 관찰한 지 이틀이 지나자 폭풍이 일었다. 시속 100킬로미터에 달하는 바람이 해안을 후려쳤고 남쪽에서 파도가 몰려왔다. 문어들이 살고 있던 만은 어느 정도 보호가 돼 있는 편이었지만 그리 오래 가진 못했다. 파도가 만의 입구를 휩쓸었고 물은 부글부글 끓는 하얀 수프처럼 변했다. 해안은 이후 나흘동안 폭풍우에 시달렸다. 자기가 사는 바위에 파도가 칠 때 문어는 어디로 갈까? 물속에 들어가 살펴보기는 불가능했다. 갑오징어는 별 문제 없었다. 그들은 날씨가 좋지 않으면 몇 주 동안 사라진다. 물을 분사해서 보다 깊은 물속으로 들어간다. 어쩌면 문어들도 물속 깊이 내려갔을지도 모르지만 그보다는 바위 틈으로 들어가 며칠 이고 거기 매달려 있을 가능성이 더 높다. 모자처럼 생긴 껍데기 속에 들어가 바위를 붙잡고 있던 그들의 조상들처럼 말이다.

문어의 지능에 대한 수수께끼

두족류의 몸이 오늘날의 형태로 진화하면서 또 다른 변화가 일어났다. 몇몇 두족류가 똑똑해진 것이다.

"똑똑하다"는 표현은 논란을 일으킬 수 있으니 조금 조심스럽게 시작해 보자. 먼저 이 동물들은 큰 두뇌를 포함하는 큰 신경계를 발달시켰다. 어떤 의미에서 크단 말인가? 참문어Octopus vulgaris는 체내에 5억 개의 뉴런을 갖고 있다. 이는

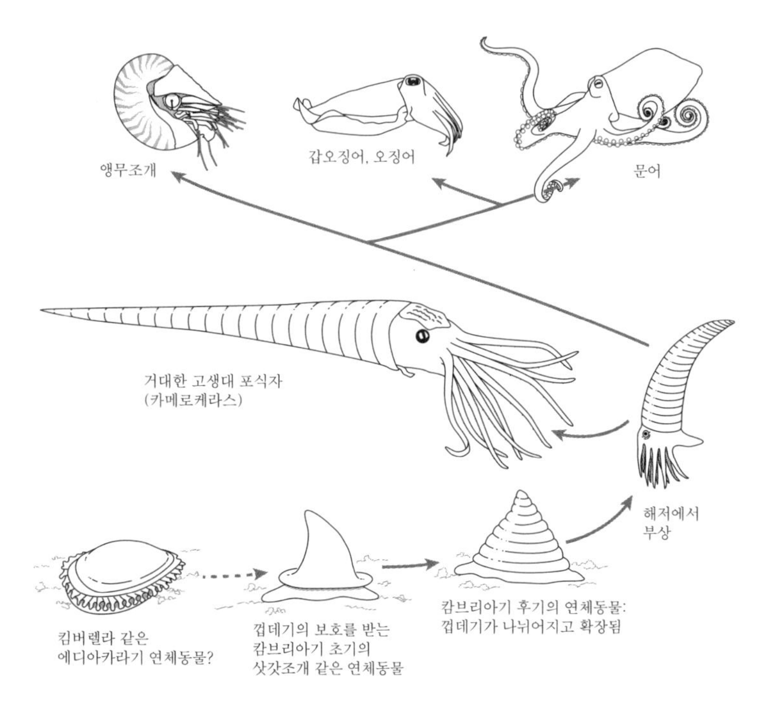

두족류의 진화: 이 그림의 비율은 실제와 (매우) 다르며 인접한 각 종들 사이에 직접적으로 선조와 후손 관계가 성립하는 것을 의미하지는 않는다. 5억 년 전부터 현재까지에 걸친 두족류의 진화에서 가장 중요한 형태상의 분기 일부를 연대기적 순서에 맞추어 도식화한 것이다. 나는 킴버렐라를 가능한 초기 단계로 놓았으나 여기에는 논란의 여지가 있다. 모자를 쓴 삿갓조개처럼 생긴 동물은 단판(monoplacophora)류에 속한다. 껍데기가 여러 부분으로 나뉜 다음 동물은 타누엘라 같은 것이다. 그 다음에 나오는 플렉트로노케라스가 부유하기 시작했는데 여전히 해저에 머물러 있었는지에 대해서는 견해가 엇갈린다. 그러나 이 동물은 다양한 내부의 특성 때문에 진정한 최초의 두족류로 간주된다. 카메로케라스는 대형 두족류 포식자 중에서도 가장 거대한 종류로 보수적으로 추정해도 길이가 최대 5.4미터에 달한다. 문어와 오징어는 외부의 껍데기를 포기하고 지금은 멸종한, 알려지지 않은 두족류의 후손이다. 앵무조개는 여전히 그 껍데기를 유지하고 현재까지 살아남았다.

어떤 기준으로 봐도 매우 많은 숫자다. 인간은 더 많은 뉴런을 갖고 있는데 약 1000억 개 정도 된다. 하지만 문어는 보다 작은 포유류, 예를 들면 개와 비슷한 정도의 뉴런을 갖고 있다. 다른 무척추동물과 비교한다면 훨씬 커다란 신경계를 갖고 있는 것이다.

절대적인 크기는 중요하지만 상대적 크기, 다시 말해 몸의 크기 대비 뇌의 크기가 덜 중요하다. 이는 해당 동물이 뇌에 얼마나 "투자"하고 있는지를 보여 준다. 이 비교는 몸무게와 오직 뇌 속 뉴런 개수로만 계산한다. 문어는 이 척도에서도 포유류까지는 아니지만 척추동물 수준의 높은 점수를 받았다. 그러나 생물학자들은 크기로만 평가한다면 한 동물이 가지고 있는 뇌의 '능력'에 대해서 지극히 단편적인 정보만 제공하는 것이라고 말한다. 어떤 뇌는 다른 뇌들과는 달리 조직화되어 있다. 시냅스가 더 많거나 적을 수 있고 이 시냅스는 덜 또는 더 복잡할 수 있다. 동물의 지능에 대한 최근 연구에서 밝혀진 사실은 몇몇 조류, 특히 앵무와 까마귀가 꽤 똑똑하다는 것이다. 조류의 뇌는 절대적 크기는 상당히 작지만 매우 강력한 힘을 갖고 있다.

우리가 한 동물의 두뇌 능력을 다른 동물의 두뇌 능력과 비교하려 들면 지능을 올바르게 측정할 수 있는 단일한 단위가 없다는 사실에 직면하게 된다. 동물의 종마다 각기 다른 능력이 있다. 각기 다른 삶을 살고 있음을 생각해 보면 이해가 된다. 도구상자에 비유해 볼 수 있겠다. 뇌는 행동을 통제하는 도구상자와 같다. 우리가 실제로 사용하는 도구상자와 마찬가지로 여러 가지 일에 공통적으로 사용되는 요소들도 있지만 다양성도 상당하다. 동물에게서 찾을 수 있는 모든 도구에는 일종의 인지 능력이 포함돼 있다. 하지만 정보를 받아들이는 방식은 동물마다 매우 다르다. 모든(혹은 거의 모든) 좌우대칭동물은 어떠한 형태로든 기억과 학습 도구를 갖고 있어 과거의 경험을 현재에 대입할 수 있다. 때때로 동물의 도구상자에는 문제해결 능력과 계획 능력도 들어 있다. 어떤 동물은 더 정교하고 비싼 도구를 갖고 있는데, 그렇지 않은 동물이라도 다른 방식으로 수준이 높아질 수 있다. 한 동물이 뛰어난 감각을 갖고 있다면 다른 동물은 보다 정교한 학습 능력을 갖고 있는 식으로 말이다. 각기 다른 도구를 갖고 있는 생물들은 다른 삶의 방식을 만들었다.

두족류와 포유류 비교는 무척 어렵다. 문어를 비롯한 두족류들은 유난히 좋은 눈을 갖고 있는데 기본적인 구조가 우리 눈과 같다. 커다란 신경계를 다룬 두 가지 진화 실험이 시각에서 같은 결과를 도출한 것이다. 그러나 그 눈 너머에 있는 신경계는 매우 다르게 구성돼 있다. 생물학자들이 조류나 포유류, 심지어 어류를 살펴볼 때도 한 동물의 뇌를 다른 동물의 뇌에서 공통된 부분을 도식화할 수 있다. 척추동물의 뇌는 모두 공통된 구조를 갖고 있다. 그러나 척추동물의 뇌를 기준으로 문어의 뇌와 비교할 때는 모든 사전지식이 쓸모없다. 문어의 뇌와 우리의 뇌를 부위별로 비교할 수가 없는 것이다. 게다가 문어는 한 개체가 가진 뉴런의 대부분이 뇌에 모여 있지도 않다. 문어의 뉴런 대부분은 그들의 다리에서 찾을 수 있다. 이런 상황을 고려할 때 문어가 얼마나 똑똑한지 알아내려면 그들이 무엇을 할 수 있는지 살펴보아야 한다.

여기서 우리는 갑자기 수수께끼에 직면한다. 아마도 문제의 본질은 학습과 지능에 대한 실험실 실험의 결과와 다양한 일화나 일회성 사례 보고가 일치하지 않는다는 데 있을 것이다. 동물심리학의 세계에서는 이러한 불일치가 흔한 일이지만 문어의 경우만큼 극심하진 않다.

실험실에서 테스트할 경우 문어는 천재적이지는 않아도 문제를 꽤나 잘 해결한다. 간단한 미로 정도는 학습을 통해 빠져나갈 수 있다. 시각적 단서를 통해 자신이 처할 수 있는 두 가지 상황을 가늠하고 그 상황에 적합한 경로를 취할 수 있다. 병에 든 음식을 얻기 위해 병뚜껑을 여는 법을 학습할 수도 있다. 그러나 문어는 배우는 속도가 더디다. "성공"한 실험들의 세세한 항목들을 살펴보면 고통스러울 정도로 진척이 느려 보인다. 실험실에서의 결과는 혼란스러운 편이지만 문어의 학습 능력이 생각보다 더 뛰어남을 보여 주는 일화는 많다. 내가 가장 흥미롭다 생각하는 것은 새롭고 기이한 상황(실험실에 갇힌 것처럼)에 적응하고 주변의 사물을 자신의 목적에 맞게 사용하는 능력이다.

문어에 대한 초기 연구의 많은 수가 20세기 중반 이탈리아의 나폴리 동물학 연구소에서 이뤄졌다. 하버드 대학교의 피터 듀스Peter Dews는 약물과 행동의 상호관계를 주로 연구한 과학자였지만 학습이라는 주제 전반에 관심을 갖고 있었다. 그의 문어 실험은 약물과는 일절 관련이 없다. 듀스는 하버드 동료인 스키너B. F. Skinner의 영향을 받았다. 보상과 처벌에 따른 행동의 학습을 다룬 "조작적 조건화operant conditioning"에 대한 스키너의 연구는 심리학계에 일대 혁명을 가져왔다. 스키너는 1900년경 에드워드 손다이크Edward Thorndike가 처음 제시한 성공한 행동은 반복되고 실패한 행동은 버려진다는 생각을 매우 정교하게 발전시켰다. 듀스를 비롯한 많은 연구자들은 동물 실험을 보다 엄격하고 정교하게 만든 스키너의 방식에 영감을 얻었다.

1959년 듀스는 문어의 학습과 반응 강화reinforcement에 대한 몇 가지 표준 실험을 했다. 문어는 우리 같은 척추동물과 먼 친척일 수 있지만 그들이 학습하는 방식도 우리와 비슷할까? 이를테면 레버를 당겼다가 놓으면 상품을 받을 수 있다는 걸 배우고 의지로 이런 행동을 만들어낼 수 있을까?

내가 처음으로 듀스의 연구에 대해 알게 된 계기는 로저 핸런Roger Hanlon과 존 메신저John Messenger의 책 『두족류의 행동

Cephalopod Behaviour』에서 그의 실험을 짧게 언급했기 때문이다. 핸런과 메신저는 레버를 당겼다가 놓는 것은 문어가 바다에서 할 일은 결코 아니라고 논평하며 듀스의 실험은 성공적이지 않았다고 말했다. 하지만 나는 실험이 어떻게 됐는지 궁금한 나머지 1959년에 발행된 그 논문을 찾아 읽었다. 가장 먼저 알게 된 것은 실험의 가장 큰 목표는 성공했다는 것이다. 듀스는 문어 세 마리를 훈련시켰고, 세 마리 모두 음식을 얻기 위해 레버를 사용하는 법을 익혔음을 발견했다. 레버를 당기면 불이 들어오고 작은 정어리 조각 하나가 보상으로 나왔다. 듀스는 앨버트와 버트럼이란 이름의 두 문어가 "상당히 일관적인" 태도로 작업을 수행했다고 밝혔다. 세 번째 문어 찰스의 행동은 달랐다. 찰스 역시 최소한 시험을 통과하기는 했는데, 찰스가 상황에 대처하는 방법은 문어의 행동을 전반적으로 이해할 수 있게 해 준다. 듀스는 이렇게 기록했다.

1. 앨버트와 버트럼이 자유롭게 부유하면서 레버를 부드럽게 작동시킨 반면 찰스는 촉수 몇 개는 수조의 측면에, 그리고 다른 몇 개는 레버에 고정시킨 다음 강력한 힘을 가했다. 레버가 몇 번 휘었고 11일째에는 부서져 더 이상 실험을 할 수 없었다.
2. 수면보다 약간 위에 매달려 있던 조명은 앨버트나 버

트럼에게는 그다지 "관심"의 대상이 아니었다. 그러나 찰스는 반복적으로 램프를 촉수로 감싸고 상당한 힘을 가했다. 램프를 수조 안으로 가져가려는 행동이었다. 이러한 행동은 레버를 당기는 행위와 양립할 수 없었다.

3. 찰스는 자주 수조 밖으로 물을 뿜어 댔다. 특히 연구원이 있는 방향으로 물을 뿜었다. 찰스는 많은 시간 눈을 수면 위로 내놓은 채 수조에 접근하는 모든 사람에게 물을 뿜었다. 이 행동은 실험의 원만한 진행을 방해했으며 이 또한 레버를 당기는 행위와 양립할 수 없었다.

듀스는 건조한 말투로 이렇게 논평한다. "이 동물이 램프를 당겨오고 물을 뿜는 행위를 지속시키고 강화하는 변수는 분명치 않다." 듀스가 여기서 사용하는 "변수"와 같은 단어는 그가 20세기 중반의 동물 행동 실험이 갖고 있던 추정과 동일선상에서 생각하고 있음을 보여 준다. 그는 찰스가 연구자에게 물을 뿜거나 기구를 망가뜨리려고 한다면 분명 과거에 그러한 행동을 강화시킨 이유가 있기 때문일 것이라고 가정한다. 이러한 관점에 따르면 같은 종에 속하는 동물은 모두 똑같이 행동을 시작할 것이며 만약 이들의 행동이 각기 달라진다면 이는 분명히 어떠한 보상(또는 역보상) 경험 때문일 것이다. 듀스는 이러한 프레임 안에서 연구를 하고 있었다. 그러나 문어 실험이 보여 주는 한 가지는 문어 개체마다 차이가 상당히 크다는 것이다. 찰스는 아마도 다른 문어들과 똑같이 실험을 시작했지만 연구자들에게 물을 뿜도록 강화된 문어라기보다는 특별히 성격이 날카로운 문어였을 것이다.

이 1959년 논문은 동물 행동에 대한 철저하게 통제하는 방식의 과학 연구와 문어의 별난 모습이 처음 조우한 사건이었다. 하나의 종(그리고 어쩌면 동일한 성별)에 속하는 동물 모두는 각기 다른 보상을 맞닥뜨리기 전까지는 매우 유사하게 행동할 것이며 똑같은 작은 음식 조각을 얻기 위해 매일같이 무언가를 쪼거나 달리거나 레버를 당길 것이라는 가정하에 많은 연구가 이뤄졌다. 다른 많은 연구자와 마찬가지로 듀스 또한 이렇게 연구하길 원했는데 그것은 그가 "객관적이며 정량적인 연구법"이라고 부른 방식을 사용하고자 결심했기 때문이다. 나도 그런 연구를 적극 지지한다. 그러나 문어는 쥐와 비둘기에 비하면 자신만의 생각이 많다. 이 장의 첫머리에 내가 인용한 아에리아누스의 말마따나 "장난기와 기교"가 바로 그것이다.

문어에 대한 유명한 일화들은 주로 탈출이나 도둑질 이야기들이다. 수족관의 문어들이 밤에 옆 수조를 습격해 음식물을 훔쳐간다고 한다. 이런 이야기들이 매력적이기는 해도 문어의 지능이 높음을 특별히 드러내 주지는 않는다. 옆에 있는 수조는 암석들로 이루어진 해안가와 크게 다르지 않다. 물론 드나드는 데에 노력이 좀 더 필요하겠지만. 내가 더 호기심을 느낀 행동은 따로 있다. 적어도 두 곳의 수족관에서 문어들이 불을 끄는 법을 배운 것이다. 문어들은 아무도 보고 있지 않을 때 전구에 물을 뿜어 전기를 합선시켰다. 뉴질랜드의 오타고 대학교에서는 이 문제가 너무나 많은 비용을 초래하는 바람에 문어들을 다시 야생에 풀어 주었다. 독일의 한 연구실에도 같은 문제가 있었다. 이런 행동은 분명 매우 똑똑한 행동인 듯하다. 그러나 이 이야기를 어느 정도 시들해지게 만드는 설명도 가능하다. 문어는 밝은 빛을 좋아하지 않으며 이들은 자신을 짜증나게 하는 모든 것에 물을 뿜는다(피터 듀스도 이 사실을 발견했다). 그러므로 조명에 물을 뿜는 행위에 어쩌면 그리 많은 설명이 필요하지 않을 수 있다. 또한 문어들은 사람이 없을 때 이 특정한 목표물에 물을 뿜으면서 자신들의 소굴에서 많이 벗어나는 편이다. 한편 내가 본 이런 종류의 이야기들은 문어가 이런 행동이 주효하다는 것을 '매우 빨리' 학습한다는 인상을 준다. 자세를 잡고 빛을 향해 조준한 다음 꺼버리는 것이 그런 노력을 할 가치가 있다는 걸 빨리 익힌다는 것이다. 그렇다면 이런 행동을 설명해 줄 수 있는 몇 가지 가설을 증명할 실험을 꾸미는 것도 가능할 것이다.

이 사례는 보다 일반적인 사실을 보여 준다. 문어는 포획되었다는 특별한 상황과 자신을 돌보는 인간과의 상호작용에 적응하는 능력이 있다는 것이다. 야생의 문어는 대체로 단독 행동을 하는 동물이다. 대부분의 문어 종은 최소한의 사회적 삶만 영위하는 것으로 보인다(그러나 나는 나중에 이런 패턴의 예외에 대해 살펴볼 것이다). 하지만 실험실에서는 문어들이 새로운 환경에서 상황이 어떻게 돌아가는지를 빠르게 이해하는 편이다. 예를 들어 포획돼 있는 문어들은 자신을 돌보는 인간 개개인을 식별하고 사람에 따라 다르게 행동하는 것으로 보인다. 이런 이야기들은 오랫동안 각기 다른 실험실에서 꾸준히 나왔다. 처음에는 사소한 일화에 불과해 보였다. 위에서 언급한, "조명이 나가는" 문제를 겪었던 뉴질랜드의 실험실에 있던 한 문어는 뭔가 특별한 이유 없이 실험실 스태프 한 명을 싫어해서, 그 사람이 수조 옆을 지날 때마다 2리터 정도되는 물줄기를 그의 뒷목에 뿌려댔다. 댈하우지 대학교의 셸리 애더머Shelley Adamo가 데리고 있던 갑오징어는 실험실을 '처음' 찾는 방문자들에게 물을 뿜었지만 자주 보는 사람에게는 물을 뿜지 않았다. 2010년의 한 실험으로 문어giant pacific octopus가 개별 인간을 인지할 수 있으며 심지어 사람들이 똑같은 유니폼을 입고 있을 때도 구분할 수 있다는 사실이 확인됐다.

한때 실험실에서 문어의 행동을 연구했던 철학자 스테판 린퀴스트Stefan Linquist는 이렇게 표현한다. "물고기를 연구해 보면 물고기는 자신들이 뭔가 부자연스러운 수조에 있다는 걸 알지 못한다. 문어는 완전히 다르다. 문어는 자신이 특별한 장치 안에 있고 당신은 그 밖에 있다는 것을 안다. 그들의 모든 행동은 자신이 잡혀 있다는 사실에 영향을 받는다." 린퀴스트의 문어들 또한 수조에서 이런저런 행동으로 말썽을 피웠다. 린퀴스트는 문어들이 물이 빠져나가는 밸브에 의도적으로 다리를 넣는 바람에 골머리를 앓았다. 수조의 물 높이를 높이려는 속셈이었을 수도 있다. 물론 이로 인해 실험실 전체에 물난리가 났다.

린퀴스트의 경험과 비슷한 다른 이야기도 있다. 펜실베이니아 밀러스빌 대학교의 진 보얼Jean Boal의 이야기인데, 그는 두족류 연구자 중 가장 철저하고 비판적인 연구자로 명성이 자자하다. 그는 정교한 실험 설계와 두족류에 대한 가설에서 "인지"나 "사고"라는 어휘를 쓸 때에는 어디까지나 실험 결과가 보다 단순한 방식으로 설명되지 않을 때만 써야 한다는 고집스런 주장으로 잘 알려져 있다. 그러나 다른 연구자들처럼 그 또한 문어의 내면 세계를 보여 주는 듯한 당혹스러운 이야기를 몇 개 갖고 있다. 그중 십 년이 넘도록 그의 뇌리에 남아 있는 이야기가 하나 있다. 문어는 보통 게를 즐겨 먹는데 실험실에서는 대부분 해동된 냉동새우나 오징어를 주게 마련이다. 문어가 이 싸구려 음식에 적응하기까지 시간이 조금 걸리긴 해도 어쨌든 적응에 성공한다. 하루는 보얼이 수조들 사이를 지나며 문어들에게 해동한 오징어를 주고 있었다. 보얼은 맨 끝에 있는 수조까지 먹이를 준 다음 왔던 길로 되돌아갔다. 그런데 첫 번째 수조에 있던 문어가 그를 기다리고 있는 것처럼 보였다. 문어는 자신이 받은 오징어를 먹지 않고 눈에 잘 띄게 쥐고 있었다. 보얼이 그 앞에 멈춰서자 문어는 수조를 천천히 헤엄치더니 출수구로 다가갔다. 문어는 그러는 내내 보얼을 바라보고 있었다. 출수구에 도착한 문어는 계속 그를 응시하면서 오징어를 출수구에 집어던졌다.

문어가 연구진에게 물을 뿜었다는 이야기와 마찬가지로 이 이야기를 들으면 내가 직접 경험한 일이 머릿속에 떠오른다. 포획된 문어는 종종 탈출을 시도하는데, 그럴 때마다 예외없이 당신이 문어를 주시하지 않을 때를 노린다. 예를 들어 문어가 양동이 안에 들어가 있다면 얼마 동안은 거기서 만족한 것처럼 보이지만 당신이 1초라도 다른 곳을 보고 있다가 뒤를 돌아보면 문어가 양동이에서 나와 바닥을 조용히 기어다니고 있는 걸 볼 수 있을 것이다.

나는 문어의 이런 성향이 내 상상일 뿐이라고 생각했다. 그러나 몇 년 전 문어를 전문적으로 연구하는 데이비드 쉴 David Scheel의 강연을 듣고 나서 생각이 바뀌었다. 그 또한 문어가 교묘한 방법으로 연구자가 자신을 보고 있는지를 주시하다가 연구자가 보지 않을 때 도주를 시도하는 것 같다고 말했다. 나는 문어의 이런 행동이 자연스럽다고 생각한다. 당신 같아도 창꼬치고기 같은 포식자가 자신을 바라보고 있을 때보다는 한눈을 팔 때 줄행랑을 치려 할 것이다. 그러나 문어가 인간에게도(스쿠버 마스크를 쓰고 있든 그렇지 않든) 이를 빨리 적용할 수 있다는 것은 놀라운 일이다.

이런 종류의 이야기가 쌓여 가면서 표준 학습 실험에서 문어가 왜 혼란스러운 결과를 내는지에 대한 설명이 가능해진다. 종종 문어가 실험에서 수행해야 하는 일들이 부자연스러운 것이기 때문에 이런 실험에서 좋은 결과를 내지 못한다는 설명이 있다. (일례로 핸런과 메신저는 레버를 당기는 듀스의 실험에 대해 이렇게 말했다.) 그러나 실험실 상황에서 문어가 보이는 행동은 "부자연"스러운 것이 문어에게는 별로 문제가 되지 않음을 시사한다. 문어는 음식을 얻기 위해 뚜껑을 돌려 열어야 하는 병을 열 수 있으며 심지어 병 속에서 뚜껑을 열고 나오는 문어의 모습을 촬영한 영상도 있다. 이보다 더 부자연스러운 행동은 별로 없다. 나는 피터 듀스의 오래된 실험 문제는 부분적으로는 문어가 정어리 조각 같은 싸구려 먹이를 얻기 위해 여러 차례 레버를 당기는 것에 '흥미'를 느끼리라 가정한 것이라고 생각한다. 쥐나 비둘기는 그럴 수 있겠지만 문어는 먹이를 먹는 데 시간이 꽤 걸리는 데다가 허겁지겁 먹어치우지도 않고 쉽게 흥미를 잃는 편이다. 적어도 몇몇 문어에게는 수조 위에 있는 전구를 붙

잡아 자신의 소굴로 끌어들이는 게 더 흥미로운 일인 것이다. 연구진에게 물을 뿜는 것도 마찬가지다.

문어에게 동기를 부여하는 데 난관에 부딪히자 안타깝게도 몇몇 연구자는 부정적 강화(전기충격)를 다른 동물에게 하는 것보다 죄책감없이 사용했다. 나폴리 동물학 연구소에서 초기에 실시한 많은 실험에서 문어들을 끔찍하게 다뤘다. 전기충격이 전부가 아니다. 많은 연구에서 문어가 깨어나면 어떻게 하는지를 본다는 이유만으로 문어의 뇌 일부를 절제하거나 중요한 신경을 절단했다. 최근까지도 마취를 하지 않고 문어를 절개하는 게 허용되었다. 무척추동물인 문어는 동물학대법의 보호를 받지 못하기 때문이다. 문어를 지각이 있는 존재라고 간주하는 사람은 문어에 대한 초기 연구자료들을 읽기가 고통스러울 것이다. 그러나 최근 10년간 문어는 동물실험 규범에서, 특히 유럽연합을 필두로 일종의 "명예 척추동물"로 간주되고 있다. 일보 전진이라 할 만하다.

문어의 행동 중 단순히 이야깃거리를 넘어서 실험으로 탐구할 대상이 된 것은 바로 '놀이'다. 여기서 놀이는 다른 목적 없이 사물과 상호작용하는 것을 말한다. 두족류 연구의 혁신가인 제니퍼 매더Jennifer Mather는 시애틀 수족관의 롤랜드 앤더슨Roland Anderson과 함께 이러한 행동에 대한 최초의 연구를 실시했고 지금은 상세한 연구가 이뤄지고 있다. 몇몇 문어는(일부다) 수조 안에서 물을 뿜어 알약통을 밀면서 시간을 보낸다. 수조의 물 유입구에다가 알약통을 던져서 다시 돌아오게 만드는 것이다. 문어가 새로운 사물에 대해 처음 갖는 관심사는 보통 맛이다. 내가 먹을 수 있는 건가? 그러나 그 물건이 먹을 수 없는 것으로 밝혀진다고 해서 흥미가 꼭 사라지지는 않는다. 최근에 마이클 쿠버Micheal Kuba가 실시한 실험에서 문어가 어떤 물건이 먹이인지 아닌지를 빨리 파악할 수 있지만 그럼에도 종종 그 물건을 살펴보고 조작하면서 관심을 가진다는 것이 확인됐다.

옥토폴리스를 방문하다

1장에서 나는 매튜 로렌스가 호주 동부 해안에서 발견한 문어 서식지에 대해 묘사했다. 매튜는 자신의 작은 배의 닻을 내린 후 물 아래로 헤엄쳐 내려가 닻을 붙잡고 바람에 배가 떠다니는대로 해저를 부유했다. (하지만 홀로 다이빙하는 것은 정말 좋지 않은 생각이라는 걸 덧붙여야겠다. 매튜는 문제 상황을 대비해 자신이 사용하는 산소통과 별도의 산소통을 챙기기는 했지만 그럼에도 불구하고 추천할 수 없는 방식이다.) 2009년 그는 문어 열 마리 정도가 살고 있는 조가비 무덤과 마주쳤다. 문어들은 그의 존재에 별로 관심이 없다는 듯이, 그가 지켜

보는 와중에도 주변을 돌아다니며 서로 몸싸움을 했다.

매튜는 그곳의 GPS 좌표를 기록한 후 정기적으로 그곳을 찾았다. 문어들은 그의 존재를 전혀 싫어하지 않는 듯했고 오히려 몇 마리는 매튜와 함께 놀면서 그의 장비를 관찰할 정도로 호기심을 보였다. 그의 카메라와 산소 호스 주변은 금세 문어들의 놀이터가 됐다. 나머지 문어들은 저들끼리 노느라 바빴다. 매튜는 몇 번 정도 일종의 "괴롭힘" 행동을 목격했다. 한 문어가 자신의 굴에 가만히 앉아 있는데 더 큰 문어가 다가와 굴 위로 올라가서는 밑에 있는 문어와 격렬하게 몸싸움을 했다. 엄청난 색깔들이 난무하는 소동이 벌어진 다음 아래에 있던 문어는 몸이 창백해진 채 로켓처럼 솟아 올라 조가비 무덤에서 조금 떨어진 몇 미터 바깥에 착지했다. 공격을 한 문어는 제 굴로 천천히 돌아갔다.

시간이 지나면서 매튜는 이들과 함께 있는 시간에 점점 익숙해졌다. 내가 보기에는 오늘날까지도 문어들이 다른 사람들과 매튜를 대하는 방법이 다른 것 같다. 한번은 문어 하나가 그의 손을 잡더니 그를 끌고 걸어다녔다. 매튜는 마치 매우 아담한, 다리가 여덟 개 달린 아이의 안내를 받아 해저를 여행하는 기분으로 따랐다. 이 투어는 10분 정도 계속됐고 그 문어의 굴에서 끝났다.

매튜는 생물학자는 아니지만 자신이 발견한 곳이 범상치 않다고 느꼈다. 그는 두족류에 관심이 있는 사람들과 과학자들이 모이는 웹사이트에 사진 몇 장을 올렸다. 생물학자 크리스틴 허파드Christine Huffard는 그 사진을 보고 여기가 자신이 아는 곳이냐며 내게 물었다. 나는 매튜가 발견한 것에 대해 읽어보고는 깜짝 놀랐다. 매튜가 발견한 곳은 시드니에서 불과 몇 시간 거리였다. 나는 시드니에 돌아왔을 때 매튜에게 연락한 다음 차를 몰고 그를 만나러 갔다.

매튜는 스쿠버 다이빙 매니아였다. 차고에 자기 소유의 에어 컴프레서를 가져다 놓고 산소통에 자신이 직접 배합한 공기를 주입했다. 우리는 그의 작은 배를 타고 바다로 향했다. 그는 닻을 내렸고 우리는 닻줄을 따라 헤엄쳐 내려갔다. 작은 물고기 몇 마리가 우릴 지켜보고 있었다.

우리가 지금은 옥토폴리스('문어의 도시'라는 의미의 합성어 - 옮긴이)라고 부르는 그곳은 대략 수심 15미터에 있었다. 도착하기 전까지는 거의 보이지 않으며 주변 해저는 별다른 특색이 있는 것도 아니다. 가리비들이 작은 무리 또는 한 마리씩 흩어져 살고 있고 다양한 종류의 해초가 모래 위에서 나풀댔다. 물이 차가운 겨울, 나의 첫 옥토폴리스 방문은 조용했다. 네 마리의 문어를 만났는데 이들은 별다른 행동을 하지 않았다. 하지만 이곳이 비범한 장소라는 것은 느낄 수 있었다. 매튜가 말한대로 가리비 껍데기들이 쌓여 있는 곳이 있었는데 그 직경은 약 2미터 정도였다. 오랜 시간 동안 조가비들이 쌓여 온 것처럼 보였다. 30센티미터 높이의 바위같은 물체가 가운데에 놓여 있었고 가장 큰 문어가 그 물체를 굴로 쓰고 있었다. 나는 길이를 재고 사진을 찍었고 여력이 될 때마다 계속 방문했다. 얼마 지나지 않아 나는 많은 수의 문어들과 매튜가 처음 옥토폴리스를 찾았을 때 목격한 복잡한 행동들을 관찰할 수 있었다.

공기와 시간이 충분했다면 우리가 얼마나 더 거기에 머물렀을지 모르겠다. 문어들이 활발하게 움직이는 광경은 정말 매혹적이었다. 문어들은 각자 조가비 사이의 굴 속에 들어앉아 서로를 주시하다가도 간헐적으로 굴에서 나와 조가비 무덤 위를 돌아다니거나 모래 위로 움직였다. 별 사건 없이 서로를 지나치는 문어도 있었지만 어떤 문어는 다리를 내밀어 상대를 쿡 찔러보거나 탐색했다. 그러면 그에 대한 응수로 다리 한두 개가 돌아온다. 이 반응이 진정 국면으로 이어져 각자의 길로 갈 때도 있지만 어쩔 때는 몸싸움으로 번지기도 한다.

다음 페이지의 첫 사진은 이들이 어떻게 생겼는지 보여주기 위해 현장 가장자리에서 찍은 것이다. 이 문어는 옥토푸스 테트리쿠스Octopus tetricus로 호주와 뉴질랜드에서만 발견되는 중간 정도 크기의 문어다. 이 문어는 꽤 큰 개체다. 밑바닥에서부터 몸통의 꼭대기까지 길이는 60센티미터가 조금 안 될 것이다. 이 문어는 다른 문어랑 싸우려고 오른쪽으로 달겨들고 있다.

다음은 조가비 무덤 위에서 벌어진 장면이다. 왼쪽 문어는 오른쪽에 있는 문어에게 달려들고 있고 오른쪽 녀석은 몸을 뻗어 도망치려 하고 있다.

그리고 다음 사진은 구역 가장자리에 있는 모래판에서 벌어진 꽤 심각한 싸움이다.

한번은 조가비 무덤의 변화를 연구하기 위해 말뚝 몇 개를 박아서 현장의 대략적인 경계를 표시해 두었다. 말뚝은 18센티미터의 플라스틱 재질로 금속제 볼트를 테이프로 감아 무게를 더했다. 나는 이 말뚝을 모래 위로 단 3센티미터 정도만 나오도록 현장의 사방에 박아 놓았다. 거의 눈에 띄지 않았고 어디에 있는지 모른다면 찾기도 어려울 정도였다. 몇 개월 후 현장을 다시 찾았을 때 말뚝 하나가 뽑혀나가 약간 떨어져 있는 문어 소굴 근처 잡동사니 더미에 놓여 있는 것을 발견했다. 아마도 그 말뚝은 금방 먹을 수도 없고 집을 지키는 데도 특별히 쓸모가 있진 않다고 판명됐을 것이다. 그러나 줄자와 카메라를 비롯해 우리가 가지고 내려간 물건들과 마찬가지로 말뚝이라는 새로운 물건은 문어에게 흥미를 불러일으킨 듯했다.

문어가 낯선 사물을 만지는 다른 사례는 좀 더 현실적인 이유 때문이었다. 2009년 인도네시아의 한 연구진은 야생 문어들이 반으로 잘린 코코넛 껍데기를 이동식 주거지로 사용하는 것을 보고 놀랐다. 깔끔하게 절반으로 잘린 코코넛 껍데기는 십중팔구 인간이 잘라 먹고 버린 것이었다. 문어들은 코코넛 껍데기를 잘 써먹었다. 껍데기 두 개를 엇갈리게 포갠 다음 몸 아래에 껍데기 한 쌍을 가지고 다니면서 "서커스에서 막대기를 타고 걸어다니듯" 해저를 이동했다. 그리고는 껍데기를 구형으로 조립해 그 안에 숨었다. 다양한 동물들이 주운 물건을 주거지로 사용하고(예를 들어 소라게) 일부는 먹이를 채집하는 데 도구를 사용한다(침팬지나 몇몇 까마귀들). 그러나 이 사례처럼 "복합적"으로 물체를 조립하고 해체하여 사용하는 경우는 극히 드물다. 사실 이런 행동을 비교할 동물이 있는지도 분명치 않다. 많은 동물들이 둥지를 만들 때 다양한 재료를 쓴다. 다시 말해 둥지들은 대체로 "복합적" 사물이다. 그러나 어떤 둥지도 해체해서 갖고 다니다가 다시 설치할 수는 없다.

코코넛 집을 사용하는 행동은 내가 문어의 지능에서 독특하다고 생각하는 특징을 보여 준다. 이는 그들이 똑똑한 동물이 된 '방식'을 분명하게 보여 주는 사례다. 문어는 호기심이 많고 유연하다는 의미로 똑똑하다. 모험을 할 줄 알고 기회를 포착하는 능력이 뛰어나다. 이를 염두에 두고 동물의 범주와 생명의 역사에서 문어가 어떤 자리를 차지하는지에 대한 나의 견해를 덧붙이고자 한다.

2장에 나왔던 마이클 트레스트먼의 생각을 빌려, 나는 다양한 종류의 동물 체제 중 단 세 개 군만이 "복잡하고 활동적인 신체"를 가진 종을 포함하고 있다고 말했다. 척삭동물(우리와 같은), 절지동물(곤충과 게 같은), 그리고 연체동물 중 소수인 두족류다. 절지동물은 5억 년도 전인 캄브리아기 초기에 가장 먼저 이 길을 따랐다. 절지동물이 복잡하고 활동적인 신체를 성취한 방식이 진화적 피드백 과정을 촉발하여 다른 동물에게 영향을 미쳤을 수도 있다. 절지동물이 처음이었고 척삭동물과 두족류가 그 뒤를 따랐다.

우리 자신의 경우를 제쳐두면 우리는 다른 두 동물군이 택한 경로의 차이를 발견할 수 있다. 많은 절지동물은 사회적 삶과 협력에 특화돼 있다. 모든 절지동물이 그렇진 않지만(실은 대다수의 절지동물 종이 그렇지 않다) 절지동물이 이룬 위대한 성취는 많은 경우 사회성과 관련되어 있다. 이 위대함은 개미와 꿀벌의 군집에서, 그리고 흰개미가 지은 냉난방이 되는 도시에서 특별히 잘 볼 수 있다.

두족류는 다르다. 그들은 결코 뭍으로 나가지 않았으며(다른 연체동물 몇몇은 그랬지만) 복잡한 행동으로 향하는 길을 떠난 것이 절지동물보다 늦은 것은 분명해 보이지만 결과적으로는 보다 큰 뇌를 진화시켰다. (여기서 나는 개미 군집을 하나의 뇌가 아닌 많은 뇌를 가진 많은 개체로 간주한다.) 절지동물의 경우 매우 복잡한 행동을 다수 개체의 협력을 통해 성취하려고 한다. 사회적인 오징어도 약간 있지만, 개미나 꿀벌 집단 같은 수준은 전혀 아니다. 일부 오징어의 경우만 제외하면 두족류는 비사회적 지능을 습득했다. 그중에서도 문어는 거의 유일하게 독특할 정도의 복잡성을 획득하게 된다.

신경의 진화

이제 문어의 내부에 무엇이 있는지, 그리고 이러한 행동 너머에 있는 신경계가 어떻게 진화했는지 좀 더 자세히 살펴보자.

매우 단순화하여 말하자면 큰 뇌의 역사는 영문자 Y의 모양이다. Y에서 가운데 분기점에 있는 것은 척추동물과 연체동물의 마지막 공통 조상이다. 여기서부터 많은 경로가 시작되지만 나는 두 가지만 골랐다. 하나는 우리에게 이어지고 다른 하나는 두족류로 이어진다. 초기 단계에서부터 두 경로 모두로 유전될 수 있었던 특징은 무엇이 있을까? 아마도 간단한 신경계를 가진 벌레를 닮은 생물이었겠지만 Y자 가운데에 있는 조상은 분명 뉴런을 갖고 있었다. 단순한 눈을 가졌을 수도 있다. 이 동물의 뉴런은 어느 정도 몸 앞쪽에 모여 있었을 수도 있지만 그것이 뇌가 될 정도는 아니었을 것이다. 그 단계에서부터 신경계의 진화는 각기 다른 계통에서 독립적으로 이루어졌고 척추동물과 두족류의 경우에는 각기 다르게 설계된 큰 뇌로 이어졌다.

우리 계보에서는 척삭동물 구조가 등장했다. 신경 다발이 동물의 등 가운데로 흐르고 그 한쪽 끝에는 뇌가 있는 것이다. 이러한 형태는 물고기, 파충류, 조류, 포유류에서 볼 수 있다. 한편 두족류 계보에서는 다른 체제body plan와 다른 종류의 신경계가 진화했다. 이 신경계는 우리의 신경계보다 '분산'되고 덜 중앙화된 것이다. 무척추동물의 뉴런은 다수의 '신경절'로 구성되는데 신경절이란 몸 전체에 퍼져 있고 서로 연결된 작은 매듭 같은 것이다. 신경절은 지도에 있는 위도와 경도를 나타내는 선처럼 몸 전체에 배열되어 있고 연결절에서 만나 짝을 이룬다. 그 모습 때문에 "사다리 같은" 신경계로 불리며 정말로 몸 안에 내장된 사다리처럼 보인다. 두족류의 조상들도 아마도 비슷한 신경계를 갖고 있었을 것이며 진화로 인해 뉴런의 수가 급증하자 이런 구조로 자리잡았을 것이다.

뉴런이 급증하면서 일부 신경절은 보다 크고 복잡해졌으며 새로운 신경절이 추가됐다. 동물의 몸 앞쪽에 집중된 뉴런은 점점 더 뇌에 가까운 형태를 띠게 됐다. 구식 사다리 구조 일부는 사라졌지만 두족류 신경계의 근본적인 구조는 여전히 우리 신경계 구조와는 상당히 다르다.

아마도 가장 이상한 것은 음식물을 입에서 몸으로 운반하는 관인 식도가 뇌 중앙을 관통한다는 점이다. 이것은 정말 잘못된 것 같아 보인다. '그곳'은 애당초 뇌가 있을 곳이 아니다. 만약 문어가 "목구멍" 옆을 찌를 수 있는 날카로운 것을 먹게 된다면 그 날카로운 물체는 바로 문어의 뇌로 향하게 된다. 실제로 문어에게 이런 문제가 발생한 사례가 발견된 바 있다.

게다가 두족류의 신경계 대부분은 뇌가 아닌 몸 전체에 퍼져 있다. 문어의 경우 몸 중앙의 뇌에 있는 뉴런의 두 배에 가까운 뉴런이 다리에 있다. 다리는 자기만의 감각기관과 제어기controller를 갖고 있다. 다리는 단지 촉각만 갖고 있는 게 아니라 화학물질을 감각할 수 있는 능력, 다시 말해 냄새를 맡고 맛을 보는 능력도 갖고 있다. 문어의 다리에 달린 빨판 한 개에 촉감과 맛을 감지하는 뉴런이 10만 개가 있다. 잘려나온 다리라도 뻗기나 움켜쥐기 같은 기초적인 동작을 취할 수 있다.

문어의 뇌는 다리와 어떻게 연관돼 있을까? 행동과 해부학적 측면을 살펴본 초기의 연구는 다리가 상당히 독립적으로 움직인다는 결과를 냈다. 뇌와 다리를 연결하는 신경전달 경로가 너무 가늘어 보였다. 몇몇 행동 연구는 문어가 자신의 다리가 어디로 가는지도 추적하지 않는다는 결과를 냈다. 로저 핸런과 존 메신저가 저서 『두족류의 행동』에서 썼듯 다리는 두뇌와 "기이한 결별"을 한 것처럼 보였다. 적어도 기본적인 동작의 통제에서는 그랬다.

다리 하나의 내부적 협응은 상당히 우아해 보이기도 한다. 문어가 먹이를 끌어당길 때 다리 끝으로 당기는 동작으로 인해 두 종류의 근육 파동이 만들어진다. 하나는 다리 끝에서 안쪽으로 향하는 동작이고 다른 하나는 본체에서 바깥으로 뻗는 동작이다. 이 두 파동이 만나는 지점에서 일종의 임시적인 팔꿈치 같은 관절이 형성된다. 각 다리의 신경계는 뉴런의 연결고리(학술용어로는 '순환' 연결이라고 부른다)를 포함하는데 이 때문에 다리가 단순한 형태의 단기 기억력을 가질 수도 있다. 그러나 이 신경계가 문어에게 무엇을 하는지는 알려지지 않았다.

특별히 중요한 순간에는 문어도 자신의 모든 신체를 추스를 수 있다. 이 장 첫머리에서 본 것처럼 야생에서 문어를 만나 다가가서 그 앞에 가만히 있으면 최소한 특정 종의 문어들은 당신을 탐색하기 위해 다리 하나를 내민다. 종종 두 번째 다리가 따라오지만 먼저 나오는 것은 단 하나다. 이는 어떠한 의도성, 다시 말해 뇌의 지도를 받는 행위임을 암시한다. 다음 사진은 옥토폴리스에서 촬영한 영상의 일부인데 이 또한 같은 관점을 암시한다. 화면 가운데에 있는 문어가 오른편에 있는 다른 문어에게 뛰어드는데 상대를 잡기 위해 다리 하나를 뻗은 상태다.

국지화된 통제와 하향식 통제가 어느 정도 섞여서 운영되고 있을 수도 있다. 이 주제와 관련된 연구 중 가장 훌륭한 실험 연구는 예루살렘 히브리 대학교의 비냐민 호크너 Binyamin Hochner 연구실에서 나왔다. 2011년 타마르 구트닉Tamar Gutnick, 루스 번Ruth Byrne, 마이클 쿠버가 호크너와 함께 저술한 논문에는 매우 기발한 실험이 기술되어 있다. 이들은 문어가 다리 하나를 가지고 먹이를 얻기 위해 미로 같은 경로를 통과하도록 학습할 수 있는지를 실험했다. 연구진은 다리 자체가 지닌 화학물질 감각기관만으로는 먹이를 찾을 수 없게 했다. 목표 지점에 다다르기 위해서는 한 지점에서 다리를 물 밖으로 내밀어야 했던 것이다. 하지만 미로의 벽은 투명했기 때문에 목표물의 위치는 눈으로 확인이 가능했다. 문어는 시각으로 다리가 미로를 통과하도록 이끌어야 했다.

문어들이 이를 학습하여 성공하게 될 때까지는 오랜 시간이 걸렸다. 그러나 결국은 거의 모든 문어들이 실험에 성공했다. 눈으로 다리를 인도하는 게 가능한 것이었다. 논문은 동시에 문어가 이 과업을 잘 수행하고 있을 때, 먹이를 찾는 다리가 주변을 감각하는 등 자체적인 탐색도 하고 있는 것으로 보인다고 기술했다. 다시 말해 다리의 전반적인 경로를 눈을 통해 중앙통제하는 동시에 다리 자체의 탐색으로 미세조정을 하는 두 종류의 통제가 함께 작동하고 있는 것으로 보인다는 것이다.

신체와 통제

5억 개의 뉴런이라니, 왜 그렇게 많을까? 문어의 뉴런은 어떤 일을 하는 것일까? 앞선 장에서 나는 이 장치를 유지하는 데 드는 비용을 강조했다. 왜 두족류는 이렇게 특이한 진화의 길을 따른 것일까? 아무도 그 답을 모르지만 몇 가지 가능성을 그려 보고자 한다. 이러한 질문은 거의 모든 두족류에게 제기되지만 나는 문어에 집중할 것이다.

문어는 포식자다. 그리고 기다렸다가 기습하기보다는

직접 이동하면서 사냥을 한다. 문어는 암초나 얕은 해저를 두리번거리며 돌아다닌다. 동물심리학자들이 커다란 두뇌의 진화를 설명할 때는 종종 해당 동물의 사회적 삶을 조사하면서 시작한다. 복잡한 사회적 삶은 높은 지능을 탄생시키는 경우가 많다. 문어는 그다지 사회적이지는 않다. 마지막 장에서 예외 사례도 살펴볼 테지만 문어의 이야기에서 사회적 삶은 큰 부분을 차지하지 않는다. 그보다 더 중요해 보이는 요소는 이동과 사냥이다. 이 생각을 더 가다듬기 위해 나는 영장류 동물학자 캐서린 깁슨Katherine Gibson이 1980년대에 개발한 개념을 적용할 것이다. 그는 일부 포유류가 큰 두뇌를 발달시킨 이유를 찾고 있었다. 그는 문어 같은 동물에 대해서는 자신의 이론을 적용할 생각을 하지 않았지만 나는 깁슨의 견해가 두족류에도 잘 들어맞는다고 생각한다.

깁슨은 먹이를 찾는 방식을 두 가지로 구분했다. 한 가지 방법은 후처리가 필요없고 항상 같은 방법으로 얻을 수 있는 먹이에 특화되어 있다. 깁슨은 날벌레를 잡는 개구리를 예로 들었다. 그는 이것과 "추출식" 먹이 사냥을 대비시켰다. 이는 껍데기에서 먹이를 뜯어내는 것같이 융통성과 상황 대처가 필요한 방식이다. 침팬지와 개구리를 비교해 보자. 침팬지는 다양한 먹잇감을 찾아 돌아다니며 이들의 먹이는 땅콩류나 씨앗, 집 속에 숨어 있는 흰개미처럼 발견하면 조작과 추출을 필요로 하는 것이 많다. 깁슨이 기술하는 먹이를 찾는 데 융통성이 있고 필요한 게 많은 방식은 문어에도 잘 부합한다. 많은 문어가 먹이로 게를 가장 선호하지만 가리비나 물고기(또는 다른 문어) 또한 먹이로 삼는다. 그리고 껍데기나 다른 방어 장치를 처리하는 특별한 작업도 한다.

주로 문어giant pacific octopus를 연구하는 데이비드 쉴은 자신이 키우는 문어에게 조개를 통으로 준다. 그러나 알래스카의 프린스 윌리엄 사운드에 사는 문어들은 조개를 일상적으로 먹지 않기 때문에 이 새로운 먹잇감에 대해 가르쳐야 했다. 그는 조개껍데기를 살짝 깨뜨려서 문어에게 준다. 나중에 그가 문어에게 멀쩡히 붙어 있는 조개를 주었더니 문어는 그것이 먹이라는 것은 알지만 어떻게 살을 빼 먹을 수 있는지는 몰랐다. 문어는 다양한 방식을 시도한다. 껍데기를 긁거나 이빨로 끄트머리를 쪼는 등 가능한 모든 방식으로 조작하다가…결국 충분한 힘만 가하면 껍데기를 뜯어낼 수 있다는 걸 배운다.

이런 스타일의 사냥과 먹잇감 찾기는 문어의 탐험심과 호기심을 잘 설명한다. 특히 새로운 물체에 대한 문어의 호기심이 그렇다. 이 요소는 먹이를 다루는 데 덜 복잡한 조작을 구사하는 갑오징어나 오징어보다는 문어에 더 잘 적용된다. 몇몇 갑오징어는 매우 큰 뇌를 갖고 있다. 일부는 신체 대비 비율로 보면 문어보다도 뇌가 크다. 이는 지금으로서는 수수께끼 같은 사실이며 갑오징어가 무엇을 할 수 있는가에 대해서는 덜 알려져 있다.

문어는 일반적인 의미(다른 문어들과 오랜 시간을 보내는가를 포함)에서는 그리 사회적이진 않다. 하지만 문어가 포식자와 피식자로서 다른 동물과 맺는 관계는 어떤 의미에서 "사회적"이다. 보통 이런 상황에서는 다른 동물의 행동, 시야, 할 수도 있는 일에 따라 자신의 행동을 맞춰가야 할 필요가 있다. 같은 종 안에서 이루어지는 "사회" 생활에는 사냥을 하거나 사냥감에서 벗어나는 것과 유사한 요소가 필요하다.

문어의 생태적 특성은 아마도 문어의 커다란 신경계를 만드는 데 영향을 미쳤을 것이다. 이제 다른 생각들에 대해서도 거론하고자 한다. 나는 2장에서 신경계의 진화에 대한 '감각운동적 관점'과 '행동형성적 관점'을 대조시켰다. 행동형성적 접근법은 덜 알려져 있으며 이런 접근법이 개발되기까지 노력이 필요한 역사가 있었다. 이 접근법의 핵심적인 생각은 최초의 신경계는 감각기관의 입력과 행동의 출력을 중재하는 역할보다는 생명체 내부의 순수한 협응을 위한 해결책으로 존재했으리라는 것이다. 신체의 각 부분의 미세한 행동을 협응시켜 생명체 전체 차원의 거시적 행동으로 만드는 것을 뜻한다.

이런 점에 있어서 두족류, 특히 문어의 몸은 매우 독특한 존재다. 연체동물의 "다리" 일부가 관절이나 껍데기 없이 촉수 다발로 분화한 결과 매우 통제하기 어려운 기관이 생겨났을 것이다. 한편으로는 통제될 수만 있다면 매우 '유용한' 것이기도 했다. 문어가 몸에서 딱딱한 부분들을 거의 다 잃어버린 것은 도전이자 기회였다. 엄청나게 다양한 움직임이 가능해졌지만 체계적이고 일관적일 필요가 있었다. 문어는 이러한 도전을 신체에 중앙집권화된 관리 방식을 도입하여 해결하는 대신 국지적 제어와 중앙집권적 제어를 혼합했다. 문어가 다리들을 중간 규모의 행위자로 만들었다고 말할 수도 있다. 그러나 문어는 또한 문어의 몸이라는 거대하고 복잡한 체계에 하향식으로 명령을 내리기도 한다.

아마도 신경계의 진화 초기부터 중요한 과제였을 순수한 협응의 필요성은 여기서 또 다른 역할을 맡게 된다. 문어의 뉴런이 급증한 이유도 그 때문이었을 것이다. 단지 몸을 제어 가능하게 만드는 데 그 많은 뉴런이 필요했던 것이다.

협응의 문제를 해결하면 문어 신경계의 '크기'를 설명할 수 있겠지만 문어의 지능적이고 유연한 행동을 설명하지는 못한다. 협응이 잘 이루어지고 있는 동물도 그리 창의적이지 않을 수 있다. 문어에 대한 보다 온전한 접근법은 행동형성적 접근법과 내가 깁슨으로부터 빌려온 먹이 탐색과 사냥에 대한 생각을 합치면 된다. 이것으로 문어의 창의성, 호기심, 그리고 예리한 감각을 설명할 수 있다. 아니면 좀 더 극단적으로 이렇게 설명할 수도 있겠다. 큰 신경계가 신체의 협응을 다루기 위해 발달했는데 그 결과 발생한 신경계의 복잡성이 다른 능력까지 부산물로 가져다주었다거나 행동형성에 필요한 능력이 추가로 생겨났다거나 하는 식으로 말이다. '부산물'과 '추가'는 반드시 서로 대비되는 것은 아니며 둘 다 성립할 수도 있다. 개별 인간을 인지하는 능력은 부산물일 수 있지만 문제해결 능력은 문어의 기회주의적 생활 방식에 대응하여 진화를 통해 뇌를 변경한 결과일 수도 있다.

이런 관점에서 보면 뉴런은 처음에는 몸의 요구에 의해 증식했고 시간이 흘러 문어는 많은 것을 할 수 있는 뇌를 갖게 된다. 진화적 측면에서 보자면 분명 문어가 하는 놀라운 행동의 '일부'는 우연히 생긴 듯하다. 갇혀 있을 때 하는 놀라운 행동, 장난기와 기교, 사람과의 교류를 다시 떠올려 보라. 문어에게는 필요 이상의 지능이 존재하는 것처럼 보인다.

수렴과 발산

나는 우리가 알고 있는 동물의 초기 역사가 분기점에 이른 다음 어떻게 하나는 우리와 같은 척추동물로 이어지고 다른 하나는 문어를 비롯한 두족류로 이어지게 됐는지를 설명했다. 진화의 이 두 가지 경로 사이에서 무엇이 생겨났는지를 검토하고 비교해 보자.

가장 극적으로 유사한 것은 눈이다. 우리의 공통 조상은 한 쌍의 안점을 갖고 있었을지는 모르지만 지금 우리 같은 눈을 갖고 있지는 않았다. 척추동물과 두족류는 각각 망막에 상을 맺어 주는 수정체를 갖고 있는 "카메라" 눈을 진화시켰다. 여러 종류의 학습 능력도 양쪽에서 볼 수 있다. 보상과 처벌을 통한 학습, 효과가 있는 것과 없는 것을 탐지하여 구분하는 학습은 진화의 과정에서 몇 번에 걸쳐 독립적으로 만들어진 것으로 보인다. 만약 학습 능력이 인간과 문어의 공통 조상에게도 있었다면 두 계통을 따라 내려오면서 매우 정교하게 발달했을 것이다. 양쪽 동물은 미묘한 심리적 유사성도 보인다. 우리와 마찬가지로 문어는 단기와 장기 기억의 구분이 있는 것으로 보인다. 문어는 먹이도 아닌 데다가 당장 쓸모도 없는 새로운 물건을 갖고 놀기도 한다. 그들은 수면과 유사한 상태에 들어가기도 한다. 갑오징어는 일종의 렘rapid eye movement, REM 수면 상태를 갖고 있는 것으로 보인다. 렘 수면은 인간이 꿈을 꾸는 수면 상태를 말한다. (문어에게도 렘 수면과 비슷한 상태가 있는지는 아직 분명치 않다.)

특정한 인간을 인지하는 능력처럼 다른 개체와의 관계 같은 유사성은 좀 더 추상적이다. 우리의 공통 조상은 분명

이 중에 어느 하나도 할 수 없었으리라. (그런 단순하고 작은 생물체가 무엇을 했을지 상상하기란 어렵다.) 다른 개체와의 관계 능력은 그 동물이 사회적이거나 일부일처제의 생활을 하고 있다면 이해가 되지만, 문어는 일부일처제도 아니고 그냥 되는대로 성생활을 영위하며 그리 사회적이지도 않아 보인다. 똑똑한 동물이 자신의 세계에서 물건을 어떻게 다루는지 알려주는 지표가 하나 있다. 이들은 물건을 조각으로 나누고 각각의 조각이 변하더라도 이것을 다시 인식할 수 있다. 나는 문어의 정신에서 이 놀라운 특징을 발견했다. 이 놀랍도록 우리와 친숙하고 유사함을 말이다.

어떤 특징은 유사성과 차이점, 수렴과 발산이 섞여 있다. 우리는 심장을 갖고 있고 문어도 그렇다. 하지만 문어는 하나가 아닌 '세 개'의 심장을 갖고 있다. 문어의 심장은 청록색의 피를 뿜어내며 우리가 산소를 운반하는 분자로 피를 붉게 보이게 만드는 철분을 사용하는 반면 문어는 산소 운반에 구리를 이용한다. 그리고 물론 신경계가 있다. 우리의 것처럼 크지만 다른 구조로 만들어졌고 문어의 신경계에서 몸과 뇌의 관계는 우리 신경계의 그것과는 사뭇 다르다.

문어는 심리학에서 가끔 '체화된 인지'로 알려진 이론적 운동의 중요성을 보여 주는 사례로 언급된다. 이 개념은 문어를 위해 개발된 것은 아니고 우리를 비롯해 동물 전반에 적용하기 위한 것인데 로봇공학의 영향을 받은 면도 있다.

한 가지 중심적인 개념은 우리가 세상에 대처할 수 있게 해주는 "똑똑함"의 일부는 그 근원이 우리의 두뇌가 아닌 우리의 신체 그 자체라는 것이다. 우리 신체의 구조 자체가 환경과 우리가 그 환경을 어떻게 다뤄야 하는지에 대한 정보를 담고 있기 때문에 환경을 다루는 데 필요한 정보가 꼭 뇌에 저장돼 있어야 하는 것은 아니라는 것이다. 일례로 우리 사지의 관절과 각도는 걷기와 같은 동작을 자연스럽게 만든다. 어떻게 해야 걸을 수 있는지 아는 것은 부분적으로는 그에 적합한 신체를 가졌는지의 문제이기도 하다. 힐렐 치엘Hillel Chiel과 랜덜 비어Randall Beer는 한 동물의 신체 구조는 '제약과 기회'를 모두 창출하며 신체가 동물의 행동을 지도한다고 했다.

이런 식의 사상에 영향을 받은 연구자들이 있는데 베니 호크너Benny Hochner가 특히 그랬다. 호크너는 이런 생각들이 문어와 인간의 차이점을 이해할 수 있게 도와줄 수 있다고 여겼다. 문어는 '다른 체화different embodiment'를 갖고 있고 그 때문에 다른 종류의 심리를 갖게 된다는 것이다.

나도 마지막 논점에 동의한다. 그러나 체화된 인지 운동의 학설들은 문어의 존재 방식의 기이함에 잘 부합하지는 않는다. 체화된 인지를 옹호하는 이들은 종종 신체의 형태와 조직이 정보를 담고 있다고 말한다. 하지만 이는 신체에 어떠한 형태가 존재해야 함을 의미한다. 그러나 문어는 다른 동물에 비해 고정된 형태가 없는 편이다. 문어는 다리를 뻗어 몸을 길게 일으켜 세울 수 있으며 자기 눈보다 약간 더 큰 구멍을 통과할 수 있고, 미사일처럼 유선형이 될 수도 있고, 유리병에 들어갈 수 있도록 몸을 접을 수도 있다. 치엘과 비어 같은 체화된 인지의 지지자들은 신체가 지적 행동을 위한 자원을 제공하는 방법에 대한 사례를 들 때 신체 부위와 관절의 위치와 각도를 언급한다. 문어의 몸은 이 중 어떤 것도 갖지 않는다. 신체 부위별로 고정된 거리도 없고 관절도 없으며 자연스러운 각도도 없다. 나아가 체화된 인지를 논할 때 강조하는 "뇌보다는 신체"의 대비는 문어의 사례에는 적용할 수 없다. 문어의 신경계는 온몸에 퍼져 있고, 뇌는 시작과 끝이 분명하지 않으므로 뇌보다는 전체 신경계가 더 적절한 말이다. 문어는 몸 전체가 신경으로 이루어져 있다. 문어의 신체는 뇌나 신경계와 '별개'의 것이 아니다.

물론 문어는 "다른 체화"를 갖고 있다. 그러나 문어의 체화는 너무나 특이해서 이 체화된 인지 학파의 일반적인 관점에 전혀 부합하지 않는다. 논쟁은 통상 뇌를 전능한 CEO로 보는 입장과 신체 자체에 저장된 지능을 강조하는 입장 사이에서 벌어진다. 양쪽 입장 모두 뇌에 기반한 지식과 신체에 기반한 지식의 구분에 의존한다. 문어는 이 두 종류의 일반적인 프레임 밖에 존재한다. 문어의 체화는 체화된 인지 이론에서 흔히 강조되는 종류와는 완전히 다르다. 어떤 의미에서 문어는 '탈체화'됐다. 내가 의도한 바는 아니지만 이 표현은 문어가 비물질적 존재라는 느낌을 준다. 문어는 물질적인 물체인 신체를 갖고 있다. 하지만 문어의 신체 자체는 변화무쌍하고 가능성으로 가득하다. 제약을 가하고 행동을 지도하는 신체가 주는 비용이나 이득은 아무것도 없다. 문어는 통상적인 신체와 뇌의 구분 너머에 산다.

4. 백색소음에서 의식에 이르기까지

그것은 어떤 느낌일까

문어가 된다는 건 어떤 느낌일까? 해파리가 되는 건? 어떤 느낌이 있기는 할까? 살아있다는 느낌을 "처음"으로 경험한 동물은 뭐였을까?

나는 이 책의 서두에서 정신mind을 이해하기 위해 "연속성"을 주장한 윌리엄 제임스의 말을 인용했다. 우리가 갖고 있는 경험의 정교한 형태는 다른 생물의 단순한 형태의 경험에서 유래했다. 제임스는 의식은 분명히 처음부터 완전한 상태로 우주에 '난입'하지 않았으리라고 말했다. 생명의 역사는 매개체의 역사이자 점진적 변화의 역사이고 회색지대의 역사다. 이 표현들을 빌어 정신에 대한 많은 것을 설명할 수 있다. 인지, 행동, 기억. 이 모든 것들은 모두 전구체precursor

가 있었고 아주 천천히 실체가 나타났다. 만약 누군가가 이렇게 묻는다면 어떨까. 박테리아가 '정말로' 자신의 주변환경을 인지하는가? 벌이 정말로 무슨 일이 벌어졌는지 '기억하는가'? 이런 질문에는 명확하게 예 혹은 아니요라고 대답하기 어렵다. 생명체의 정신은 세계에 대한 최소한의 민감도에서 보다 정교한 종류의 민감도로 부드럽게 전이했으니 이분법적으로 생각해야 할 이유는 없다.

기억이나 인지 등의 개념에 대해 점진주의적인 접근은 여러모로 합리적이다. 하지만 주관적 경험, 다시 말해 우리의 삶에 대한 느낌은 또 다른 문제다. 오래 전 토머스 네이글Thomas Nagel은 우리에게 주관적 경험이 제시하는 수수께끼를 보여 주고자 '…이란 무엇과 같은가'라는 표현을 썼다. 그는 이렇게 물었다. 박쥐가 된다는 건 무엇과 같은가? 분명 '무언가'이긴 하겠지만 인간이 되는 것과는 매우 다를 것이다. 여기서 '같다'는 표현은 오해의 소지가 있다. '이' 느낌은 '저' 느낌 같다는 식으로 마치 비교와 유사성의 문제가 관건이라는 것처럼 들리기 때문이다. 유사성은 문제가 아니다. 그보다는 인간의 삶에서 많은 것에 '어떠한 느낌이 존재'한다. 아침에 일어나는 것, 하늘을 바라보는 것, 음식을 먹는 것…. 이 모든 경험에서 느껴지는 것이 있다. 그것을 이해해야 하는 것이다. 그러나 우리가 진화론적이고 점진주의적 관점을 취하면 우리는 이상한 결론에 다다르게 된다. 삶에서 무엇인가 느껴지는 것이 어떻게 천천히 생겨날 수 있을까? 어떤 동물이 자신이 그 동물로 존재하는 느낌을 절반 정도만 갖게 되는 게 어떻게 가능하단 말인가?

경험의 진화

나는 여기서 이런 문제들에 대해 진전을 이루고자 한다. 이 문제들을 완전히 해결했다고 주장하진 않겠다. 다만 제임스가 제시한 목표에 근접할 수는 있을 것이다. 나는 사안을 다음과 같이 정의하고자 한다. '주관적 경험'이란 가장 기초적인 현상으로 설명하자면, 삶이 우리에게 무언가처럼 느껴진다는 사실이다. 오늘날 사람들은 이를 '의식'을 설명하면서 언급한다. 주관적 경험과 의식을 같은 것으로 간주하는 것이다. 반면 나는 의식을 주관적 경험의 한 가지 형태로 보지 그 유일한 형태로 보지 않는다. 고통을 예로 들어 둘을 구분할 수 있다. 나는 오징어가 고통을 느끼는지 궁금하다. 랍스터나 벌은 어떨까. 내가 던지는 질문은 이런 의미다. 신체 훼손이 오징어에게 무엇과 같이 느껴지는가? 그게 '나쁜' 느낌을 줄까? 이 질문은 요즘은 종종 오징어에게 의식이 있는가라는 질문으로 표현되기도 한다. 이런 질문은 나에겐 언제나 오해를 불러일으킨다. 오징어에게 너무 많은 것을 요구하는 듯하다. 오래된 표현을 쓰자면 만일 이들이 오징어나 문어가 되는 것이 무엇인가처럼 느낀다면 이들은 '지각sentient'이 있는 존재다. 지각은 의식보다 앞서 존재한다. 그럼 지각은 어디에서 오는가?

지각은 '이원론자dualist'들의 생각처럼 모종의 방법으로 물질 세계에 더해진 영혼 비슷한 실체는 아니다. 그렇다고 '범심론자panpsychists'들의 생각처럼 온 자연에 충만한 것도 아니다. 지각은 자기 주변 세계를 인지하는 생명체의 감각과 행동이 진화하는 과정에서 생겨난 것이다. 하지만 이런 방식으로 접근하게 되면 곧바로 한 가지 난처한 상황에 처한다. 세계를 감각하는 능력은 경험을 갖고 있다고 생각되는 생물이 아니어도 너무도 흔하게 갖고 있기 때문이다. 2장에서 이미 살펴봤듯이 박테리아조차 세계를 감각하고 행동할 수 있다. 자극에 대한 반응과, 경계를 넘는 화학물질의 조절된 흐름이 생명의 근본적인 요소라고 말할 수도 있다. 우리가 모든 생명체가 어느 정도의 주관적 경험을 갖는다고 결론내리지만 않는다면 (나는 이런 주장이 미쳤다고 생각하진 않지만 이 주장을 변호하기 위해서는 무척 많은 노력이 필요할 것이다) '동물'이 세계를 다루는 방법에 결정적인 차이를 만드는 뭔가가 있을 것이다.

이 질문에 대한 한 가지 접근법은 각기 다른 생명체들 사이의 복잡성과 그들이 세계를 다루는 방법의 복잡성에 대해 그냥 말해 보는 것이다. 그러나 복잡성의 종류는 다양하고 우리는 더 구체적인 걸 원한다. 나는 이제 분명 이 이야기에 속하는 부분이기는 한데 정확히 어디에 들어맞는지를 알기 쉽지 않은 한 가지 요소에 대해 살펴보고자 한다. 동물의 진화에서 감각과 행위가 훨씬 정교해지면서 두 활동 사이에 새로운 종류의 연결들이, 특히 순환이 일어나는 연결들이 생겨나서 피드백을 만들었다.

여러분과 나 같은 생명체가 익숙하게 느낄 사실을 제시해 보겠다. 당신이 이 다음에 할 행동은 당신이 지금 감각하는 것의 영향을 받는다. 또한 당신이 이 다음에 감각하게 될 것은 지금 당신이 하고 있는 것의 영향을 받는다. 당신은 책을 읽고 페이지를 넘기며 페이지를 넘기는 행위는 당신이 보는 것에 영향을 미친다. 감각과 행위가 서로에게 영향을 미치는 것이다. 우리는 이를 매우 잘 알고 있고 설명할 수도 있다. 하지만 감각과 행위의 뒤얽힘도 근본적인 방식으로 아주 원시적 의미의 "느낌"에 영향을 미칠 수 있다.

시각장애인을 위한 '시각대체촉각시스템tactile vision substitution systerm, TVSS' 기술의 사례를 생각해 보자. 비디오 카메라를 시각장애인의 피부(예를 들어 시각장애인의 등)에 붙어 있는 패드에 연결시킨 것이다. 카메라로 수집된 광학 이미지가 피부로 느낄 수 있는 에너지의 한 형태(진동이나 전기 자극)로 변환된다. 이 기기로 어느 정도 훈련을 받은 기기 착용자는 카메라가 단지 피부에 촉각적 자극을 주는 게 아니라 '공간에 위치한 사물'의 경험을 준다고 말했다. 예를 들어, 만일 당신이 그런 기기를 착용한 상태에서 개 한 마리가 당신 앞을 지나간다면 영상기기가 움직이는 패턴의 압력 자극이나 진동을 당신의 등에 전달할 것이다. 그러나 누군가에게 이는 등에 전해지는 진동 대신 어떠한 사물이 앞을 움직이는 것으로 경험될 것이다. 그러나 이것은 오직 착용자가 행위를 통해 들어오는 자극의 흐름에 영향을 주고, '카메라를 통제'하는 게 가능할 때에만 일어날 것이다. 기기 사용자는 카메라를 보다 가까이 움직이고 각도를 변경하는 등의 행위가 가능해야 한다. 가장 간편한 방법은 카메라를 착용자의 몸에 장착하는 것이다. 그럼 착용자는 사물을 확대해서 볼 수도 있고, 시야에 나타나거나 사라지게 할 수 있다. 여기서 주관적 경험은 행동과 감각 입력의 상호작용에 내밀하게 연결돼 있다. 순간순간 일어나는 감각과 행위의 피드백은 감각 입력 그 자체가 어떻게 느껴지는가에 영향을 미친다.

우리의 행위가 우리 지각에 영향을 미친다는 생각은 일상적이고 친숙하게 느껴지지만 지난 수백 년 동안 철학자들은 이를 특별히 중요하다고 여기지 않았다. 철학에서 이는 이단의 영역이자 주류 철학 사상의 발전사 바깥에 있는 것이었다. 심지어 최근까지도 마찬가지다. 대신 전체 그림의 작은 '조각'들에 대해서는 엄청난 양의 연구가 수행됐다. 감각을 통해 들어가는 것과 그 결과로 나오는 생각이나 믿음의 연결만 살펴온 것이다. 행위와의 연결에 대해서는 거의 아무것도 언급된 바 없으며 행위가 당신이 그 다음에 감각하는 것에 영향을 미치는 방법에 대해서는 더더욱 없다.

마음이론에서 다루는 감각 입력과 수용성에 대한 집착을 늘 혐오한 철학자들도 있다. 그러나 그들의 반응은 입력의 중요성을 깡그리 거부하거나 자기결정적인 생명체, 그리고 자기 자신을 세계에 내세우는 '근원source'으로서의 주체에 대한 이야기를 하려고 했다. 이는 마치 철학자들이 한번에 하나의 측면에만 집중할 수 있는 것처럼 만드는 과도한 보상 행위다. 오는 것이 있고 가는 것이 있는 '상호 교류'가 존재함을 받아들이는 것은, 분명 쉽게 성취되지는 않았지만 대단한 일이다.

일상 경험에는 두 개의 인과적 호arc가 있다. 하나는 감각운동의 호로 우리의 감각과 행위를 연결한다. 다른 하나는 '운동→감각'의 호다. 왜 책장을 넘기는가? 그 행동이 당신이 다음에 보게 될 것에 영향을 미치기 때문이다. 두 번째 호는 처음 호처럼 단단히 통제되어 있지는 않다. 이 호는 몸 안에 머무르지 않고 외부 공간으로 확장되기 때문이다. 어쩌면 당신이 책장을 넘기려고 하는데 누군가가 책을 움켜쥐거나 당신의 손을 붙잡을 수도 있다. 감각에서 운동으로 흐르는 경로와 운동에서 감각으로 흐르는 경로는 동등하지 않다. 그러나 그동안 천대받아 온, 행위가 우리가 그 다음 감각하는 것에 미치는 영향은 무척 중요하다. 이는 결국 우리가 하는 행동의 대부분을 '왜'하는지에 대한 답이기 때문이다. 우리는 우리가 받아들일 감각을 통제하기 위해 행동한다.

철학자들은 종종 경험의 '흐름'이란 비유를 사용한다. 그들은 경험이 우리가 몸을 담고 있는 강과도 같다고 말한다. 그러나 이런 표현은 상당한 오해의 소지가 있다. 마치 강물의 흐름이 우리의 통제를 거의 벗어나 있는 것처럼 들리기 때문이다. 우리는 헤엄을 쳐서 우리의 위치를 바꿀 수 있고 그것으로 우리가 맞닥뜨리게 될 것들에 대해 어느 정도 통제할 수도 있을 것이다. 그러나 실제 삶 속에서 우리는 그보다 훨씬 더 많은 것을 할 수 있다. 우리는 우리가 상호작용하는 사물의 형태를 바꿀 수도 있다. 우리가 강 속에 홀로 있다면 그런 노력은 허사로 돌아가기 마련이다.

당신의 다음 감각에는 두 가지 근원이 있다. 하나는 당신이 방금 한 행위이고 다른 하나는 당신을 둘러싼 세계에서 벌어지는 사건이다. 전체적인 인과관계의 형태는 다음과 같이 그릴 수 있다.

두 화살표가 감각으로 향한다. 각각의 맥락에서 각기 다른 역할을 하며 때때로 하나가 다른 것보다 더 중요할 때도 있지만 거의 항상 둘 다 감각으로 향한다.

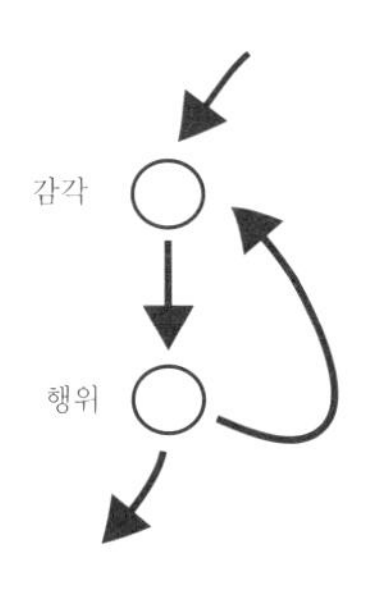

행위를 다시 감각으로 연결하는 순환은 우리에게만 있는 게 아니다. 매우 단순한 형태의 생명에도 존재한다. 하지만 이 순환은 동물에서 더 두드러진다. 왜냐면 동물은 더 많은 '행위'를 할 수 있기 때문이다. 세포 내부의 작은 섬유질 같은 요소에서 파생된 근육의 진화는 생명체가 스스로를 세상에 나타내는 새로운 수단을 갖게 해 주었다. 모든 생명체는 화학물질을 만들고 변환시킴으로써, 그리고 성장하고 때로는 이동하는 것으로도 주변 환경에 영향을 미친다. 그러나 큰 규모로 빠르고 일관된 행동을 일으킬 수 있는 것은 근육이다. 사물의 '조작', 다시 말해 우리 주변에 있는 것에 의도적으로 빠른 변화를 일으키는 게 가능해진 것이다.

동물의 진화는 이렇게 순환하는 인과의 경로에 여러 가지 영향을 받았다. 동물이 자기 주변에서 벌어지는 일을 해결하려 시도하면서 이 순환이 '문제'로 이어지기도 한다. 일례로 어떤 물고기는 다른 개체와 의사소통을 하기 위해 전기 펄스를 발산한다. 또한 자기 주변의 사물을 전기를 통해 감각한다. 그러나 스스로 생산한 펄스는 자신의 감각에도 영향을 미치므로 물고기가 자신이 만든 펄스와 외부의 사물로 인한 교란을 구분하기 어려워질 수 있다. 물고기는 이 문제를 해결하기 위해 펄스를 발산할 때마다 자신의 감각계에 '사본'을 보내 자신이 만든 펄스의 영향을 상쇄하게 한다. 이 물고기는 자기 자신의 행위가 자신의 감각에 미치는 효과와 자기 주변에서 벌어지는 사건들의 효과를 구분하면서 "자아"와 "타자"의 구분을 탐지하고 기록하는 것이다.

동물은 이런 문제를 해결하기 위해 전기 펄스를 발산할 필요가 없다. 스웨덴의 신경과학자 비에른 메르케르Björn Merker가 언급한 것처럼 동물은 움직일 수 있기 때문이다. 지렁이는 뭔가가 자신을 건드리면 움츠러든다. 그게 위험한 존재일 수도 있으니까. 그러나 지렁이가 앞으로 기어갈 때는 몸의 한 부분에 같은 종류의 촉각이 계속 느껴질 것이다. 만일 지렁이가 접촉당할 때마다 움츠러든다면 지렁이는 결코 이동할 수 없을 것이다. 지렁이는 자신이 만들어낸 접촉의 효과를 상쇄시킴으로써 전진하는 데 성공한다.

오직 관찰자만이 볼 수 있다 할지라도 모든 생물에게는 자아와 외부세계의 구분이 존재한다. 모든 생물은 그것을 인지하는지 여부와는 관계 없이 외부 세계에 영향을 미친다. 많은 동물들은 이러한 사실에 대해 나름대로의 경험과 인지를 습득한다. 그렇지 않으면 어떠한 행동을 하는 게 매우 어려워지기 때문이다. 반면 식물들은 매우 풍부한 감각을 갖고 있지만 움직이지 않는다. 박테리아는 움직이지만 감각이 단순하기 때문에 메르케르의 지렁이처럼 난관에 부딪힐 일이 없다.

이러한 인지와 행위의 상호작용은 심리학자들이 말하는 '지각 항등성perceptual constancy'에서도 볼 수 있다. 우리는 사물을 다른 시점에서 보더라도 동일한 사물로 인식할 수 있다. 당신이 의자에 가까이 다가가거나 멀어지더라도 의자가 커지거나 축소되거나 이동하는 것 같은 경우는 별로 없다. 왜냐면 당신은 내면에서 당신의 움직임으로 인한 외형의 변화를 보정하기 때문이다. 당신 때문이 아닌 몇몇 변화, 이를테면 조명의 상태에 따른 것 등도 마찬가지다. 지각 항등성은 꽤 다양한 종류의 동물에게서 볼 수 있다. 척추동물은 물론이고 문어나 일부 거미도 이를 갖고 있다. 이 능력은 십중팔구 각기 다른 동물군 속에서 각각 독자적으로 진화했을 것이다.

경험의 진화에서 한 경로는 '통합integration'으로 이어진다. 정보의 흐름이 각기 다른 감각으로부터 들어오면서 각각의 정보들이 하나의 그림으로 모이게 된다. 이는 인간에게서 뚜렷하게 나타나는 능력이다. 우리는 우리가 보는 것을 우리가 듣고 만지는 것과 결합시키는 방식으로 세계를 경험한다. 우리의 경험은 보통 여러가지 감각이 통합된 풍경이다.

이는 눈과 귀가 동일한 뇌에 연결돼 있기 때문에 어쩔 수 없는 것처럼 보이지만 꼭 그렇지는 않다. 이것은 신경이 연결되는 한 가지 방법일 뿐이며, 어떤 동물들은 우리가 하는 수준으로 자신의 경험을 통합시키지 않는다. 일례로 많은 동물들의 눈은 머리의 앞쪽이 아닌 양쪽에 붙어 있다. 때문에 두 눈은 거의 또는 완전히 다른 시계視界를 갖는다. 그리고 각각의 시각은 한쪽의 뇌에만 연결된다. 과학자들은 이런 동물의 한쪽 눈을 가림으로써 쉽게 시야를 제어할 수 있다. 그렇다면 뻔한 답이 있는 듯한 질문을 던져 보자. 우리가 뭔가를 뇌의 딱 한 면에만 보여 주면 뇌의 다른 면도 그 정보를 받을까? 여기서 해당되는 동물은 뇌에 부상을 입었거나 뇌를 조작한 동물이 아니기 때문에 뇌의 양쪽은 모두 원래대로 연결되어 있다. 그런 정보가 다른 편의 뇌로도 전달되리라 생각할 사람도 있을 것이다. 진화가 한 동물이 뇌의 절반만 뭔가 본 것을 알고 있게끔 진행됐을 리 없지 않은가? 그러나 이 질문을 가지고 비둘기를 연구했을 때, 정보가 다른편 뇌로 전달되지 '않는다'는 게 밝혀졌다. 비둘기들은 한쪽 눈을 가린 채 단순한 동작을 수행하도록 훈련한 다음 다른쪽 눈을 가리고 다른쪽 눈을 가린 채 같은 동작을 하도록 테스트했다. 아홉 마리의 비둘기를 사용한 연구에서 여덟 마리는 어떠한 '안구 간 전달'도 보여 주지 못했다. 온전한 비둘기 한 마리가 다 배운 기술 같았던 게 알고 보니 비둘기 반 마리가 배운 것이었다. 나머지 반 마리는 아무것도 몰랐다.

같은 실험을 문어를 대상으로 한 기록도 있다. 문어 한 마리가 시각을 활용한 작업을 눈 하나만 갖고 훈련 받았다. 처음에는 훈련받은 쪽 눈을 사용했을 때만 작업을 기억했다. 훈련을 지속하자 문어는 다른 눈을 사용해서도 작업을 수행할 수 있었다. 문어는 어떤 정보를 다른 쪽의 뇌에 전달할 수 있었다는 점에서 비둘기와 달랐다. 그러나 그 전달이 쉽게 이뤄지지 않았다는 점에서 우리와도 다르다. 좀 더 최근에는 트리에스테 대학교의 조르지오 발로티가라Giorgio Vallortigara 같은 동물연구자들이 이와 비슷한 뇌의 양쪽 분리에 연관된 정보처리의 "열구fissure"를 여럿 발견했다. 다양한 동물종에서 포식자가 시계의 왼편에 나타났을 때 더 잘 반응하는 경향이 나타났다. 몇몇 종류의 물고기와 심지어 올챙이도 같은 종에 속하는 개체의 모습을 자신의 왼편에 두도록 위치를 정하는 걸 선호하는 것으로 보인다. 한편 여러 동물이 먹이를 포착하는 게 목적일 때는 자신의 오른편에 있는 것을 더 잘 인지한다.

이러한 전문화의 불이익은 뚜렷하다. 한쪽에서 들어오는 공격에 취약하게 만들거나 한쪽으로 먹이를 찾는 걸 더 어렵게 만들 테니 말이다. 발로티가라와 다른 연구자들은 그럼에도 불구하고 이것이 어느 정도 합리적일 수 있다고 생각한다. 다른 종류의 업무는 다른 종류의 정보처리를 필요로 하므로 뇌에서 각각의 작업을 전문적으로 다루는 영역을 나누고 서로 너무 긴밀하게 연결시키지 않는 게 최선일 수 있다.

이러한 발견들은 인간의 '분할뇌'에 대한 실험을 연상시킨다. 심각한 간질의 경우 인간의 뇌 상부를 이루는 좌반구와 우반구를 연결하는 부위인 뇌량을 절제하는 것이 환자에게 도움이 될 때도 있다. 수술 이후 환자들은 꽤 정상적으로 행동하는 듯 보였고 연구자들이 이상한 낌새를 알아채기까지는 시간이 걸렸다. 환자의 뇌의 두 반구가 각기 다른 자극에 노출되면 상당히 극적인 분열이 발생했다. 뇌량 절제 수술이 하나의 두개골 안에 서로 다른 경험과 능력을 지닌 두 개의 지적 자아를 만든 것처럼 보였다. 뇌의 왼편은 보통 언어를 통제하므로(언제나 그런 것은 아니다) 당신이 분할뇌 환자에게 말을 걸면 대답을 하는 쪽은 왼편이다. 보통 뇌의 오른편은 말을 하지 않지만 왼손을 통제할 수는 있다. 그래서 촉감으로 물건을 골라내고, 그림을 그릴 수 있다. 다양한 실험에서 뇌의 좌우에 각기 다른 이미지를 제공했다. 피실험자에게 무엇을 보았는지 물으면 그가 말로 하는 반응은 뇌의 왼편이 본 것을 따르지만 뇌의 오른편(왼손을 통제하는)은 이에 동의하지 않을 수 있다. 분할뇌 환자에게서 나타나는 특수한 정신 단편화는 많은 동물의 삶에서 일상적인 부분인 듯하다.

동물들은 다양한 방법으로 이 상황에 대처하는 것으로 보인다. 조류의 경우 시각 정보는 앞서 설명한 눈을 가리는 실험보다도 더 단편화될 수 있다. 비둘기와 같은 조류의 망막은 두 개의 다른 '영역'을 갖고 있는데 황색 영역과 적색 영역이다. 적색 영역은 비둘기 앞에 있는 작은 영역을 보는데 이 영역은 비둘기의 두 눈이 다 볼 수 있는 영역이다. 황색 영역은 보다 넓은 영역을 볼 수 있지만 반대편 눈이 보는 영역은 볼 수 없다. 비둘기는 양 눈이 받아들이는 정보를 서로 전달하는 데도 실패했을 뿐만 아니라 '동일한' 눈의 다른 영역이 받아들이는 정보를 서로 전달하는 데에도 매우 나쁜 성적을 거두었다. 이는 조류의 특징적인 행동 일부를 설명할 수 있을지도 모른다. 마리안 도킨스Marian Dawkins는 닭에게 새로운 사물(빨간 장난감 망치)을 보여 주는 단순한 실험을 했다. 닭은 망치에 다가가 관찰할 수 있었다. 그는 닭들이 새로운 사물에 접근할 때 양 눈의 각기 다른 부분이 해당 물체를 접할 수 있도록 고안되었다는 듯이, 이리저리 머리를 굴리는 방식으로 접근한다는 것을 발견했다. 이는 분명 뇌 전체가 해당 물체를 접하는 방법일 것이다. 새가 이리저리 머리를 흔드는 행위는 들어오는 정보를 여러가지 방법으로 받아들이기 위해 고안된 기술이다.

살아있는 행위자에게 어느 정도 통일성은 불가피하다.

한 마리 동물은 스스로의 생존을 유지시키려는 하나의 물질적 존재다. 그러나 다른 의미에서 통일성은 선택적이며 하나의 성취이자 하나의 발명이다. 경험을 한데 모으는 것은, 심지어 두 개의 눈에서 나오는 정보를 하나로 모으는 것조차도 진화가 하거나 하지 않을 수 있는 일이다.

의식의 기원에 관한 후발이론과 변형이론

내가 앞으로 할 이야기는 점진적 변화에 관한 것이다. 감각과 행위 그리고 기억이 보다 정교해지면서 경험의 느낌은 점차 복잡해졌다. 주관적 경험이 '모 아니면 도'의 문제가 아니란 걸 보여 주는 우리 인간의 사례가 있다. 우리는 잠에서 막 깼을 때와 같이 의식이 반쯤만 있는 상태를 몇 가지 알고 있다. 시간의 척도는 다르지만 진화 또한 깨어나는 과정이다.

그러나 아마도 이 모든 것이 틀렸을 것이다. 주관성이 단순하고 원시적인 형태에서 점진적으로 진화했다는 의견이 있다면, 우리 뇌라는 가장 좋은 증거로 정반대의 주장을 펼칠 수 있다.

이 관점으로 가는 길은 한 사고 사례에서 시작된다. 1988년, DF라고만 알려진 여성이 샤워실 온수기 고장으로 발생한 일산화탄소에 중독되어 뇌 손상을 입었다. 그 사고로 DF는 시력을 거의 잃었다고 느꼈다. 그는 시야에 보이는 사물의 형태나 배치에 대한 모든 경험을 잃었다. 모호한 색깔의 조각들만 남았다. 그럼에도 불구하고 그는 여전히 자기 주변 공간에 있는 사물에 대해 상당히 효과적으로 '행동'할 수 있음이 드러났다. 일례로 그는 다양한 각도의 우편물 투입구에 편지를 넣을 수 있었다. 그러나 그는 우편물 투입구의 각도를 설명할 수 없었고 손가락으로 가리킬 수도 없었다. 주관적 경험 측면에서 그는 우편함을 전혀 볼 수 없었지만 편지는 제대로 들어갔다.

시각을 연구하는 과학자 데이비드 밀너David Milner와 멜빈 구달Melvyn Goodale은 DF를 집중적으로 연구했다. 밀너와 구달은 DF의 사례와 다른 종류의 뇌손상과 기존 해부학 연구를 연결해서 DF와 같은 특수한 경우뿐 아니라 보편적으로 적용되는 이론을 만들었다. 이들은 시각 정보가 뇌 속에서 두 개의 '경로'를 따라 전달된다고 주장했다. 뇌 아래 쪽을 따라 흐르는 '복측경로ventral stream'는 사물의 범주화, 인식, 묘사와 관계가 있다. 복측경로 위(정수리와 가깝다)를 흐르는 '배측경로dorsal stream'는 길을 걸으면서 장애물을 피하거나 우편함에서 편지를 꺼내는 일처럼 공간을 실시간으로 탐색하는 능력과 관계가 있다. 밀너와 구달은 우리의 주관적 시각 경험, 다시 말해 시각적 세계의 느낌은 오직 복측경로를 통해서만

온다고 주장한다. 배측경로는 DF나 우리나 무의식적으로 작동한다. 사고 이후 복측경로를 잃어버린 DF는 그리하여 거의 완전히 실명했다고 느끼게 됐다. 여전히 자기 앞에 있는 장애물을 피해 걸을 수 있음에도 말이다.

이런 사례들을 단순하게 해석하면 당신의 눈을 통해 무엇이 보이는지에 대한 어떠한 경험이든 갖기 위해서는 복측경로가 필요하다는 것이 된다. 이는 분명 너무 단순한 해석이다. 배측경로 또한 어떻게든 느껴질 가능성이 높다. 다만 그게 보는 것처럼 느껴지지는 않을 뿐이다. 이 두 개의 "경로"에 대한 자세한 설명은 그렇게 중요하지 않다. 이 연구에서 추가로 밝혀진 사실이 훨씬 놀랍기 때문이다. 그것은 바로 상당히 복잡한 시각 정보의 처리(눈에서 뇌를 거쳐 손발에 이르는 모든 정보의 처리)가 이것을 '보기'로 여기는 주관적 경험 없이도 발생할 수 있다는 것이다. 밀너와 구달은 이 발견을 내가 앞서 감각 정보의 통합이라고 묘사한 것과 연결시킨다. 이들은 우리 뇌 속에서 시각적 경험으로 이어지는 활동이 세계의 일관성 있는 "내적 모형inner model"을 만든다고 생각한다. 이런 종류의 통합 모형이 주관적 경험에 영향을 준다는 생각은 분명 합리적이다. 그러나 그런 모형 없이는 주관적 경험이 전혀 존재하지 않을까?

밀너와 구달은 세계에 대한 인식이 우리보다 덜 통합된 다양한 동물에 대해 논한다. 1960년대 데이비드 잉글David Ingle

은 외과수술을 통해 개구리 몇 마리의 신경계를 재배선했다(그는 개구리의 신경계가 이례적으로 잘 회복된다는 사실에서 힌트를 얻었다). 그는 개구리 뇌의 몇몇 회로를 교차시켜서 실제로는 먹이가 오른쪽에 있음에도 불구하고 왼쪽으로 무는 시늉을 하게 하거나 그 반대로도 만들 수 있었다. 조작된 개구리들은 시각을 사용해 장애물을 회피할 때는 정상적으로 행동했다. 마치 자신의 시각적 세계의 일부만 반전되고 나머지는 정상인 듯 행동하는 것이다. 밀너와 구달은 다음과 같은 논평을 남겼다.

> 그렇다면 이렇게 재배선된 개구리들이 실제로 '본' 것은 무엇일까? 여기에 합리적인 답은 없다. 이 질문은 오직 당신이 뇌에는 한 동물의 행동 전체를 통제하는 단 하나의 바깥 세계의 표상만이 존재한다고 여길 때에만 성립한다. 잉글의 실험은 그것이 진실일 수 없음을 밝혀냈다.

개구리가 세계에 대한 통합된 감각을 갖고 있지 않으며 각기 다른 종류의 감각을 다루는 여러 개의 분리된 경로를 갖고 있다는 것만 받아들이면 개구리가 무엇을 보는지 궁금해할 필요가 없다. 밀너와 구달의 표현을 빌자면 "퍼즐은 사라진다."

퍼즐 하나가 사라지고, 또 다른 퍼즐이 나타났다. 실험에서 세계를 인지하는 개구리가 되는 느낌은 어떨까? 나는 그 느낌이 밀너와 구달이 말한 '아무것도 아닌nothing' 것이라고 생각한다. 이때는 경험이 존재할 수 없다. 왜냐하면 이때 개구리의 시각 조직은 인간의 시각 조직이 우리에게 주는 주관적 경험을 줄 수 없기 때문이다.

밀너와 구달의 논평은 지금은 이 분야의 연구자 상당수가 수용할 만한 생각을 한 가지 형태로 표현한다. 감각이 기본적인 역할을 할 수 있고 행위 또한 가능하더라도 해당 생물체의 경험은 "침묵" 상태일 수 있다는 것이다. 그러다 진화의 한 단계에서 추가적인 능력들이 주관적 경험을 만들어낸 것으로 보인다. 감각의 경로들이 통합되고 세계에 대한 "내적 모형"이 생겨나고 시간과 자아의 인지가 생겨난다.

밀너와 구달의 관점에서 우리가 경험하는 것은 우리 내부의 복잡한 행동들이 생산하고 유지하는 세계에 대한 내적 모형이다. 느낌은 '거기'서부터, 그러니까 원숭이와 유인원, 돌고래, 어쩌면 다른 포유류와 일부 조류의 뇌 속에서 시작된다. 혹은 최소한 이런 능력이 존재한 이후에 느낌이란 것도 나타났다. 이러한 관점에 따르면, 우리가 이보다 더 단순한 동물에게 주관적 경험이 있다고 생각할 때는 우리 자신의 경험을 희미하게 만들어 그 동물에게 투사하는 것이다. 우리의 경험은 이런 단순한 동물들에게는 없는 특성에 의존하고 있으므로 이러한 생각은 잘못됐다.

신경과학자 스타니슬라스 데하에네Stanislas Dehaene도 이 관점을 옹호했다. 파리 인근에 있는 그의 연구실은 이 주제에 관해 지난 20년 간 가장 날카로운 연구를 해 왔다. 데하에네와 동료들은 여러 해 동안 의식의 끄트머리에 있는 인지perception에 대해 살펴보고 있었다. 이미지를 아주 짧은 순간에 전시해서 피실험자가 그것을 보았는지 알기 어렵거나, 주의가 분산된 틈에 전시하여 그것이 피실험자가 생각하고 행동하는 데 영향을 미치는 경우를 말한다. 인간은 이런 경험하지 못한 정보를 꽤 복잡한 방식으로 처리한다는 게 밝혀졌다. 예를 들어 사람이 인식하지 못할 정도로 빠르게 단어의 조합을 보여줄 수도 있다. 그러나 이상한 의미를 가진 단어의 조합('매우 행복한 전쟁')은 뇌 속에서 좀 더 합리적인 의미의 조합('행복하지 않은 전쟁')과는 다르게 인식된다. 그러한 의미를 구별하는 데 의식적 사고가 필요하다고 생각할 수 있으나 실은 그렇지 않다.

데하에네는 우리가 의식을 사용하지 않고도 많은 것을 할 수 있지만 몇 가지는 의식 없이는 할 수 없다고 생각한다. 일상적이지 않으며, 새롭고, 단계별 행동을 연속으로 해야 하는 과업을 무의식적으로 실시할 수는 없다. 우리는 무의식적으로 경험들 사이의 연관(A를 보면 B를 기대하게 되는)을 배울 수 있지만 A와 B가 가까운 관계일 때만 가능하다. A와 B 사이에 관계가 멀다면 우리가 그것을 의식하고 있을 때에만 연관을 배울 수 있다. 빛이 보인 다음 흙먼지가 날아오면 당신은 빛이 보일 때 눈을 깜빡인다는 걸 배울 수 있겠지만 빛과 먼지가 매우 짧은 시간 안에 이어서 발생해야 한다. 빛과 먼지의 간격이 1초 이상 벌어지게 되면 그 연관은 무의식적으로 배울 수 없게 된다. 데하에네는 의식적인 인식concious awareness을 수반하는 정보의 독특한 처리 '방식'(특히 우리가 시간, 순서, 새로움을 다룰 때 쓰는)이 존재하긴 하지만 다른 여러 복잡한 활동은 의식을 필요로 하지 않는다는 것을 배웠다고 생각한다.

1980년대로 돌아가서, 신경과학자 버나드 바스Bernard Baars는 의식을 설명하려는 최초의 현대적 시도로 '전역 작업공간global workspace' 이론을 소개했다. 바스는 뇌의 중앙화된 '작업공간'에 전달된 정보에 대해서는 의식을 한다고 생각했다. 데하에네는 이 관점을 빌려와 더 발전시켰다. 이와 연관된 한 가지 이론은 우리가 '작업기억working memory'에 전달되는 정보에 대해서는 모두 의식한다고 주장한다. 작업기억은 우리가 문제를 해결하기 위해 바로 꺼내어 다룰 수 있는 이미지와 어휘 그리고 소리를 담고 있는 특별한 종류의 기억이다. 나와 함께 뉴욕 시립대에서 일하는 제시 프린츠Jesse Prinz는 이런 종류의 관점을 옹호한다. 만일 당신이 주관적 경험을 위해서는 전역 작업공간이나 특별한 종류의 기억 또는 메커니즘이 필요하다고 생각한다면 당신은 인간의 뇌와 꽤 유사할 정도로 복잡한 뇌만이 무언가처럼 느끼는 경험을 일으킬 수 있다고 주장할 것이다. 인간 외에도 이런 뇌를 찾을 수 있겠지만 아마도 오직 포유류와 조류에서만 찾을 수 있을 것이다. 이 문제의 결론을 앞으로 주관적 경험에 대한 '후발적latecomer' 관점이라고 부를 것이다. 이 관점은 (의식의) 빛이 갑자기 번쩍하고 켜진 게 아니라 생명의 역사에서 "의식의 깨어남"이 뒤늦게 일어났고 이는 우리와 같은 동물에게서만 뚜렷이 나타나는 특징 때문이라고 주장한다.

앞에서 바스, 데하에네, 프린츠를 비롯한 많은 학자들의 이론을 소개하면서 '의식'에 대한 것이라고 말했다. 내가 의식이라는 단어를 쓴 이유는 그들이 그 단어를 사용했기 때문이다. 이런 이론들을 내가 목표로 하는 매우 넓은 의미에서의 주관적 경험과 연결 짓기 어려울 때도 있다. 나는 주관적 경험을 넓은 범주로 다루고 의식은 그 안에 있는 보다 좁은 범주로 다룬다. 동물이 갖는 모든 '느낌'이 '의식적'일 필요는 없는 것이다. 그렇다면 누군가는 전역 작업공간은 의식에는 필수적이지만, 가장 단순한 종류의 주관적 경험에는 필수적이지 않다고 말할 수 있다. 가능성을 넘어 거의 맞는 말이라고 생각한다. 내가 여기서 설명한 문헌만 가지고는 이 학자들이 의식과 주관적 경험에 대해 어떻게 생각하는지 알아내기 어렵다. 이 학자들 중 일부는 의식과 주관적 경험을 구분할 수 없다고 생각한다. 이들은 자신이 "무엇인가처럼 느껴지는" 순간의 정신 활동에 대한 이론을 제시했다고 생각한다.

경험에 대한 후발이론적 관점에 영감을 준 연구는 상당한 진전으로 이어졌다. 데하에네는 불과 몇 년 전까지만 하더라도 터무니없는 생각이라고 여겨졌던 인간의 의식 '속'을 연구하는 방법을 발견했다. 우리는 단지 관대하거나 그럴싸하다는 이유만으로 대안적인 그림에 매달리지는 말아야 한다. 그렇지만 나는 후발이론에 대한 반박이 가능하고, 고려할 만한 대안도 분명 존재한다고 생각한다. 나는 이 관점을 '변형transformation이론'이라고 부를 것이다. 이 관점에 따르면 경험의 한 형태가 먼저 등장하고 이후에 작업기억, 작업공간, 감각의 통합 등이 나타났다. 이 복잡한 특징들은 나타나서 동물로 존재하는 느낌으로 변형되었다. 경험은 이 특징들 때문에 모양이 바뀌었을 뿐이며, 새로 생겨난 것은 아니다.

이 대안적 관점에 대해 내가 제시할 수 있는 가장 훌륭한 논리는 우리 삶에서 보다 조직적이고 복잡한 정신적 과정으로 '침범'해 들어가는 것처럼 보이는 주관적 경험의 오래된 형태로 보이는 것들의 역할에 기반한다. 갑자기 찾아온 고통이나 생리학자 데릭 덴튼Derek Denton이 말한 '원초적 감정(갈증이나 호흡 곤란 같은 중요한 신체적 결핍과 상태를 인지하는 느낌)'에 대해 생각해 보자. 덴튼이 말하듯 이런 기분들은 "긴급한" 역할을 한다. 이 기분들은 경험 속으로 밀려들어오며 쉽게 떨쳐낼 수 없다. 고통이나 숨가쁨이 뒤늦게 진화한 포유류의 복잡한 인지 처리 능력 때문에 나타난 느낌일 뿐이라고 생각하는가? 나는 이에 동의하지 않는다. 그보다는 세계에 대한 '내적 모형'이나 복잡한 형태의 기억 없이도 동물이 고통이나 갈증을 느낄 수 있다는 주장이 더 그럴싸하다.

고통의 경우를 살펴보자. 누구든지 처음에는 단순한 동물도 괴롭게 몸을 꿈틀거리는 등, 그들이 고통을 느낀다는 것을 보여 주는 방식으로 고통에 반응한다고 말할 수 있다. 그러나 문제는 그렇게 간단하지 않다. 고통스러워 보이는 신체 손상에 대한 반응의 상당수가 그렇지 않기 때문이다. 예를 들어 척수가 절제돼 손상을 입은 신체와 뇌를 연결할 채널이 없는 쥐들은 "통증행동"으로 보이는 몇 가지 행동을 보일 수 있으며 심지어 신체 손상에 반응하는 학습의 한 형태를 보일 수도 있다. 동물의 다양한 반사 반응reflex response이 고통처럼 보이는 이유는 우리가 동물에게 공감하기 때문이다. 우리는 겉모습 너머로 들어갈 필요가 있다.

다행스럽게도 우리에겐 그것이 가능하다. 가장 강력한 증거는 반사작용이라고 보기에는 너무 융통성이 있는 고통과 관련한 행동이다. 문제의 동물들은 우리와는 꽤 다른 뇌를 갖고 있고 "후발이론"의 요구사항을 만족시킬 가능성이 없는데도 말이다. 여기 물고기의 사례가 하나 있다. 제브라피시로 두 가지 환경 중 어디를 선호하는지 실험했다. 그 다음 고통을 일으킨다고 여겨지는 화학물질을 주사한 다음 선호하지 않는 환경에 진통제를 녹여 놓았다. 물고기는 후자의 환경을 더 선호하게 됐지만 오직 진통제가 용해돼 있을 때만 그랬다. 물고기들은 보통은 하지 않았을 선택을 했고 고통스럽거나 덜 고통스러운 '환경'이라는 개념이 그들에게 생소한 상황에서 이같은 선택을 했다. 이런 상황에서 진화가 반사적인 반응을 하도록 만들 수는 없었을 것이다.

이와 비슷하게 닭을 대상으로 한 연구에서 다리를 다친 닭들은 평소라면 덜 선호했을 먹이에 진통제가 들어 있을 경우에는 그 먹이를 쫓아다녔다. 로버트 엘우드Robert Elwood는 비슷한 실험을 소라게를 대상으로 실시했다. 소라게는 다양한 연체동물이 남긴 조가비 속에 사는 작은 게로 절지동물, 다시 말해 곤충의 친척이다. 엘우드는 소라게에게 작은 전기 충격을 줬는데 전기 충격으로 소라게가 조가비를 벗어나게 유도할 수 있음을 발견했다. 하지만 늘 통하지는 않았다. 소라게는 든든한 조가비 속에 있을 경우에는 그렇지 않을 때보다 나오려 하지 않았고 따라서 전기 충격을 더 많이 받았다. 또한 주변에서 포식자의 냄새가 나고 몸을 보호할 조가비가 절실한 상황에서는 전기 충격을 더 견딜 가능성이 높았다.

이런 종류의 실험이 '모든' 동물이 고통을 느낀다는 것을 의미하진 않는다. 곤충은 게와 마찬가지로 절지동물에 속한다. 그러나 곤충은 상당히 심각한 부상을 겪은 다음에도 신체적으로 가능하기만 하다면 평소처럼 행동한다. 곤충은 부상을 입은 신체 부위를 보호하거나 보듬지 않으며 그저 하고 있던 일을 계속한다. 반면 게와 몇몇 새우 종류는 손상된 부위를 보듬는다. 하지만 여전히 이런 동물들이 뭔가를 느낀다는 것이 의심스러울 수 있다. 의심이야 옆집 사람에 대해서도 할 수 있지 않은가. 회의주의적 태도는 언제나 가능하지만 동물의 고통에 대한 증거가 될 만한 여러 사례들이 쌓이고 있다. 실험 결과들은 고통이 기본적이면서 일반적인 주관적 경험의 형태라는 관점을 뒷받침한다. 주관적 경험은 우리와 매우 다른 뇌를 가지고 있는 동물에게도 존재한다는 것이다.

이 관점에 따르면 신경계가 진화로 인해 더 복잡하게 변형되기 전에도 단순한 형태의 주관적 경험이 존재했다. 이 변형으로 주관적인 측면이 있는 새로운 능력(복잡한 기억능력)이 더해졌고, 그때까지 경험에 기여한 능력들은 뒷전으로 밀려났다. 그렇다면 우리는 주관적 경험의 오래된 형태를 어떻게 상상할 수 있을까? 우리의 상상력은 오늘날의 복잡한 정신에 묶여 있으니 어쩌면 불가능할 수도 있다. 하지만 시도는 해 보자.

이 장의 제목은 시모나 긴스버그Simona Ginsberg와 에바 자블론카Eva Jablonka의 논문의 문장에서 빌려온 것이다. 두 이스라엘 과학자는 생물학의 각기 다른 분야에서 일하고 있었는데 주관적 경험의 진화론적 근원을 그려 보고자 함께 논문을 썼다. 논문의 한 지점에서 이들은 원시적이며 우리와 먼 동물의 경험을 '백색소음'이라는 단어로 묘사한다. 백색소음의 그 별다른 특징없이 지글거리는 소리가 이 모든 것의 시초라고 상상해 보라.

나는 이 주제에 대해 생각할 때마다 이런 비유를 든다. 이것은 정말로 하나의 비유일 따름이다. 대부분의 백색소음은 청각이 전혀 없는 생물체가 듣는 소리를 비유할 때 쓰는 말이다. 왜 이 이미지가 계속 떠오르는지는 잘 모르겠다. 이유는 잘 모르겠지만 방향은 정확한 것 같다. 백색소음은 신진대사의 전류가 지직거리는 소리와 위에서 제시한 이야기의 '형태'를 떠올리게 한다. 그 형태는 초기에 지직거리는 잡음에서 시작한 경험이 점차 조직화된 것이다.

우리들의 경우, 내면을 바라보면 주관적 경험은 인지와 통제, 다시 말해 무엇을 하기 위해 무엇을 감각하는지와 긴밀한 연관이 있음을 발견하게 된다. 왜 이렇게 되었을까? 왜 주관적 경험은 다른 것과 연관될 수 없을까? 왜 기본적인 신체 리듬, 세포분열, 생명 그 자체로 가득차 있지 않을까? 어떤 사람은 주관적 경험이 우리 생각보다는 그런 것들로 가득하다고 말할지도 모른다. 나는 그렇게 생각하지 않으며 그 증거도 있다. 주관적 경험은 단순히 생명체의 시스템이 가동되고 있어서 생긴 것이 아니라, 문제를 인식하고 자신의 상태를 조절하면서 생겨났다. 문제가 꼭 외부의 사건일 필요는 없다. 내면에서도 일어날 수 있다. 그러나 문제에는 반응이 필요하기 때문에 탐지되어야 한다. 이는 지각능력과도 '연관'되어 있다. 주관적 경험은 생명체 안에서 그냥 놀고 있지는 않는다.

긴즈버그와 자블론카는 주관적 경험의 첫 번째 형태로 "백색소음"을 상상했다. 어쩌면 주관적 경험이 나타나기 이전부터 존재한 백색소음은 경험의 '부재'와도 같다. 어쩌면 비유를 너무 멀리 끌고 왔을 수도 있다. 하지만 그런 상태에서 고통과 쾌락 같은 원초적 감성과 느낌이 작용하여 오래된 형태의 주관적 경험이 생겨났다.

이 논리가 맞다면 2장에서 논의한 신경계를 가진 최초의 동물에 대해 잠정적인 결론을 내릴 수 있을 것이다. 최초의 신경계의 역할은 단지 해당 동물을 하나로써 움직이게 하고 조직화된 행위를 가능하게 하는 것이 거의 전부라고 가정하자. 오늘날에는 헤엄치는 해파리의 일정한 수축 패턴과, 에디아카라기 생물들의 태연한 삶도 이 범주에 포함된다. 여기서 신경계는 활동을 만들고 유지하는 역할을 주로 했을 것이며, 행동을 조절하는 것은 부차적 역할이었다. 그렇다면 아마도 이것이 아무것도 느끼지 않는 동물의 삶의 한 형태일 수 있다. 단순한 경험은 풍부한 형태로 세계와 관여하기 시작한 캄브리아기부터 시작되었을 것이다.

경험은 단 하나의 사건이나 하나의 진화 경로에서 일어난 단 한 가지 과정을 거치며 시작되지 않았다. 그보다는 동시에 벌어진 몇 가지 유사한 과정들이 있었을 것이다. 캄브리아기에는 이 장에서 논의했던 각기 다른 동물들이 이미 서로로부터 분화한 상태였다. 아마도 그 분화는 모든 것이 고요했던 에디아카라기에 벌어졌을 것이다. 캄브리아기에 들어 척추동물들은 이미 자신만의 길(혹은 자신만의 여러 길)을 걷고 있었고 절지동물과 연체동물도 각자의 길을 가고 있었다. 게, 문어, 그리고 고양이가 모두 어떤 종류의 주관적 경험을 갖고 있다고 가정해 보자. 그렇다면 최소한 주관적 경험이라는 특징에는 세 종류의 다른 기원이 존재하며, 어쩌면 셋보다 더 많을 수도 있다.

이후 데하에네, 바스, 밀너와 구달이 묘사한 기제機制가 등장하고 세계에 대한 통합된 관점과 보다 뚜렷한 자아의 감각이 생겨난다. 이제 우리는 '의식conciousness'에 더 가까워졌다. 나는 이것이 단 한 번의 분명한 진보라고 보지 않는다. 그렇다기에는 "의식"이란 단어는 뒤죽박죽이고 너무 많이 사용되었다. 하지만 여러 가지로 일관성 있고 통합된 주관적 경험의 형태들을 가리키는 표현으로는 유용하다고 생각한다. 마찬가지로 이런 종류의 경험은 각기 다른 진화의 경로 상에서 여러 번 등장했을 가능성이 높다. 백색소음에서 오래된 단순한 형태의 경험으로, 그리고 의식으로 이어지는 것이다.

문어의 경우

이제 독특하면서도 역사적으로 중요한 동물인 문어에게 돌아가 보자. 문어는 진화의 역사에서 어떤 위치에 있을까? 문어에게 경험이란 무엇일까?

먼저 문어는 거대한 신경계와 복잡하고 활동적인 신체를 갖고 있다. 훌륭한 감각 능력과 특출한 행동 능력을 가졌다. 주관적 경험의 형태가 감각과 행위를 하는 생명체에게 존재한다면 문어는 그것을 몇 개씩은 갖고 있을 것이다. 하지만 그게 전부는 아니다. 문어는 형언하기 어렵고 생경한 형태로 수준이 높다. 이따금씩 이 장에서 묘사한 기본적인 수준을 넘어선 면모를 보이기도 한다.

문어는, 적어도 문어의 몇몇 종은 기회주의적이고 탐험적인 방식으로 세계와 상호작용한다. 호기심이 많고 새로운 것에 도전하며 그 신체만큼이나 그 행동도 변화무쌍하다. 문어의 이런 특징은 스타니슬라스 데하에네가 인간의 정신

속 의식과 연관시킨 것을 떠올리게 한다. 그가 말한 것처럼 새로운 사건에 대한 필요가 우리를 무의식적인 패턴에서 몰아내고 의식적인 성찰을 하게 만든다. 문어의 탐험은 조심스럽다가도 때로는 당혹스러울 정도로 무모하다. 앞에서 나는 매튜 로렌스가 옥토폴리스 현장 근처에서 스쿠버 다이빙을 하다가 만난 문어가 자신의 손을 잡고 해저를 여행한 이야기를 했다. 우리는 그 문어가 왜 그런 행동을 했는지 모른다. 이와는 대조적으로, 나는 다른 현장에서 스쿠버 다이빙을 하면서 해저를 돌아다니다 한쪽 손으로 바닥을 짚고서 작은 바다민달팽이의 사진을 찍었다. 나는 바닥에 뭔가 있다는 걸 느꼈고 가느다란 문어 다리 하나가 내 옆에 있던 해초 무더기에서 바닥을 짚은 내 손가락을 향해 천천히 뻗어 오는 것을 보았다. 문어는 몸의 대부분을 해초 속에 숨기고 있었고 눈 하나만 구멍을 통해 보였는데 조심스럽게 나를 보면서 다리 하나를 내밀고 있었다. 다리를 내밀면서 나를 계속 관찰하는, 매우 주의를 기울이며 하는 탐색 행위였다. 나는 그에게 불확실하고 새로운 대상이었다. 해초는 몸을 숨기고 동태를 엿볼 수 있는 구멍을 제공했다. 그 은신처 안에서 다리 하나를 내밀어 조사했다면, 어쩌면 맛을 보려 했을지도 모른다.

앞서 나는 '지각 항등성'에 대해 논의했다. 지각 항등성은 거리나 빛을 비롯해 보는 조건의 변화에도 사물을 재인식할 수 있는 동물의 능력이다. 사물을 그 자체로 인식하기 위해서는 자기 자신의 위치와 관점이 미치는 영향을 배제할 수 있어야 한다. 심리학자와 철학자들은 종종 이 능력이 기초적이지 않다는 이유로 고도화된 인지의 형태와 연관 짓는다. 지각 항등성은 동물이 외부의 사물을 외부의 사물로 인지함을 보여 준다. 다시 말해 동물의 시점이 바뀌더라도 그대로 존재할 수 있는 사물임을 인지한다는 것이다. 1956년 행해진 오래된 실험에서 문어들은 특정 형태의 사물에는 다가가고 다른 형태의 사물은 피하도록 배웠다. 어떤 실험에서는 크기만 다른 정사각형으로 가르쳤다. 수조에 앉아 있는 문어의 맞은편에 정사각형 하나가 놓이면 문어는 어떤 정사각형에는 접근(보상을 받기 위해)하거나 다른 정사각형에는 접근하지 말아야(그렇지 않으면 전기충격으로 처벌을 받는다)한다. 이 문어들은 훈련 과정을 잘 수행해냈다. 연구자들은 지나가는 말로 "몇몇" 경우에는 문어에게 작은 정사각형을 통상적으로 놓는 거리보다 절반 정도 더 가까이 놓았다고 한다. 그러면 작은 정사각형은 실제보다 더 커보일 것이다. 적어도 문어의 망막에 맺힌 사각형의 크기는 더 커질 것이다. 연구자들은 그런 실험에서도 모든 문어가 정사각형의 실제 크기에 맞는 행동을 취했다고 한다. 문어는 거리에 따른 크기의 변화를 이해하고 이를 구별할 수 있었다.

이 연구 논문의 놀라운 점은 이 사실이 상당히 중요한 관찰임에도 불구하고 그냥 여담 수준으로 언급되었다는 것이다. 지각 항등성 실험에는 번호도 부여하지 않았고, 아무도 이 생각을 이어받아 실험을 계속 전개하지 않았던 듯하다. 만약 이 발견이 인정받는다면, 문어가 적어도 어느 정도의 지각 항등성을 갖고 있다는 증거가 된다. 꿀벌이나 몇몇 거미를 비롯한 다른 무척추동물도 그렇다. 이것은 무척추동물 중에서 문어만이 이룩한 독특한 성취가 아니다.

문어는 길도 잘 찾는다. 나는 소굴에서 나와 돌아다니는 문어를 볼 때마다 가능하면 그를 따라다닌다. 나는 여러 차례 문어를 따라 여행했다. 문어는 너무 가까이 다가가지만 않으면 내게 거의 주의를 기울이지 않고 여기저기 돌아다니면서 탐험을 한다. 문어는 보통 먹이를 찾아 돌아다니는데 때문에 다시 굴로 돌아올 때까지 여기저기를 다니는 먼 길을 떠난다. 나는 문어들이 멀리 떠나온 후에도 자신의 집까지 길을 잘 찾아온다는 데 놀라곤 한다. 문어들은 때로는 15분 이상 뿌연 물속을 배회한다. 집에서부터 한 방향으로만 움직였다면 돌아오기가 그리 어렵지 않을 것이다. 그러나 문어의 여행은 한 방향으로 갔다가 그대로 돌아오는 방식이 아니다. 경로를 연결하면 고리 모양이 만들어진다. 몇 년 전 제니퍼 매더는 이런 종류의 행동에 대해 면밀한 연구를 실시했다. 카리브해에서 먹이사냥을 위해 여행을 떠나는 문어를 관찰한 후 경로를 그렸는데 고리 모양의 경로가 나왔다. 문어가 어떤 지형지물이나 지침 또는 기억을 사용해서 길을 찾는지는 아직 모른다. 하지만 몇몇 문어 종은 정말로 대단한 길찾기 전문가다.

우리와 문어의 마지막 공통 조상인 벌레 비슷한 에디아카라기 동물은 이러한 능력 중 어느 하나도 갖지 못했다는 걸 다시 떠올리길 바란다. 동물이 통제 가능하고 목표 지향적이며 빠른 움직임으로 가득한 활동적이고 이동 가능한 삶을 시작하면 다른 방식보다 더 합리적으로 세계를 보고 다루는 방식들이 있는 것으로 보인다. 각기 다른 동물들이 독자적으로 지각 항등성을 진화시켰다. 분명 문어는 우리가 세계를 보는 방식과는 매우 다른 방식으로 세계를 보는데도 불구하고 사물을 인식하고 재인식하여 세계에 대처하며 자아와 타자의 구분에 대해 어느 정도 이해하는 것으로 보인다. 당신이 문어 주변에 있으면 문어 또한 주변의 사물들, 특히 새로운 것들에 상당한 '주의'를 쏟는다고 밖에 생각할 수 없게 된다.

앞서 나는 물고기, 닭, 소라게의 통증 행동에 관한 몇몇 연구를 언급했다. 문어가 고통에 어떻게 반응하는지를 알기란 쉽지 않다. 우리는 호주에 있는 우리의 연구 현장인 옥토폴리스에서 커다란 수컷 문어가 다른 수컷들과 돌아다면서 몸싸움을 하는 등 공격적 상호작용을 벌이는 모습을 영상으로 많이 기록했다. 그는 종종 다리를 뻗어서 몸을 높이 "일으켜 세웠고" 때로는 몸의 뒤쪽 끝부분을 머리 위로 높이 세우기도 했다. 우리는 그가 자신의 몸을 최대한 크게 보이려 했다고 생각한다. 이런 행동은 그가 다른 문어를 공격하기 전에 보이는 것이었다. 한번은 그가 자신의 몸을 크게 펼치자 작지만 공격적인 물고기인 쥐치가 잽싸게 다가와 몸 뒷부분을 깨물었다. 다음 사진은 당시 상황의 모습인데 쥐치가 깨무는 모습을 가운데 위쪽에서 볼 수 있다.

문어는 꼭 사람처럼 반응했다. 깜짝 놀라 펄쩍 뛰었고 다리들은 어쩔 줄 몰라했다.

그는 그러고는 곧바로 다시 다른 문어들을 두들겨패기 시작했다. 쥐치의 공격은 우리에겐 행운이었는데 눈에 띄는

상처를 남겼기 때문에 이날 계속 어느 정도 거리를 유지하면서도 그의 위치를 확인할 수 있었다.

우리가 이미 본 바와 같이 어떤 동물들은 몸에서 상처 입은 부위를 보듬고 보호한다. 몸 뒷부분을 물린 문어는 그렇게 하지 않았다. 그의 처음 반응은 그가 분명 깨물린 걸 느꼈음을 보여 주었지만 그로 인한 영향은 눈에 띄지 않았다. 우리는 아마도 이것이 심각한 부상이 아니었으며 당시 싸움질을 하느라 바빴기 때문이라고 생각한다. 진 알루페이Jean Alupay와 동료들은 최근 발표한 논문에서 상처를 보듬는 등 고통에 연관된 행동들을 우리와 다른 종의 문어를 통해 상세하게 살펴 보았다. 이상한 상황이 발생한 이유가 있다. 왜냐하면 알루페이가 연구한 종을 비롯한 몇몇 문어 종은 포식자로부터 달아나기 위해 필요하다면 자신의 다리를 잘라내기도 하기 때문이다. 다리가 으스러진(너무 심하진 않게) 문어들은 스스로 이를 절단하기도 했으며 모두 부상 입은 부위를 잠시 동안 돌보고 보호했다. 앞서 언급했다시피 돌봄과 보호는 고통을 느끼는 지표로 보인다.

문어의 경우에는 뇌와 신체의 특이한 관계 때문에 경험에 관한 모든 것이 더 복잡해진다. 3장에서 언급한 행동 실험에 대한 학설처럼 문어가 자신의 다리에 대해 절반만 통제권을 갖고 있다고 가정해 보자. 문어는 복잡한 행동 능력을 진화시키면서 다리에 부분적으로 자율권을 위임했다. 그 결과 문어의 다리는 뉴런으로 가득하며 자체적으로 몇몇 행위를 통제할 수 있는 것으로 보인다. 그렇다면 문어의 경험은 어떤 것일까?

문어는 일종의 하이브리드 상황에 처해 있을 것이다. 문어에게 자신의 다리들은 부분적으로 '자신'의 신체다. 다리에 지시를 내리고 사물을 조작하는 데 쓸 수 있다. 그러나 다리는 중앙 뇌의 관점에서 부분적으로 '타자'이고, 부분적으로는 그 스스로 행위자이기도 하다.

우리의 경우를 통해 몇 가지를 유추해 보자. 눈을 깜빡이는 것과 숨쉬는 것부터 시작해 보자. 이런 활동들은 보통은 비자발적으로 일어난다. 그러나 주의를 기울이면 통제가 가능하다. 문어의 다리 움직임은 이런 비자발성과 통제 가능성의 조합과 비슷한 측면이 있다. 완벽한 비유는 아니다.

숨쉬기는 보통 비자발적이지만 당신이 자발적으로 숨을 쉬고자 개입하면 매우 세세하게 통제가 가능하기 때문이다. 보통은 자동적으로 진행되는 과정에 개입하는 데는 주의가 사용된다. 문어의 경우 만일 혼합된 통제 학설이 맞다면 행동의 중앙 통제는 결코 완전하지 않으며 주변부의 체계는 언제나 자기 몫을 갖고 있다. 좀더 인간적인 관점에서 표현하자면, 팔을 의도적으로 내밀면서 팔 자체의 미세조정장치가 오른쪽으로 향하도록 '바라는' 것과 같다.

그렇다면 문어의 행위는 보통은 우리 같은 동물에게는 분명히 구분되는, 혹은 그렇게 보이는 요소의 혼합이다. 우리가 행위를 할 때 자아와 주변환경의 경계는 대체로 상당히 뚜렷하다. 예를 들어 당신이 팔을 움직이면 당신은 팔의 전반적인 방향은 물론이고 그 움직임의 세세한 부분까지 모두 통제한다. 주변환경의 각종 사물들은 전혀 당신의 통제를 받지 않는다. 당신이 사지를 움직여 간접적으로 사물을 움직일 수는 있다. 당신 주변의 사물의 움직임이 통제를 받지 않는다는 것은 보통 그것이 당신의 일부가 아니라는 걸 의미한다 (무릎 반사 같은 부분적인 예외가 있긴 하다). 당신이 문어였다면 이런 구분은 모호해질 것이다. 어느 정도는 당신의 팔(다리)을 통제하면서 또 어느 정도는 팔이 움직이는 것을 그저 바라볼 뿐이다.

이 이야기는 "중앙에 있는 문어"의 관점에서 말하는 것이다. 이는 오류일 수 있다. 게다가 너무 인간과 단순 비교로 추정하는 것일지도 모른다. 사람이 악기를 잘 다루게 되면 음을 조율하는 등의 갖가지 행위가 의식적으로 통제하기에는 너무 빠르게 이루어진다. 네덜란드 앤트워프의 철학자 벤스 나나이Bence Nanay는 문어와 인간을 비교하는 것에 대해 상당히 다른 해석을 제시했다. 벤스는 우리가 좀 더 자세히 관찰하면 문어에서 나타나는 이상하거나 새롭게 보이는 몇몇 관계들이 인간에게도 보인다고 생각했다. 쉽게 찾을 수는 없지만 분명 존재하고 있다. 당신이 어느 사물을 향해 손을 뻗고 있다고 가정해 보자. 손을 뻗고 있는 목표물의 위치나 크기가 갑자기 변하면 당신이 손을 뻗는 행위도 극도로 빠르게 바뀐다. 이는 0.1초도 채 걸리지 않는다. 너무나 빠른 행위이기 때문에 무의식적이다. 실험 대상은 그 차이를 눈치채지 못한다. 자기 자신이 움직임을 바꾸었는지 눈치채지 못하며 목표물의 변화도 마찬가지다. 피실험자에게 어떠한 변화가 있었는지를 물어 보면 그들은 변하지 않았다고 말할 것이다. 자신은 변화를 눈치채지 못하지만 그의 팔은 경로를 바꾼다.

문어의 경우와 마찬가지로 손을 뻗는다는 하향식의 의사결정이 있지만 빠르고 무의식적인 미세조정도 존재한다. 문어의 경우 그 미세조정은 더 폭이 크고(그래서 '미세'조정이라고 말하기는 어렵지만) 단지 빠르게만 발생하는 것이 아니다. 문어는 자신의 몇몇 다리의 움직임을 마치 구경꾼처럼 볼 수 있다. 우리의 경우에는 이런 조정이 너무나 빨라 보지 못하는 것이다.

인간의 경우, 급격한 팔 움직임의 조정은 뇌에서 오며 시각적으로 유도된다. 문어의 경우 다리의 움직임은 시간이 아닌 다리 자체가 갖고 있는 화학적, 촉각적 감각을 통해 유도된다(사실 이 문제는 그리 명확하지 않다. 다음 장에서 이에 대해 더 살펴볼 것이다). 어쨌든 나나이는 문어는 인간에게서도 볼 수 있는 것은 극단적으로 보여 준다고 해석한다. 다만 인간의 경우는 더 미미하고 알아차리기가 더 어려운 편이다. 인간에게는 먼저 하향식의 명령체계가 있고 그 다음에 필요한 종류의 미세조정이 추가된다. 문어에게는 분명 중앙의 명령과 주변부의 결정 사이에 계속되는 상호작용이 있다. 다리를 뻗고 움직이면 문어는 그 다리를 조정(어쩌면 주의, 다시 말해 문어의 의지력을 사용해서)하고 추적하여 반응할 것이다.

내가 앞서 인용한 '체화된 인지' 논문에서 힐렐 치엘과 랜덜 비어는 행위가 어떻게 작동하는지에 대한 오래된 관점과 새로운 관점을 대비시킨다. 오래된 관점은 신경계를 "연주자를 위한 레퍼토리를 고르고 정확히 어떻게 연주해야 하는지를 감독하는 신체의 지휘자"라고 본다. 그 대신 저자들은 "신경계는 재즈 즉흥연주에 참여하는 연주자 그룹의 일원이며 최종적인 결과는 연주자 사이의 계속되는 주고받기 속에서 창발emerge하는 것"이라는 새로운 관점을 제시한다. 나는 이것이 일반론으로 받아들여질 수 있으리라 생각하진 않는다. 신경계가 여러 '연주자'들 중 하나라는 관점은 대부분의 동물에게서 신경계가 취하는 역할을 과소평가한다고 생각한다. 그러나 문어의 경우에는 이러한 비유가 잘 들어맞을 수 있다. 문어에게 대비는 신경계와 신체 사이에 있는 게 아니라 중앙의 뇌와 자기 자신의 신경계를 갖고 있는 나머지 몸 전체 사이에서 발생한다.

문어의 경우 중앙의 뇌라는 지휘자는 존재한다. 그러나 이 지휘자가 다루는 연주자들은 재즈 연주자들이다. 즉흥연주에 익숙하며 지휘는 적당히 받아들인다. 어쩌면 지휘자에게 개략적이고 전반적인 지휘만 받는 연주자일 수도 있다. 지휘자는 이들이 멋진 연주를 할 것이라고 믿는다.

5. 색깔 만들기

대왕갑오징어

1장에서 우리는 바다의 암초 밑을 다니는 동물을 만났다. 바다를 떠다니는 동안 녀석의 색깔은 시시각각 변했다. 처음엔 암적색이었다가 회색 얼룩무늬와 은색 정맥이 드러났다. 다리의 이곳저곳이 푸른색과 녹색으로 물들었다. 이 장에서 우리는 이 변화무쌍한 동물과 함께 바다로 돌아갈 것이다.

대왕갑오징어는 호버크래프트에 문어를 붙여 놓은 것처럼 생겼다. 거북 등껍데기를 닮은 등과 돌출된 머리, 그리고 그 머리에서 바로 뻗어나오는 여덟 개의 다리를 갖고 있다. 다리는 유연하고 관절이 없으며 빨판이 있어서 문어 다리와 대체로 비슷하다. 갑오징어를 겉으로 보면 다리가 한 줄로 조잡하게 배열되어 있는 것처럼 보이지만 실제로는 입 주변에 달려 있다. 어떻게 보면 문어 다리처럼 거대하고 능수능란하게 움직이는 여덟 개의 입술 같다. 입 쪽에 가까운 두 개의 촉수는 길이가 길고 "먹이를 잡는 촉수"로 휘둘러서 먹잇감을 사로잡을 수 있다. 입에는 단단한 부리가 달려 있다. 갑오징어의 몸에는 척추라든지 진짜 뼈는 없지만 몸체 뒷부분 속에 딱딱하고 서핑보드 또는 방패처럼 생긴 "오징어뼈"가 있다. 이 방패 같은 몸 뒷부분 주변으로 치마처럼 생긴 몇 센티미터 길이의 지느러미가 양쪽에 달려 있다. 갑오징어는 이 지느러미를 물결치듯 움직여서 천천히 이동한다. 빨리 움직이고 싶을 때는 몸 아래 쪽에 있는 "수관"을 사용해 물을 뿜는다. 수관은 어느 방향으로나 조준이 가능하다. 대부분의 갑오징어는 몸 길이가 몇 센티미터 정도로 크기가 작다. 그러나 대왕갑오징어는 1미터까지 자랄 수 있다.

이 동물은 1미터 길이의 몸과 어떠한 색상도 낼 수 있는 피부를 갖고 있다. 색깔의 변화는 보통 몇 초만에 일어나며 1초도 걸리지 않을 때도 있다. 마치 전기가 통하는 것이 눈에 보이는 듯 머리 주위에 가느다란 은색 선이 지나고 있어서 마치 둥둥 떠다니는 우주선처럼 보이기도 한다. 그러나 이러한 인상으로 이 동물을 이해하려고 시도하면 여전히 혼란스러울 것이다. 그의 눈에서부터 밝은 붉은색의 자국이 이어진다. 피눈물을 흘리는 우주선인가?

두족류는 전반적으로(모두는 아니지만 거의 대다수가) 변색의 고수다. 이 고수들 중에서도 대왕갑오징어는 아마 최정상을 차지할 것이다. 적어도 가장 다채로운 색깔 변화를 자랑하는 동물일 것이다. 자연에서 색깔 변화는 흔한 일이다. 우리가 잘 아는 카멜레온처럼 많은 동물이 겉으로 보이는 자신의 색깔을 어느 정도 바꿀 수 있다. 그러나 두족류는 빠르고 다양한 색깔 변화를 자랑한다. 대형 갑오징어는, 몸 전체가 패턴이 상영되는 스크린 같다. 패턴은 사진을 연속으로 보여 주는 것처럼 끊기거나 하지 않고 줄무늬나 구름 모양이 부드럽게 지나간다. 이 동물은 '표현력'이 무척 풍부해 보인다. 뭔가 할 말이 많은 것 같다. 만약 그렇다면 무엇을, 누구에게 말하고 있는 걸까?

대왕갑오징어는 다른 방면으로도 놀라운데, 이 커다란 야생 동물에게서 친절한 면모를 발견할 때 마음이 스르르 녹는다. 인간의 존재를 단순히 용인하는 정도를 말하는 게 아니다. 이 동물이 낯선 존재와 접촉하는 방식은 적극적이기까지 하다. 모든 대왕갑오징어가 그런 것은 아니지만 그렇다고 보기 드문 일도 아니다. 대왕갑오징어와 마주치게 되면 꽤 자주 친근한 호기심을 드러내는 걸 볼 수 있다. 그는 "휴식"을 나타내는 색깔 패턴을 피부에 드러내면서 당신에게 다가와 당신을 알아보기 위해 주변을 떠다닐 것이다.

대왕갑오징어는 연구가 많이 되지 않은 동물이다. 이들

은 잘 포획되지 않는다. 실험실에서 이들을 상세히 연구한 극소수의 연구자 중 하나인 알렉산드라 슈넬Alexandra Schnell은 대왕갑오징어가 문어와 마찬가지로 포획되었을 때 복잡한 반응의 징후를 보여 준다고 말한다. 대왕갑오징어는 방문객을 정확하게 조준해서 물을 뿜어 습격한다. 하지만 대왕갑오징어는 친척인 문어와 비교하면 무척 미스테리하고 다른 세계에서 온 듯한 면모를 보여 준다. 대왕갑오징어는 절대적인 크기와 체질량에 비례한 상대적인 크기 모든 측면에서 큰 뇌를 갖고 있는데, 내가 알기론 대왕갑오징어는 몇몇 문어에게서 볼 수 있는 가장 확실한 지능의 특징인 문제 해결과 도구 사용, 사물 탐색 능력을 보여 준 바 없다. 그러나 대왕갑오징어에 대한 연구는 문어 연구에 미치지 못하는 데다가 대왕갑오징어의 생활방식은 문어와는 달라서 문어가 할 수 있는 그런 행동들이 대왕갑오징어에게는 그리 유용하지 않을 것이다. 문어가 해저를 기어다니는 탐험가라면 대왕갑오징어는 수영선수이기 때문이다.

대왕갑오징어에게 문어만큼 변화무쌍한 창의성은 없을지 모르지만 바다에서 한번 만나고 나면 오래도록 계속 뇌리에 남을 특징을 갖고 있다. 당신 주변으로 왔다갔다할 때 나타나는 친근한 호기심(최소한 아주 적은 경우라도) 또는 조심스럽게 내미는 손, 그리고 그 끝없이 이어지는 놀라운 색깔의 변화까지 말이다.

두족류의 피부는 뇌의 직접적인 통제를 받는 여러 겹의 스크린이다. 뇌에서 몸을 거쳐 피부까지 연결된 뉴런이 근육을 통제한다. 근육은 마치 픽셀 같은 수백만 개의 색낭sacs of color을 통제한다. 갑오징어가 뭔가를 감지하거나 결정하면 그의 색깔은 즉각 바뀐다.

원리는 이렇다. 갑오징어의 피부 가장 바깥에는 보호막의 작용을 하는 '진피dermis'가 있다. 그 밑에 있는 피부층에는 갑오징어의 색깔 변화 통제에 가장 중요한 역할을 하는 '색소세포chromatophore'가 있다. 색소세포 한 단위에는 각기 다른 종류의 색소세포가 여러 개 있고, 색소세포마다 한 가지 색소가 든 주머니가 하나씩 있다. 그 주변으로는 10~20개의 근육세포가 있어 그 주머니를 당겨서 여러 가지 형태로 만든다. 이 근육은 뇌의 통제를 받는다. 주머니에 들어 있는 색깔을 보여지게 하려면 근육은 이 주머니를 팽팽하게 잡아당기고 반대의 효과를 위해서는 주머니를 느슨하게 한다.

각각의 색소세포는 단 한 가지 색상만 담고 있다. 두족류는 종에 따라 다른 색상을 사용하는데 보통은 세 종류를 쓴다. 대왕갑오징어의 색소세포는 붉은색, 노란색, 흑갈색이다. 각각의 색소세포는 직경이 1밀리미터보다 훨씬 작다.

색소세포라는 장치는 두족류가 자신들이 띠는 색깔의

일부를 어떻게 만드는지 설명해 줄 수 있지만 완벽하지는 않다. 대왕갑오징어는 단 하나의 색소세포만 가지고도 붉은색이나 노란색을 만들 수 있으며 두 색을 혼합하여 오렌지색도 만들 수 있다. 그러나 이 메커니즘만 가지고는 갑오징어가 보여줄 수 있는 다른 갖가지 색깔들을 어떻게 만드는지를 설명할 수가 없다. 푸른색이나 녹색, 보라색, 은백색을 만들 방법이 없기 때문이다. 이 색깔들은 그 다음 피부층의 메커니즘으로 만들어진다. 여기서는 몇 가지 '반사세포reflecting cell'를 볼 수 있다. 이 세포들은 색소세포처럼 고정된 색깔을 보여 주지 않고 들어오는 빛을 반사한다. 이때는 단순히 거울처럼 반사만 해서는 안 된다. 빛은 '홍색소포iridophores'에서 작은 판들을 거치면서 걸러지고 튕겨진다. 이 판들은 빛의 각기 다른 파장을 분리시켜 내보내기 때문에 반사되는 색상은 본래 전달된 빛과 다른 색상을 내고, 그 결과 색소세포로는 만들 수 없는 녹색과 청색이 나온다. 홍색소포는 뇌에 직접적으로 연결되어 있지는 않으나 일부는 화학적 신호를 통해 느린 속도로 통제되는 것으로 보인다. 홍색소포 바로 밑에 자리한 '백색소포lencophores'는 다른 종류의 반사세포다. 빛을 조작하지는 않고 그대로 반사시킨다. 그 결과 백색소포는 보통은 흰색으로 보이지만 주변에 있는 어떠한 색깔도 반사시킬 수 있다. 색소세포가 반사세포보다 더 윗겹에 있기 때문에 반사세포가 일으키는 모든 효과는 색소세포의 작용에 의해 변조된다. 색소세포가 확장되면 반사세포까지 내려가는 빛에 영향을 주기 때문에 반사되는 빛도 영향을 받는다.

갑오징어의 피부를 횡단면으로 본다고 상상해 보자. 가장 위에 표피층이 보일 것이고 그 다음 작은 색소주머니 수백만 개로 이루어진 층이 보일 것이다. 이 주머니들은 그 안에 있는 색소를 보이거나 가려지도록 밀고 당겨지기를 계속한다. 이는 많은 근육의 활동을 통해 엄청난 속도로 이루어진다. 어떤 빛은 이 층을 통과하여 다른 층에 닿을 것이다. 여기서 빛은 거울들로 인해 반사되고 걸러진다. 속도는 느리지만 이 세포들도 색소세포처럼 다른 곳에서 화학물질이 전해지면서 그 모양이 변화한다. 그 밑으로는 좀 더 단순한 반사세포가 여기까지 도달한 빛을 그대로 반사한다.

갑오징어 피부층을 스케치하면 이렇다.

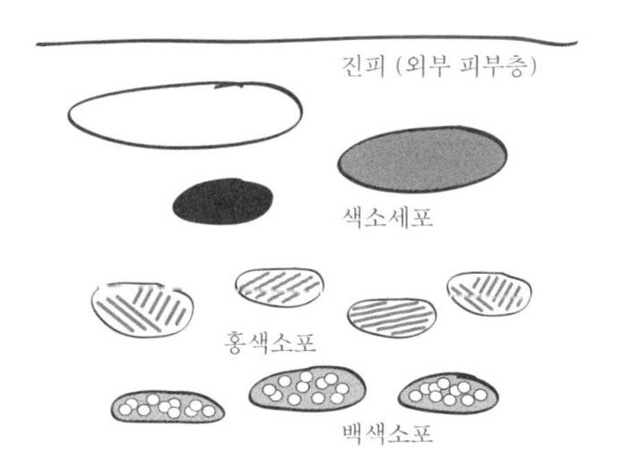

대왕갑오징어가 색소세포를 1000만 개가량 갖고 있다고 가정해 보자. 대략 10메가픽셀짜리 스크린이라고 생각할 수 있을 것이다. 내가 대략이란 표현을 쓴 데는 두 가지 이유가 있다. 하나는 이 갑오징어 스크린의 픽셀은 일반 모니터 픽셀처럼 완전히 개별 통제되는 게 아니라 어느 정도 규모의 덩어리 단위로 통제되기 때문이고 다른 하나는 각각의 색소세포가 단 하나의 색깔만 갖고 있기 때문이다. 어떤 픽셀들은 다른 픽셀 위에 있어서 똑같은 피부라도 매우 다른 색깔을 낼 수 있다. 색소세포 밑에 있는 피부층은 복잡성을 더한다.

두족류의 색소층은 얇고 취약해서 노화나 상처를 입어 피부를 잃은 갑오징어는 매우 달리 보인다. 칙칙한 흰색 땜통이 보일 것이다. 갑오징어의 마법 같은 피부는 하얀색 몸 위에 붙인 얇은 종이에 불과하다.

내가 본 대왕갑오징어들에게서는 "기초색"으로 붉은색을 가장 자주 볼 수 있었다. 이 붉은색은 적갈색부터 소방차의 빨강까지 넓은 범위를 말한다. 붉은색의 기초색 위에는 물속에서 은백색으로 보이는 장식이 가장 일반적이다. 흰색으로 이루어진 점과 선은 아른거리는 별과 진주로 만든 실처럼 보인다. 노란색, 오렌지색, 올리브색도 볼 수 있다. 패턴은 그대로 유지될 수 있지만 색깔이 오랫동안 고정되는 경우는 드물다. 갑오징어 피부의 "역동적인" 패턴은 마치 갑오징어의 피부에 있는 스크린으로 보는 영화 같다. 자주 볼 수 있는 장면은 '흘러가는 구름' 영상이다. 어둡고 밝은 무늬가 번갈아가며 등장하는 흐름이 몸 앞쪽에서 뒤쪽으로, 또는 뒤에서 앞으로 지속적으로 일어난다. 한번은 큰 갑오징어 한 마리를 위에서 본 적이 있는데 그의 몸 왼편에서는 구름이 흘러가는 모습을 바위 밑에 있는 다른 갑오징어에게 보여 주고 수면 쪽을 향해 있던 몸 오른편은 아무 변화 없이 위장색을 보이고 있었다.

갑오징어의 색깔 변화는 종종 몸과 피부의 모양을 바꾸면서 함께 일어난다. 때때로 갑오징어는 피부를 뭉쳐서 만든 "돌기"를 등에 세워 놓고 헤엄친다. 이 돌기들은 마치 스테고사우루스의 등에 있는 판의 작은 버전(2.5센티미터 정도)처럼 보인다. 돌기는 단 몇 초만에 만들어지고, 그 안에는 단단한 것이 전혀 없다. 갑오징어의 눈에서는 피부의 변형이 특히 매우 정교하게 이루어진다. 많은 갑오징어가 각각의 눈 위에 피부의 주름이나 가는 조각을 만든다. 이는 세심하게 만든 속눈썹 연장용 장식처럼 보인다.

휴식을 취할 때 여덟 개의 갑오징어 다리는 앞에 늘어져 있고 서로 꽤 비슷하게 보인다. 두족류의 다리에는 왼쪽과 오른쪽에 각각 1부터 4까지의 번호가 매겨져 있다. 가장 위에서부터 좌측 1번과 우측 1번이 시작된다. 앞에서 보면 이 다리는 "내부"에 있는 것처럼 보인다. 그 다리 바깥쪽으로 좌측 2번과 우측 2번이 있고 그 다음 3번, 그리고 마지막으로 4번이 있다. 대왕갑오징어의 경우 수컷의 4번 다리가 암컷의 4번 다리보다 더 크다. 수컷들은 상대를 위협할 때 종종 4번 다리를 넓고 납작한 칼날 모양으로 만든다.

또 다른 위협적인 몸짓은 1번 다리를 뿔처럼 세우는 것이다. 이 뿔을 우아하게 물결치는 모양으로 만드는 개체도 있고, 다리를 소용돌이, 갈고리 또는 몽둥이 모양으로 만드는 개체도 있다. 가장 정교한 사례로, 다리로 서너 가지 모양을 한 번에 만든 갑오징어도 있다. 2번 다리는 다리 끝을 말아서 1번보다 낮은 높이로 뿔처럼 세운다. 그 아래 3번 다리를 세우고, 마지막으로 4번 다리를 가능한 한 넓게 펼친 모습이다. 전혀 무해하지만 싫어하는 물고기들이 있는데, 대왕갑오징어는 이 물고기가 다가오면 다리를 뿔과 갈고리처럼 세우고 대치한다.

이런 모든 행동들은 각 개체마다 어느 정도 차이가 있다. 나는 가끔 특정 개체를 며칠 동안 계속 알아볼 수 있었다. 일주일이 넘게 가능한 경우도 있었다. 몸 전체의 색깔과 형태를 마음대로 변화시킬 수 있는 동물을 다시 식별하기란 쉬운 일이 아닌데, 눈에 띄는 상처 덕분에 가능했다. 그러다 나는 치맛자락 같은 지느러미에 있는 흰색 자국을 지문처럼 생각하면 된다는 것을 깨달았다. 이 부분의 자국은 거의 변하지 않기 때문이다. 각각의 개체는 같은 성별과 비슷한 크기, 그리고 같은 시기에 같은 장소에 있었음에도 불구하고 나에게 각기 다른 반응을 보였다. 가장 환영하는 듯한 상호작용의 방식은 앞서 내가 언급했던 친근한 호기심이었다. 어떤 개체들은 편안한 상태에서 보이는 색상과 무늬를 내며 내게 다가와 나를 세심하게 관찰했다. 가장 친근한 태도를 보인 녀석은 나를 만지기 위해 다리를 내밀었다. 이는 매우 드문 일이다. 그는 둥둥 떠다니면서 지느러미를 움직이거나 물을 뿜어 천천히 움직였다. 같이 떠다니면서 그는 내가 다가가면 물러서고, 내가 물러서면 어느 정도 다가오는 식으로 일정한 거리를 유지했다. 하지만 결국 그는 간격이 좁혀지는 걸 용인했으며 우리의 거리는 몇 발자국 정도로 가까워졌다. 나는 손을 내밀어 그의 다리 가까이 가져갔지만 건드리지는 않았다. 그가 다리 한두 개를 내밀어 내 손을 만졌다.

이런 일은 딱 한 번 일어났다. 잠깐의 접촉 이후 갑오징어는 다시 수십 센티미터의 간격을 유지하기 시작했다. 녀석은 나를 만져볼 정도로 관심은 있었지만 한 번 만지고 나서 다시 원래 있던 자리로 돌아간 것이다. 이 행위에 대한 가능한 해석 중 하나는 갑오징어가 과연 내가 먹을 만한 것인지 살펴보고 있었다는 것이다. 보통 게나 물고기를 통으로 잡아먹는 갑오징어라도 인간은 너무 크다. 나는 그들이 나를 점심감으로 보고 관심을 가졌다고 생각하지는 않는다.

친근하건 아니건 어떤 개체들은 그들만의 독특한 색깔 변화 스타일을 갖고 있다. 나는 종종 다른 갑오징어가 생각지 못한 색깔이나 특별히 뛰어난 무늬를 만드는 갑오징어를 만났다. 나는 그중 첫 번째를 마티스라고 이름 붙였다. 마티스는 내가 몇 년 전 며칠 동안 찾아갔던 친근한 갑오징어다. 색깔도 독특했지만 그를 돋보이게 만드는 건 따로 있었다. 그는 붉은색과 흰색이 섞인 모습으로 조용히 떠다니다가 갑작스레 폭발하듯 몸을 밝은 노란색으로 바꾸었다. 이 색의 폭발은 몸 전체를 감쌌고 다른 흔적은 보이지 않았다. 이렇게 몸 색깔을 바꾸는 데는 1초도 채 걸리지 않았다. 한순간은 정맥 같은 줄무늬가 섞인 암적색이었다가 1초도 안되어서 갑오징어 모양의 태양처럼 보였다. 그 태양이 뿜는 색깔은 보다 천천히 어두워졌다. 노란색에 이어 오렌지색이 나오더니 어두워졌다. 그때쯤이면 무늬가 다시 돌아오곤 했다. 10초 정도가 지나면 그는 다시 암적색이 돼 있었다.

노랗게 색을 바꿀 때는 다리를 들어올리거나 하는 요란한 행위가 없었다. 나는 다른 두족류 동물의 경우 "전반적인 노란색"이 경고의 표시라고 묘사한 것을 본 적이 있다. 마티스가 경고를 내보였을 가능성은 있다고 생각하지만 왜 그의 다른 모든 것은 너무나 차분해 보였을까? 마티스는 때때로 거슬리는 물고기에 대한 반응으로 노란색의 무늬를 만들었지만 이때는 다리 모양도 그랬고 색도 좀 더 진한 노란색이었다. 내가 본 샛노랑색 섬광은 뭔가 다른 행동의 일부 같았다. 녀석은 그저 그런 색채의 폭발을 좋아했던 것 같았다.

그 이후에도 이런 "노란색 불꽃"을 만드는 갑오징어들을 몇 마리 더 봤지만 누구도 마티스만큼 물속을 그토록 밝게 물들이지는 못했다. 내가 앞서 말한 갑오징어의 색깔 변화 메커니즘을 떠올려 보면 노란색 폭발의 원리를 이해하기란 어렵지 않다. 대왕갑오징어는 노란색 색소세포를 가지고 있고 갑자기 노란색 색소세포를 확장시키고 다른 색소세포를 모두 수축시키는 방법을 사용했을 것이다.

마티스를 만나고 한참 후 내가 지금껏 본 어떤 갑오징어와도 다른 무늬를 보여 주는 갑오징어가 나타났다. 그에게 어울리는 이름은 오직 칸딘스키뿐이었다.

칸딘스키에게는 고정된 습관과 뚜렷한 거처가 있었다. 마티스와는 달리 칸딘스키에게 단 하나의 눈에 띄는 색깔은 없었다. 다른 갑오징어들과 비슷한 종류의 무늬와 색깔을 만들었지만 그의 방식은 좀 더 화려했다. 2009년 나는 칸딘스키의 완벽한 사진을 찍기 위해 일주일가량 그의 거처를 찾았다. 매일 오후 늦게 도착해 4미터 아래에 있는 그의 소굴 위에서 기다렸다. 그는 마침내 소굴에서 나와 바다 쪽을 바라보고 있는 바위 위에 올라갔다. 다리 두 개를 높이 들고 있었고 다른 다리들은 그 밑에서 움직이고 있었다. 나는 그를 만나기 위해 몇 번이나 물속으로 내려갔다.

내가 도착하면 그는 다리를 마치 의식용 창처럼 모든 방향으로 들어올렸다. 다리 두 개를 머리 위에서 꼬고 있기도 했다. 들어올린 다리는 보통 불안의 표시이고 때론 적대감의 표시이지만 나는 칸딘스키는 다르다고 생각한다. 칸딘스키는 정교한 무늬들을 지속적으로 만들어냈는데 심지어 내가 꽤 멀리 떨어져 있을 때에도 그랬기 때문이다. 그는 자신의 피부에 붉은색과 오렌지색을 혼합해 번쩍이게 하는 걸 좋아했으며 창백한 오렌지색과 녹색을 섞는 것도 좋아했다. 종종 이 색상들을 "흘러가는 구름" 모양으로 보여 주기도 했다. 눈물방울 같은 무늬가 안쪽 다리로 흘렀다. 그는 자신이 좋아하는 바위 근처를 떠다니다가 얕은 해안쪽을 돌아다닌다. 그는 다정한 성격은 아니었지만 자기 소굴 근처의 암초 사이를 돌아다닐 때 내가 가까이 따라오는 걸 허락했다.

친근하고 호기심이 많아 보이는 갑오징어도 있는 반면, 물속을 다니는 다이버에게 강력한 적대감을 보이는 갑오징어도 있다. 그나마 친근함을 보이는 경우보다는 드물어서 다행이기는 하지만 말이다. 내가 기억하는 가장 멋진 광경은 매우 친근한 갑오징어들이 살던 곳에서 만난 큰 수컷 갑오징어와의 만남이다. 나는 그 바위 많은 절벽 쪽에 갈 때면 이전에 경험했던 친근감으로 가득한 만남을 떠올린다. 그러나 그때 내가 본 것은 색깔과 형상으로 표현된 완벽한 적대감이었다.

그곳에 도착해서 내가 가장 먼저 본 것은 돌부리 밑에서 소용돌이 치는 다리들이었다. 노랑, 오렌지, 갈색을 띄고 있었다. 그는 흔들리는 해초 한가운데서 바깥을 향해 있었고 다리를 사방으로 뻗고 있었다. 나는 처음에 이 행동이 위장 전술일지도 모른다고 생각했다. 그가 다리를 움직이는 모습이 해초의 움직임과 일치했기 때문이었다. 나는 더 가까이 다가갔고 그가 더 많은 색깔을 내보이고 있음을 발견했다. 은백색의 자국들이었다. 갑오징어의 얼굴과 다리 주변에서 흔히 볼 수 있는 안정된 은색의 흐름과는 달랐다. 번쩍이는 큰 얼룩이었다. 그의 아래쪽 다리들은 밑으로 넓게 펼쳐졌고 다른 다리들은 뿔의 숲을 이루고 있었다. 그는 잠깐 지켜보다가 빠르게 내 앞으로 다가왔다. 나는 황급히 뒤로 헤엄쳤다. 그는 얼마간 계속 다가오다가 추격을 멈추고는 자신의 소굴로 돌아갔다. 나는 기다렸다가 다시 조심스럽게 다가갔더니 그는 다시 쫓아왔다. 마치 중세 공성전에 쓰던 기구에 제트추진체를 단 것 마냥.

추격전을 벌이는 와중에 그가 보여 준 모습은 내가 지금껏 본 갑오징어의 모습 중 가장 무시무시했다. 불타는 듯한 오렌지색에 뿔과 낫 모양 다리들, 그리고 철갑을 떠올리게 하는 피부의 주름들이 그것이었다. 때때로 그의 안쪽에 있는 다리들은 일그러진 채로 높이 들려 있었다. 한 순간에는 두 가닥을 제외한 거의 모든 다리들을 세워서 함께 뒤틀었다. 나는 그가 지옥의 아가리를 닮았다고 생각했다. 그는 마치 연체동물로서 어떻게 인간을 무섭게 할지 잘 알고 있는 듯했고 인간을 두렵게 만드는 지옥의 모습을 보여 주려는 것 같았다.

나는 그에게 주의를 기울이면서 조심스럽게 도망쳤다. 그는 계속 나를 쫓아왔지만 이내 나는 그가 달려든다고 해도 결코 나에게 미치지 못한다는 걸 눈치채고 도망가는 속도를 줄였다. 나는 나를 향한 그의 돌진이 얼마만큼 허세이고 얼마만큼이 정말로 공격의 의도를 가진 것인지 궁금했다. 마침내 나는 다른 전략을 시도했다. 그가 나에게 다리를 무시무시하게 흔든다면 나도 한번 똑같이 해 보는 건 어떨까? 그가 다시 소굴을 나왔을 때 나는 훨씬 천천히 물러서면서 팔을 앞으로 들고 스쿠버 장비를 이리저리 흔들었다. 이것이 그의 주의를 끌었다. 그는 여전히 앞으로 다가오는 '척' 움직였지만 실제로 그리 많이 움직이지는 않았고 꿈틀거리던 다리의 움직임이 가라앉기 시작했다. 그는 공격적인 모습을 점차 줄였고 곧 다리들은 편히 내려앉았고 뾰족한 피부 주름은 사라졌다. 나는 마침내 그에게 가까이 다가갈 수 있었다. 그는 나를 정면으로 바라보기를 그만두고 내 어깨 너머를 보는 것 같았다. 훨씬 안정된 모습이었다. 그런데 내가 그의 정면으로 바로 다가가자 그도 갑자기 다시 내게 달려들었다. 처음에는 머리를 낮추었다가 다리를 마구 휘두르기 시작했다. 나는 이 정도가 우리가 친해질 수 있는 최대치라고 판단했다.

인간과 갑오징어의 상호작용에는 또 다른 중요한 방식이 있다. 사실 여기서는 "상호작용"이라는 표현이 그리 적합하진 않다. 어떤 갑오징어는 무관심으로 일관한 채 행동하는데 그 정도가 너무 강력해서 뭐라 형언하기가 어려울 정도다. 어떤 의미에서 이는 가장 흥미로운 행동이다. 이 갑오징어들은 전혀 당신을 살아있는 존재로 여기지 않는 것처럼 보인다. 이들은 가만히 있을 때 사람을 (다른 갑오징어들이 하듯) 정면으로 바라보지 않고 사람의 어깨 너머를 본다. 당신이 조금 움직이면 갑오징어도 그에 맞춰서 움직인다. 비접촉의 상태를 유지하려는 것이다.

이 심오한 무관심은 주변의 암초 사이를 여행하는 갑오징어에게서 볼 수 있다. 이 여행에서 갑오징어는 바위 밑을 비집고 돌아다니거나 그저 배회한다. 갑오징어는 먹이를 찾거나 짝을 찾는 데 대부분의 시간을 쓰지만 종종 그다지 노력을 하지 않는다는 느낌을 준다. 여행 중인 갑오징어는 때때로 친근하거나 적어도 호기심을 갖긴 하지만 잠시 멈춰서 당신을 바라보다가 다시 헤엄을 친다. 하지만 어떤 녀석들은 당신이 아무리 가까이 다가가더라도 무시할 수 있다. 심지어 녀석의 눈 바로 옆에 당신이 있더라도 말이다. 한번은 너무나 완벽하게 갑오징어가 나를 무시해서 녀석의 이동 경로를 막아섰다. 그저 갑오징어가 어떤 행동을 할까 궁금해서였다. 그러자 실존주의적 "치킨게임"이 벌어졌다. 그는 줄곧 나의 존재를 인식하기를 거부하며 계속 가까이 다가왔다. 나와의 거리가 단 30센티미터 정도가 되자 그는 나를 바라보더니 슬쩍 지나쳐 계속 헤엄쳤다. 그때 그의 표정은 그저 전혀 관심없어 보인다는 말이 아니면 전혀 표현할 수 없는 그런 것이었다.

그럼 우리의 역할은 무엇일까? 그들에게 우리는 무엇이란 말인가? 분명 우리는 움직이는 거대한 동물로 인식된다. 그렇다면 우린 잠재적으로 위험하거나 적어도 뭔가 관심의 대상이진 않을까? 다른 갑오징어는 분명 우리를 연구해야 할 방문객이나 요란한 모습으로 쫓아내야 할 불청객으로 본다. 그러나 때로 갑오징어는 우리를 전혀 살아있는 생명체로 여기지 않는 것처럼 보이기도 한다. 너무 무시를 당하면 과연 그들의 물속 세계에서 당신이 실제로 존재하기는 하는지 의문을 갖게 된다. 마치 자신이 유령이라는 걸 모르는 유령처럼.

색깔 보기

두족류가 색깔을 보여 주는 과정에 대해 거의 다 알게 된 이 시점에 우리는 무척 황당한 사실과 맞닥뜨리게 된다. 거의 모든 두족류는 색맹이라고 한다.

이 말도 안되는 결론은 생리학적 증거와 행동 연구 증거 모두에 기반한 것이다. 첫째로, 색깔 차이를 감지할 수 있으려면 '색깔'의 차이와 빛의 '밝기' 차이를 구분할 수 있는 장치가 눈에 있어야 한다. 보통은 각기 다른 종류의 '광수용체 photoceptors'를 구비하는 방식으로 이를 해결한다. 광수용체 세포는 빛을 받았을 때 형태를 바꾸는 분자들을 갖고 있다. 형태의 변화는 세포 내에서 다른 화학적 사건을 촉발시킨다. 광수용체는 빛의 세계와 뇌의 신호 네트워크를 연결하는 정보 전달 장치인 셈이다. 어떤 눈이든 색을 보려면 들어오는 빛의 파장에 따라 각기 다르게 반응하는 광수용체를 갖고 있어야 한다. 대부분의 인간은 세 종류의 광수용체를 갖고 있다. 색을 보려면 최소한 두 개는 갖고 있어야 하지만 대부분의 두족류는 하나만 갖고 있다.

몇몇 두족류 종에 대해서는 행동 실험도 이뤄졌다. 두족류가 색깔만 다른 두 개의 자극을 구분할 수 있을까? 실험을 실시한 종들은 성공하지 못했다.

난감한 일이다. 그렇게 색깔을 갖고 '많은 것을 하는' 동물들인데 말이다. 그들은 위장을 하기 위해 주변의 색깔에 맞춰 몸의 색깔을 바꾸는 데도 매우 뛰어나다. 어떻게 보지 못하는 색깔에 자신의 색깔을 맞출 수 있을까? 생물학자들은 이런 설명을 제시한다. 먼저 두족류는 주변에 흔한 색깔을 바탕으로 밝기의 미묘한 차이를 가지고 색(명암)을 구분할 수 있다. 둘째로 피부에 있는 반사세포가 도움이 될 수 있다. 외부의 색깔을 반사함으로써 자신이 볼 수는 없는 색깔을 만들어내는 것이다.

이는 두족류의 몇몇 능력 때문에 어느 정도 설명이 된다. 위장색은 반사를 이용하면 만들 수 있다. 당신이 일치시키고자 하는 배경의 색깔이 다른 방향에서도 당신에게 오고 있다면 이를 이용하면 된다. 어떤 동물이 자신의 배경에 있는 색깔에 자신의 색깔을 맞춰 변색시키는데 그 동물의 전면에 닿고 있는 빛의 색깔은 다른 경우, 단순한 반사로는 설명이 되지 않는다. 이런 경우 이 두족류 동물은 색소세포와 반사세포를 조합해 능동적으로 정확한 색깔을 만들어야 한다. 또한 그들은 어떤 색깔을 만들어야 하는지를 알아야 한다. 두족류는 분명 이것을 할 줄 아는 것으로 보인다. 이들은 종종 전면에 오는 색깔이 다른 경우에도 배경의 색깔과 자신의 색깔을 맞출 수 있는 것 같다.

내가 이 책을 집필하는 기간에 퍼즐의 조각이 하나씩 맞춰지기 시작했다. 처음 조각이 맞춰진 것은 2010년이었는데 리디아 매트거Lydia Mäthger, 스티븐 로버츠Steven Roberts, 로저 핸런Roger Hanlon은 한 종류의 갑오징어의 눈에 있는 광수용체 분자가 갑오징어의 '피부'에도 존재하는 것으로 보인다는 논문을 발표했다. 하지만 몇 가지 점에서 이것만으로는 설명되지 않는 부분이 많다. 첫째, 이 분자들이 눈이 아닌 다른 기관에 있을 때는 시각과 관계없는 역할을 할 가능성이 있다. 둘째, 피부에 있는 광수용체 분자가 빛에 반응한다 할지라도 색깔을 인식하는 문제를 해결하진 못한다. 이상한 곳에 광수용체가 발견되더라도 여전히 갑오징어는 단 한 종류의 광수용체를 갖고 있을 뿐이다. 단 하나의 광수용체만 가지고는 색깔을 볼 수 없다고 알려져 있다.

이들의 논문이 발표된 후 수년간 후속 연구가 없었다. 인터넷을 통해 나는 이를 연구하는 것으로 보이는 사람을 딱 한 명 찾았다. 캘리포니아의 대학원생인 데스먼드 라미레즈Desmond Ramirez였다. 그에게 연락이 닿았을 때 그는 자신이 그 문제에 대해 연구하고 있음을 인정했지만 그 세부적인 내용은 밝히지 않았다. 그리고 몇 년이 더 지났다. 나는 그저 왜 예전의 연구 결과에 대한 후속 연구가 없는지 궁금해하는 책 리뷰나 썼는데, 며칠 후에 라미레즈가 논문을 발표했다. 토드 오클리Todd Oakley와 함께 쓴 그의 논문은 먼저 특정 문어 종(캘리포니아 두점박이 문어)의 피부에서 광수용체 유전자가 활동하고 있음을 보여 주었다. 결정적으로 논문은 또한 이 문어의 피부가 빛에 반응하며 피부가 몸에서 분리된 상태에서도 색소세포의 모양을 바꿀 수 있다는 걸 보여줬다. 문어의 피부는 그 자체로 빛을 '감각'하면서 동시에 피부의 색깔에 영향을 미치는 '반응'을 일으킬 수 있는 것이다. 3장에서 나는 문어의 신경계가 몸의 많은 부분에 퍼져 있는 방법에 대해 거론한 바 있다. 내가 3장에서 조성하려 했던 이미지는 뇌에 의해 통제를 받는 신체가 아닌 자신이 스스로를 어느 정도 통제하는 신체였다. 이제 우리는 문어가 자신의 피부를 통해서도 볼 수 있다는 걸 알았다. 문어의 피부는 단지 빛에만 영향을 받는 게 아니라(극소수의 동물들도 이것이 가능하다) 픽셀처럼 정교한 색깔 통제기를 조작해 반응한다.

피부를 통해 볼 수 있다는 건 어떨까? 한 이미지에 초점을 맞추는 것은 불가능할 것이다. 단지 빛의 전반적인 변화 정도만 감지할 수 있을 것이다. 우리는 피부가 감각한 것을 뇌와 소통하는지 아니면 해당 정보가 국지적으로만 머무르는지는 아직 모른다. 두 가능성 모두 상상력을 자극한다. 만약 피부가 감각한 것이 뇌에 전달된다면 문어의 시각 반응은 눈이 닿을 수 있는 곳을 넘어서 모든 방향으로 확장될 것이다. 만일 피부가 감각한 것이 뇌에 전달되지 않는다면 각각의 다리는 각자 본 것을 자신만 알고 있게 될 것이다.

라미레즈와 오클리의 발견은 중요한 발전이지만 내가 앞서 강조한 색깔 인식의 문제를 해결하지는 못한다. 라미레즈와 오클리가 연구한 문어의 피부에 있는 광수용체는 문어의 눈에 있는 광수용체와 똑같은 파장에 반응한다. 만일 몸 전체가 볼 수 있다고 하더라도 문어가 보는 것은 흑백의 영상일 것이다. 색깔을 주변과 매치시키는 문제는 여전히 해결되지 않았다. 그러나 나는 라미레즈의 연구가 이 문제의 해결에 실마리를 제공해 줄 것이라고 생각한다. 매트거와 동료들이 쓴 과거의 논문에 한 가지 힌트가 있다. 그들은 피부의 광수용체가 눈에 있는 것과 화학적으로 동일하더라도 피부의 광수용체가 감각하는 빛은 주변의 색소세포나 다른 세포에 의해 변조될 수 있다고 기록했다. 그렇다면 한 종류의 광수용체가 두 종류의 광수용체처럼 작용할 수 있다. 몇몇 나비가 비슷한 방법을 사용한다.

이는 몇 가지 방식으로 작동 가능하다. 한 가지 가능성은 색소세포가 감광세포 위에 올라가 필터처럼 작용하는 것이다. 그 광수용체는 특정 색깔을 띤 빛에 대해 반응하는 것이 다른 색깔의 색소세포와 짝지어진 광수용체가 반응하는 것과 다를 것이다. 생태학자이자 난초 전문가이고 예술가인 루 조스트Lou Jost는 또 다른 가능성을 제시했다. 그는 색깔을 바꾸는 행위가 그런 수법이 될 수 있다고 생각했다. 어떤 감광세포들이 많은 색소세포가 모인 피부층 밑에 있다고 가정해 보자. 각기 다른 색깔의 색소세포가 확장하고 수축하면서 이 피부층을 거치는 빛은 각기 다른 방식으로 영향을 받을 것이다. 어떤 색소세포가 확장됐는지, 그리고 감각기관에 어느 정도의 빛이 들어오고 있는지를 계속 파악하고 있으면 그 빛의 색깔에 대해 어느 정도 알 수 있다. 이 동물은 색깔을 바꿀 때 필터를 갈아끼는 카메라맨인 것이다. 어떤 생명체가 각기 다른 색깔의 필터를 갖고 있으며 각각의 순간에 어떤 필터가 작동되는지 알고 있다면 흑백의 감각기관만으로도 색깔을 감지하는 게 가능하다.

이런 모든 가능성은 색소세포와 빛에 반응하는 세포의 위치, 그리고 다른 알려지지 않은 것들에 기반한다. 하지만 이런 기제들 중 하나가 작동하지 않는다면 어떤 의미에서는 놀라울 것이다. 색깔을 가진 색소세포들 아래에 빛을 감지하는 구조가 있다면 이 동물이 색소세포를 변화시킬 경우 불가피하게 그 밑에 있는 빛을 감지하는 구조에 영향을 미칠 것이며 이는 들어오는 빛의 색깔과 연관이 있을 것이다. 이 정도 정보를 얻는 것은 가능하다. 두족류가 이 정보를 사용하는 쪽으로 진화하는 것이 어려운 변화는 아닐 듯하다.

눈에 띄기

위장술에 관해서라면 문어를 능가할 자가 없다. 단 몇 발짝 멀리에 있는 관찰자, 그것도 문어를 찾고 있는 관찰자로부터 완벽하게 자신을 숨길 수 있다. 갑오징어와는 달리 문어가 신체에 단단한 부위가 거의 없다는 사실과 거의 어떠한 형태로든 몸을 만들 수 있다는 사실이 문어의 위장술을 도와준다. 대왕갑오징어는 문어만큼 자신을 관찰자로부터 완전히 숨길 수 없지만 거의 문어의 수준에 근접한 갑오징어도 있었다. 내가 본 갑오징어의 위장술 중 가장 훌륭했던 것은 에리갑오징어*Sepia mestus*의 것이었다. 에리갑오징어는 작은 품종으로 다 자란 몸 길이가 15센티미터 정도다. "저승사자 갑오징어"라는 이름과는 달리 상상할 수 있는 가장 귀여운 모습의 갑오징어다. 보통 옅은 붉은색 몸통에 노란색 아이라인을 갖고 있다. 나는 이 오징어를 어떤 해초 속에서 찾았다. 우리의 눈이 마주치자 그는 매우 초조해하며 나를 피했다. 우리 사이에 장애물을 두려고 해초와 바위 사이를 계속 헤엄쳐 다녔다. 그러다 한순간 그는 바위 몇 개가 흩뿌려진 평평한 바닥으로 사라졌다. 갑자기 나의 시야에서 그가 보이지 않게 됐다.

나는 이 갑오징어가 얼룩덜룩한 바위 같은 모습을 취할 수 있다는 걸 알았으므로 어디선가 바위 모양을 하고 있으리라 생각하고 그를 찾고 있었다. 바닥 한가운데에 있는 작은 바위를 보기는 했는데 그냥 바위겠거니 생각하고 지나쳤다. 건너편 바닥도 살펴봤지만 그의 흔적은 보이지 않았다. 나는 처음 왔던 곳으로 돌아와 다시 바닥을 훑어보았다. 바위도 살펴봤다. 자세히 보니 갑오징어였다. 내가 자신을 계속 들여다보고 있다는 게 분명해지자 그는 바위 위장을 포기하고 본래의 어두운 핑크색으로 돌아왔다. 나는 바로 그 자리에서 바위 모양을 한 작은 갑오징어를 찾고 있었지만 그는 어쨌든 날 속이는 데 성공했다.

내가 갑오징어가 색깔을 바꾸는 걸 보고 있던 그때 갑자기 녹색 곰치 한 마리가 아가리를 벌리고 달겨들더니 갑오징어를 공격했다. 갑오징어는 먹물을 내뿜었다—갑오징어도 문어와 오징어와 같은 종류의 먹물을 갖고 있다. 불이 붙은 것처럼 먹물이 검은 연기 구름처럼 퍼졌다. 나는 어떤 일이 벌어지는지 자세히 보려 했지만 주변이 이제 모두 시커멓게 되었고 갑오징어가 곰치에게 잡혀 무력하게 흔들리는 모습만 잠깐 볼 수 있었다. 내가 갑오징어의 주의를 분산시키는 바람에 곰치가 기회를 얻은 것 같아 기분이 영 좋지 않았다.

먹물은 계속 피어오르고 있었다. 곰치의 공격이 너무 맹렬해서 나는 곧 갑오징어를 포기했다. 그러나 그때 검은 먹물구름 속에서 갑오징어가 솟아나왔다. 야생의 색깔로 지느러미를 펼친 채 이상하리만치 납작한 모양이었다. 얼빠져 보였고 상처도 입은 듯했지만 여전히 헤엄을 칠 수는 있었다. 몸 뒷편에 크게 깨물린 자국 하나만 있었고 노란 아이라인도 여전했다. 처음에는 비틀거리며 헤엄치다가 곧 자세를 바로하더니 다른 바위를 향해 나아갔다.

나는 그를 다시 보게 되어 놀랐다. 곰치는 특히 바위와 해초들 사이에서 벌어지는 근접전에서는 거의 완벽한 포식자나 다름없다. 이빨과 근육, 그리고 뱀과 같은 체력을 자랑한다. 곰치가 갑오징어를 덮쳤을 때는 가망이 없어 보였다. 갑오징어는 이빨도 없고 뼈나 딱딱한 껍데기도 없고, 납작한 뱀보다는 장난감 호버크래프트에 더 가까워 보이니 말이다. 그런데 갑오징어는 탈출에 성공했다.

두족류의 색깔 변화가 갖는 본래의 기능, 그러니까 색깔 변화가 진화한 이유는 위장을 위해서인 것으로 여겨진다. 두족류가 껍데기를 버리고 날카로운 이빨을 가진 물고기로 가득한 바다를 배회하기 시작하면서 위장술은 잡아먹히는 걸 방지하는 방법 중 하나였다. 위장술은 신호 보내기의 반대다. 눈에 띄거나 인식되지 '않기' 위해서 색을 만드는 것이다. 어떤 종에서는 신호 보내기 기능이 뒤늦게 생겨났는데, 위장술 기능이 의사소통과 방송의 수단으로도 쓰이게 된 것이다. 색깔과 무늬가 경쟁자나 잠재적 배우자 등의 관찰자에게 보여지기 위해 생성되기 시작했다.

위장술과 신호 보내기의 중간에는 바로 경계 표현deimatic display이 있다. 포식자로부터 도망가면서 생성하는 강한 대비의 무늬를 가리킨다. 경계 표현의 목적에 대한 가설에 따르면 이것은 적을 놀라게 하거나 혼동하게 하려는 시도다. 갑자기 다른 혹은 이상한 모습을 보여서 포식자로 하여금 멈추거나 태도를 바꾸게 하기 위한 것이라는 말이다. 여기서 경계 표현은 눈에 띄기 위한 행위이지만 표현을 인지하는 쪽에게 정보를 보내진 않는다. 그저 혼동이나 교란을 위한 것일 따름이다.

교미기가 되면 수컷 대왕갑오징어들은 정교하게 색깔을 변화시키고 몸을 뒤트는 의례적인 표현을 한다. 호주 남부 해안의 공업도시 와이알라 근처 어느 지점에서 이를 가장 드라마틱하게 볼 수 있다. 수천 마리의 대왕갑오징어가 매년 겨울마다 해안에 모여 짝짓기를 하고 얕은 물에 알을 낳는다. 그들이 왜 이곳을 택하는지는 아무도 모르지만 모든 두족류의 신호 행위 중 가장 극적인 장면을 보기에는 최적의 장소다.

큰 수컷은 암컷의 "배우자"처럼 행동하면서 암컷을 독점하고 다른 수컷들을 몰아내려 할 것이다. 다른 수컷 경쟁자가 나타나면 두 수컷은 경쟁적으로 표현을 시작한다. 그들은 물속 꽤 가까이서 나란히 눕는다. 종종 몸을 가볍게 꺾으면서 최대한 몸을 늘린다. 그리고는 다양한 색깔 변화와 무늬를 뽐낸다. 한쪽으로 몸을 뻗은 다음 180도 회전해서 다른 방향으로 뻗친다. 침착하고 정교하게 회전하는 모습은 마치 프랑스 궁정 무용 같고, 몸을 길게 뻗치는 모습은 요가 대회 같다.

요가와 궁중 춤사위를 섞어 추다 보면 어느 갑오징어가 더 큰지 잘 드러나게 되고, 거의 항상 큰 녀석이 승자가 된다. 작은 갑오징어는 물러선다. 암컷은 흥분한 동반자 가까이 머무르거나 혹은 그를 떠나 물속을 조용히 떠다닐 것이다. 갑오징어의 섹스는, 만일 그쪽으로 성사가 된다면, 동물의 왕국의 기준 대비 평화롭게 이루어진다. 머리와 머리를 맞대고 교미한다. 수컷은 암컷을 앞쪽에서 붙잡으려 한다. 암컷이 이를 받아들이면 수컷은 자신의 다리로 암컷의 머리를 감싼다. 이 자세가 완성되면 몇 분간 고요가 찾아온다. 그동안 수컷은 자신의 수관을 통해 물을 뿜는다. 그리고 왼쪽 4번 다리를 사용해 정액 주머니를 꺼내 암컷의 부리 밑에 있는 특별한 저장소에 놓고는 보다 빠른 움직임으로 주머니를 터뜨려 연다. 둘은 떨어진다.

오징어 또한 상당한 양의 신호를 보내는데 대부분의 신호는 복잡한 데다가 역할을 이해하기가 어렵다. 몇몇 신호는 분명하고 여러 종에서 공통적으로 나타난다. 수컷이 암컷에게 접근하면 암컷은 때때로 "아니, 됐어"라고 말하는 뚜렷한 흰색 줄무늬를 전시한다. 이런 신호 체계에 대해 잠시 후 더 설명하겠지만 그에 앞서 갑오징어의 색깔에 대해 내가 생각한 다른 것들에 대해 개괄적으로 설명하고 싶다.

위장술과 신호 보내기가 두족류 색깔 변화의 두 '기능'이라는 입장을 받아들여 보자. 진화를 통해 색깔 변화가 생겨난 것, 그리고 그것이 계속 유지되는 이유가 바로 이 둘 때문이란 것이다. 그렇다고 해서 우리가 보는 색깔이 모두 신호 또는 위장술이라는 뜻은 아니다. 몇몇 두족류, 특히 갑오징어에게는 단순한 생물학적 기능을 넘어선 표현성이 있다. 많은 무늬를 모두 위장술이라고 보기 어려운 데다가 주변에 그 신호를 "수신"할 이가 없을 때도 생성된다. 몇몇 갑오징어와 소수의 문어는 외부의 그 어떤 것과도 연관돼 있지 않은 듯한, 흡사 만화경 같은 색깔 변화 과정을 지속적으로 보여 준다. 이는 오히려 그들 '내부'에서 의도치 않게 벌어지는 전기화학적 동요를 보여 주는 것처럼 보인다. 피부 속의 색깔을 만드는 기구가 뇌의 전기적 네트워크에 연결되기 시작하면 생성되는 모든 색깔과 무늬는 그저 그 안에서 벌어지는 일의 부차적 효과일지도 모른다.

나는 많은 대왕갑오징어의 색깔이 이처럼 동물의 내부에서 일어나는 과정이 의도치 않게 발현된 것이라고 해석한다. 불꽃이나 휘몰아치는 소용돌이 같기도 하고 미묘한 변화만 보이기도 한다. 대왕갑오징어의 "얼굴(눈과 첫 번째 다리들 사이의 공간)"을 자세히 살펴보면 아주 작은 색깔의 변화가 계속되는 걸 볼 수 있다. 어쩌면 이 부분에서 색깔 변화 장치는 "빈둥대는" 중일지도 모른다. 나는 며칠 동안 브랑쿠시라고 이름 붙인 갑오징어를 보았는데 그는 밝은 빛깔을 내는 일이 거의 없었다. 브랑쿠시는 그 대신 안쪽 다리 한 짝을 뿔처럼 치켜세우고 그 끝은 해저를 향해 꺾은 독특한 형태로 고정시키더니 내가 떠날 때까지 조각상마냥 그 자세를 미동도 없이 유지했다. 브랑쿠시는 색깔보다는 형상을 선호했지만 자세히 들여다보면 그의 얼굴에서 모든 빛깔이 쉴 새 없이 변하고 있는 걸 볼 수 있었다. 다른 대왕갑오징어들은 마치 색이 변하는 아이새도처럼 눈 바로 밑에서만 맥박이 뛰듯 꾸준히 색깔이 변할 따름이었다.

나는 갑오징어가 자신이 원할 때 피부를 정밀하게 통제할 수 있음을 알고 있다. 갑오징어는 매우 빠른 속도로 위장술을 쓰거나 위협적인 모습을 보여 줄 수 있다. 그러나 진화론적 관점에서 볼 때 신호를 보내거나 위장술을 쓰는 데 기여하지 않는 색깔 변화는 그 부차적인 효과다. 만약 이것이 갑오징어에게 심각한 해를 가했다면 이를 억제했을 것이다. 그러나 어쩌면 그다지 해가 되지 않았을 수 있다. 보다 정확하게 말하자면, 어쩌면 작은 두족류에게는 원치 않게 관심을 끌게 되는 해를 입혔을 수 있지만 대왕갑오징어처럼 대부분의 포식자들이 덤비지 않을 정도로 큰 녀석들에게는 별다른 해가 되지 않았을 수 있다.

또 다른 가능성은 내가 앞서 설명한 색깔의 감각에 대한 추론과 연관돼 있다. 두족류가 자신의 색깔을 바꿈으로써 자신의 피부에 있는 감각기관에 닿는 빛에 영향을 미친다는 것을 생각해 보라. 이때 발생하는 낮은 정도의 색깔의 변화 중 일부는 주변의 색상을 탐지하는 한 방법이 될 수 있다.

나는 날 혼란스럽게 만든 색깔 변화의 상당 부분이 어쩌면 내 자신의 존재로 인해 촉발됐을 수도 있음을 깨달았다.

나는 보통 색깔 변화를 일으키는 모습을 어느 정도 거리를 유지하면서 옆에서 보려고 노력했다. 또한 문어 소굴에 비디오 카메라를 설치하고 몇 시간 동안 내버려두어서 아무도 없을 때 문어가 무엇을 하는지 살펴봤다. 문어들은 (적어도 내가 보기에) 심지어 가까이에 다른 문어가 없을 때에도 설명할 수 없는 다양한 색깔의 변화를 보였다. 이런 경우에는 어쩌면 카메라가 문어의 대상 관객일 수도 있다. 가능한 이야기다. 그러나 이것들을 좀 더 있는 그대로 받아들이는 것도 가능하다. 나는 이 동물들이 위장술과 신호 보내기를 위한 정교한 체계를 갖고 있지만 이것이 기이하고 표현이 뛰어나다는 별난 점을 갖게 만든 방식으로 뇌와 연결되어 있다고 생각한다. 이래서 요란한 색깔의 변화가 계속되는 것이다.

개코원숭이와 꼴뚜기

신호는 송신되고 수신된다. 신호는 보이고 들리기 위해 만들어진 것이다. 동물의 세계에서 송신자와 수신자의 관계를 보다 자세히 들여다보기 위해 우리는 물에서 나와 매우 다른 사례를 둘러볼 것이다. 동물 행동 연구에서 가장 영향력 있는 연구자 도로시 체니Dorothy Cheney와 로버트 세이파스Robert

Seyfarth는 수년에 걸쳐 아프리카 대륙 보츠와나의 오카방고 델타에 사는 야생 개코원숭이들을 연구했다.

개코원숭이의 삶은 여러가지로 고되다. 아프리카의 포식자들의 위협은 끊이지 않으며 개코원숭이 사회 안에서도 치열하게 경쟁해야 한다. 개코원숭이는 무리지어 생활한다. 체니와 세이파스가 연구한 무리는 여든 마리 가량으로 이루어져 있었으며 복잡한 지배위계를 갖고 있었다. 암컷 개코원숭이들은 자신들이 태어난 무리에 머무르면서 가족들의 위계질서(모계족)를 형성한다. 각각의 모계족끼리도 지배관계가 자리잡고 있다. 대부분의 수컷들은 청소년기에 태어난 무리를 떠나 다른 무리로 이주한다. 수컷 개코원숭이는 무리에서 쫓겨나거나 다른 원숭이를 쫓아내는 일을 자주 경험한다. 무리가 안정적일 때조차 암컷과 수컷 모두 변화와 난관을 겪고 동맹을 형성하고 우정을 맺으며 그루밍도 많이 한다.

이 모든 것이 체니와 세이파스의 책 『개코원숭이의 형이상학Baboon's Metaphysics』에 꼼꼼하게 기록돼 있다. 개코원숭이의 사회생활은 워낙 복잡해서 의사소통이 존재한다는 사실이 놀랍지는 않다. 그러나 개코원숭이는 단순한 소리만 낼 수 있다. 특히 위협과 우정을 표현하는 끙끙거리는 소리, 그리고 복종의 비명 소리를 비롯한 서너 가지 정도다. 의사소통 자체는 단순하지만 체니와 세이파스가 보여 주듯 이는 정교한 행동으로 이어진다. 개코원숭이 개체 각자가 독특한 방식으로 서로를 부르며 누가 방금 소리를 냈는지 인지할 수 있다. 그들은 '누가' 위협을 했고 누가 물러섰는지를 안다. 체니와 세이파스의 연구진은 기발한 녹음 재생 실험으로 개코원숭이가 일련의 소리를 듣고 이를 매우 풍부한 방식으로 처리할 수 있다는 걸 알아냈다.

한 개코원숭이가 자신이 볼 수 없는 장소에서 이런 사건이 발생한 것을 소리로 듣는다고 가정해 보자. A가 위협을 하고 B가 물러선 것이다. 무슨 의미일까? 이는 A와 B가 누구냐에 따라 다르다. A가 위계상 B보다 높은 위치에 있다면 이것은 놀랍거나 특기할 만한 일이 아니다. 하지만 만일 A가 더 낮은 위치에 있다면 이는 위계질서의 변화를 의미한다. 무리의 대다수에게 중요한 문제인 것이다. 녹음 재생 실험에서 개코원숭이는 일련의 소리들이 이런 종류의 중요한 사건일 때 훨씬 더 주의를 기울이는 등 다르게 행동했다. 체니와 세이파스에 따르면, 개코원숭이들은 자신들이 듣는 일련의 소리로부터 하나의 "내러티브"를 구성하는 것으로 보인다. 이것이 그들이 사회적 위치를 가늠하기 위해 사용하는 도구인 것이다.

개코원숭이를 두족류와 비교해 보자. 개코원숭이의 음성 소통 체계에서 생성 측면은 매우 단순하다. 서너 가지 울음소리만 낼 수 있기 때문이다. 한 개체가 낼 수 있는 선택

옥토퍼스 테트리쿠스, 곧 "글루미 문어"가 다리를 머리 위로 올리고 있다. 이 책에 실린 사진에 나오는 문어는 호주와 뉴질랜드에서 볼 수 있는 이 종이다.

이 문어는 뒤에 있는 해초와 아주 비슷한 색상을 만들어 냈다.

다음 네 장의 사진은 호주 옥토폴리스 현장에서 벌어진 두 마리 문어의 싸움을 촬영한 동영상을 캡처한 것이다.

패배한 문어는 몸을 풀고 쏜살같이 달아난다.

오른쪽에서 왼쪽으로 분사 추진으로 움직이는 문어. 이것은 앞쪽에 묘사된 싸움에서 이긴 것과 같은 동물이다.

호주의 대왕갑오징어인 호주참갑오징어*sepia apama*. 5장에 나왔던 칸딘스키다.

이 대왕갑오징어는 그의 얼굴과 다리 주위에 노화와 관련 있는 쇠퇴의 초기 징후를 서서히 보이고 있다.

팔을 치켜든 채 정적 포즈를 잡으며 많은 시간을 보낸 대왕갑오징어 로댕.

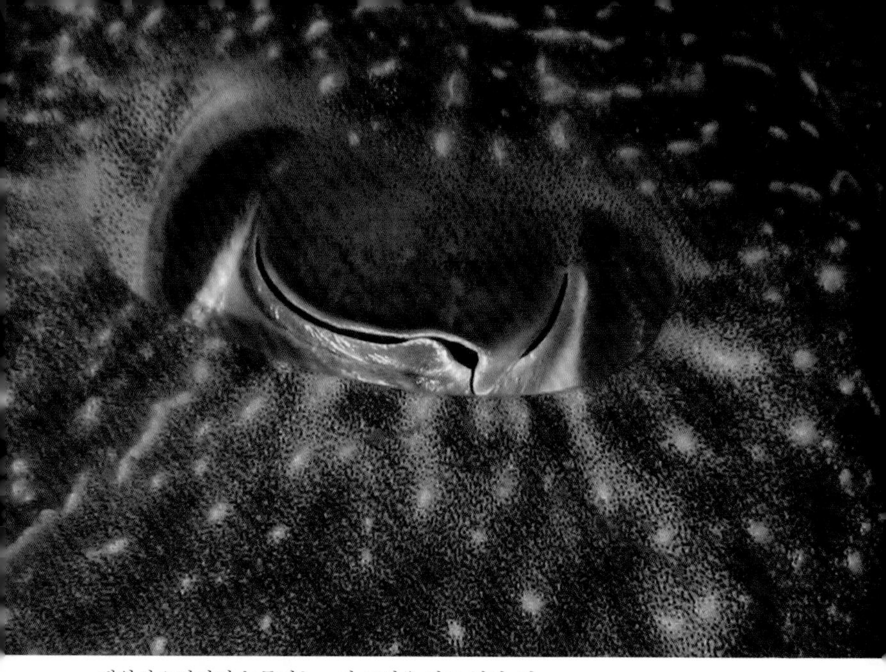

대왕갑오징어의 눈동자는 *w*자 모양을 하고 있다. 피부 근육에 의해 조정되는 작은 색소망인 색소세포는 눈 주변을 따라 보인다. (이 사진은 책에서 빛을 더하고 찍은 유일한 사진이다.)

이 두 사진은 4초 간격으로 찍은 것인데, 그 사이 짙은 노란색이 붉은색으로 바뀌었다.

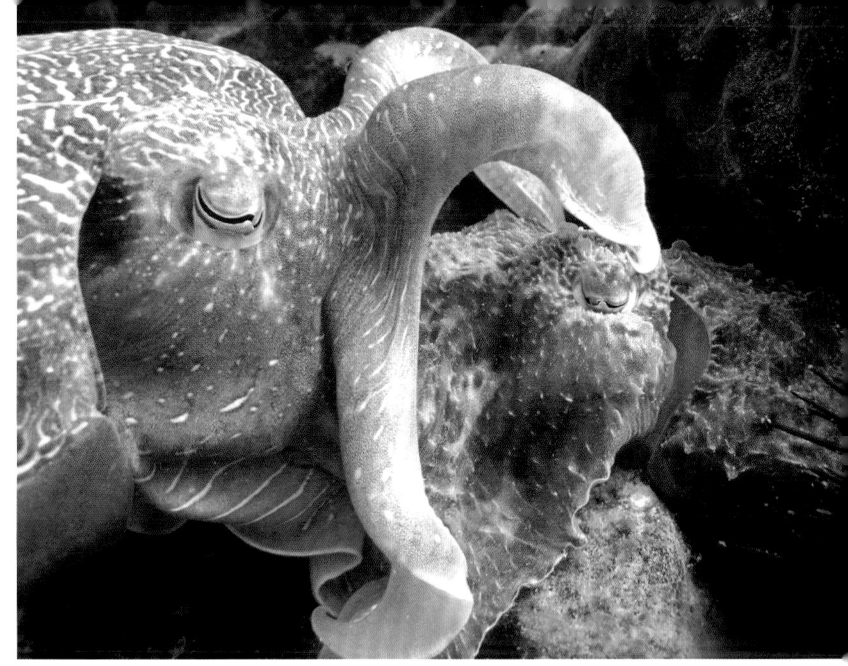

와이알라에서 짝짓기 준비 중인 두 마리의 대왕갑오징어(왼쪽이 수컷이다). 이 동물들이 내가 시드니 근처에서 찍은 갑오징어 사진에 나타난 것과 같은 종인지에 대해서는 과학적인 논의가 있었다. 적어도 현재로서는 호주참갑오징어 한 종만이 공식적으로 인정되고 있다.

와이알라의 대왕갑오징어가 피부층의 메커니즘을 이용하여 다양한 색들을 보여 준다.

크고 친근한 대왕갑오징어 한 마리가 나에게 많은 것을 가르쳐 준 대왕갑오징어 연구자 카리나 홀과 나란히 헤엄치고 있다.

붉은색, 오렌지색, 은백색의 복잡한 무늬를 만들어 내는 대왕갑오징어. 이 페이지에 있는 두 동물 모두 일시적으로 눈 위 피부 주름을 모양을 잡고 있다.

지가 제한되어 있으므로 울음소리의 의미는 특정 상황의 상호작용에 전적으로 달려 있다. 그러나 '해석'의 측면에서 이 체계는 복잡하다. 왜냐하면 이 소리의 의미는 내러티브와 함께 만들어지기 때문이다. 개코원숭이들은 단순한 생성 방식과 복잡한 해석 방식을 갖고 있다.

두족류는 정반대다. 생성 측면은 거의 무한에 가까울 정도로 복잡하다. 피부에 있는 수백만 개의 픽셀과 매순간 만들 수 있는 엄청나게 다양한 무늬가 존재한다. 의사소통의 수단으로서 이 체계가 갖고 있는 정보 전달 능력은 무지막지하다. 누군가 메시지를 해독할 방법을 갖고 있으며 누군가가 듣고 있기만 하다면 이 방법으로 '뭐든지' 전할 수 있을 것이다. 그러나 두족류의 사회생활은 개코원숭이에 비해 훨씬 덜 복잡하다. (마지막 장에서 몇 가지 놀라운 이야기를 들려주겠지만 이 전반적인 비교를 뒤집을 만큼은 아니다. 누구도 두족류가 개코원숭이와 비교 가능할 정도의 사회생활을 한다고 생각하진 않는다.) 매우 강력한 신호 생성 체계가 있지만 두족류가 표현하는 것 대부분은 거의 접수되지 않는다. 아니, 이렇게 말하는 건 적합한 표현이 아닐지도 모른다. 어쩌면 아무도 그 신호의 대부분을 해석하고 있지 않기 때문에 실제로 거의 '말'이 없는 것일지도 모른다. 하지만 피부에서 벌어지는 온갖 난리법석 때문에 두족류의 내부에서 벌어지는 일 대부분은 바깥에서도 볼 수 있다는 것 또한 사실이다.

두족류의 한 종인 카리브암초꼴뚜기의 신호 생성은 1970년대와 1980년대에 파나마에서 연구 중이던 마틴 모이니헌Martin Moynihan과 아르카디오 로다니체Arcadio Rodaniche에 의해 상세하게 기록돼 있다. 두 사람은 수년간 현장에서 카리브암초꼴뚜기들을 쫓아다니며 그들의 행동을 자세히 기록했다. 모이니헌과 로다니체는 꼴뚜기들이 생성하는 무늬에서 상당한 복잡성을 발견했고 그 때문에 이들은 꼴뚜기가 명사와 형용사 등의 문법이 있는 시각적 '언어'를 갖고 있다고 생각했다. 이는 매우 급진적인 주장이었다. 그들의 논문은 꽤 괜찮은 학술지에 출간되었다. 하지만 그것은 하루종일 스노클을 쓰고 도망을 잘 치는 동물의 세계 속으로 들어가고자 시도하다가 나온, 개인적 생각들로 가득한 유별난 논문이었다. 이 논문에는 로다니체가 그린 아름다운 일러스트가 들어 있는데 로다니체는 나중에 과학계를 은퇴하고 예술가가 됐다.

시각적 언어를 주장하는 근거로 꼴뚜기가 보여 주는 영상의 복잡성이 제시됐다. 이는 색깔과 몸의 자세가 결합된 것이었다. 그중 일부는 앞서 언급한 대왕갑오징어가 보여준 것과 비슷했다. 모이니헌과 로다니체는 관찰한 것을 '금빛 눈썹', '어두운 다리들', '바닥 가리키기', '노랑 반점', '위로 꼬임' 등의 이름을 붙여 나열했다. 나는 벨리즈의 한 암초에서 이 꼴뚜기를 쫓아다닌 적이 있는데 꼴뚜기가 하는 행동의 복잡성에 놀랐다. 그러나 모이니헌과 로다니체의 주장에는 서로 부합하지 않는 측면이 있었다. 그들도 이를 인지하고 있었지만 정면으로 마주하진 않은 듯하다. 의사소통이란 신호를 보내고 받는 문제이자 말을 하는 것과 듣는 것이고, 신호를 생성하고 해석하는 두 개의 상보적 역할로 이루어져 있다. 모이니헌과 로다니체는 매우 복잡하게 생성된 신호들을 기록할 수 있었지만 그 신호의 효과에 대해서는, 다시 말해 그 무늬들이 어떻게 해석되는지에 대해서는 별로 말하지 않았다. 짝짓기 상황에서의 신호와 반응의 조합에 대해서는 꽤 분명한 사례를 약간 밝혀낼 수 있었으나 그들이 관측한 많은 표현은 그런 맥락 없이 생성된 것들이었다.

그들은 총 서른 개가량의 의례화된 표현과 생성된 표현들이 다양한 패턴으로 조합되고 배열되었음을 찾아냈다. 그들은 이 패턴들이 분명 '어떤' 의미를 갖고 있을 것이라 말했지만 그게 무엇인지 찾아내지는 못했다. "현재 우리가 가진 지식으로는 우리가 관찰한 모든 특정 패턴의 배열의 의미나 메시지에서 차이점을 항상 발견할 수 없었다. 그럼에도 불구하고 우리는 두 개의 조합 또는 배열에서 서로 구분 가능한 실질적인 기능적 차이가 존재할 것이라고 가정해야 한다." 그들이 볼 때에도 한 꼴뚜기와 다른 꼴뚜기 사이에 행동적 상호작용의 복잡함은 별로 없었다. 그렇다면 왜 그토록 복잡한 모습들이 나타나는 걸까?

여기에 진짜 수수께끼가 있다. 모이니헌과 로다니체가 신호를 과대평가하고 언어에 대한 비유를 너무 많이 했다 할지라도 왜 카리브암초꼴뚜기가 그렇게 말을 많이 하는 듯 보이는지에 대한 의문은 여전히 남는다. 색깔과 포즈, 그리고 표현의 배열이 여러가지 미묘한 사회적 역할을 수행할 가능성은 있다. 이후의 연구자들은 모이니헌과 로다니체의 연구 중 이 부분에 대해서는 좀 더 회의적으로 생각하는 편이다. 그러나 어쩌면 우리가 말할 수 있는 것보다 더 많은 것들이 숨어 있을지도 모른다.

이 꼴뚜기는 두족류 중에서 가장 사회성이 높은 편이다. 나는 개코원숭이와 두족류가 매우 두드러지게 대비된다고 생각한다. 두족류는 물려받은 위장술 덕분에 표현력이 매우 풍부하다. 그야말로 뇌에 직접 연결된 비디오 스크린과도 같다. 갑오징어와 다른 두족류 동물은 넘치도록 표현한다. 표현하지 못하면 죽을 것처럼 말이다. 이런 출력은 어느 정도는 진화에 의해 계획된 것이다. 때로는 위장술을 위해, 또 때로는 경쟁자나 이성의 눈에 띄기 위한 것이다. 의도하진 않았겠지만 두족류의 스크린은 이런저런 잡담이나 중얼거리는 듯한 표현도 보여 준다. 두족류가 색깔 인지의 숨겨진 능력을 갖고 있다 할지라도 그들이 내보내는 화려한 색깔은 보는 이들의 눈에는 닿지 않는다. 반면 개코원숭이는 무엇이든 힘들게 말한다. 이들의 의사소통 수단은 매우 제한적이다. 그러나 이들은 그 이상을 듣는다.

어떤 의미에서 개코원숭이와 두족류는 모두 '미완성' 상태이며 일부 사례다. 물론 진화가 어떠한 목표를 향해 나아가는 것이라고 생각해서는 안될 일이지만. 진화는 우리나 그 누군가를 향해서건 어떤 방향으로 나아가는 것이 아니다. 그러나 나는 두 동물들을 볼 때 미완의 형질이 보이는 것을 참을 수가 없다. 신호의 근본적 두 요소인 송신자와 수신자, 생성자와 해석자의 서로 중첩되는 역할에서 이들은 각각 한 편으로만 치우쳐 있다. 개코원숭이의 경우에는 텔레비전 일일 드라마처럼 미칠 듯한 스트레스로 가득한 사회적 복잡성이 있지만 이를 표현할 수 있는 도구가 거의 없다는 문제가 있다. 두족류는 단순한 사회생활을 하고 별로 할 말이 없지만, 그럼에도 불구하고 엄청나게 많은 것들을 표현하고 있다는 문제가 있다.

심포니

한 여름의 늦은 오후, 나는 스쿠버 장비를 달고 내가 좋아하는 장소로 갔다. 여러 마리의 대왕갑오징어를 관찰했던 곳이었다. 거기에 갑오징어 한 마리가 있었다. 중간 정도 크기에 아마도 수컷이었고 멀리서 보기에도 강렬한 색깔을 띠고 있었다. 그는 내가 근처에 왔는데도 전혀 개의치 않았고 나에 대해 호기심을 갖거나 경계하지도 않았다. 그는 매우 차분했다.

나는 그의 소굴 바로 바깥에서 그의 옆에 자리를 잡았다. 그가 나를 지나 바다로 향할 때 그의 색깔이 변하는 모습을 보았다. 매혹적이었다. 곧이어 흔히 볼 수 있는 붉은색이나 오렌지색과는 다른 '적갈색'이 나타났다. 내가 두족류가 내는 모든 붉은색과 오렌지색을 봤을 거라고 생각하겠지만 벽돌색과 녹슨 빛깔을 연상시키는 이 적갈색은 정말 독특했다. 또한 녹회색과 다른 빛깔의 붉은색, 그리고 내가 미처 포착하지 못한 희미하고 엷은 색깔들도 있었다.

나는 이 색깔들이 일정한 방식으로 변하고 있음을 깨달았다. 내가 헤아릴 수 있는 것보다 더 많은 방식이었다. 조성이 계속해서 바뀌는 음악을 연상시켰다. 그는 순서대로 또는 한번에(어느 쪽이었는지 모르겠다) 몇 가지 색깔을 바꾸었다. 그러고는 새로운 패턴, 새로운 조합으로 이어졌다. 잠깐 동안 그 상태로 머무르기도 하고 곧바로 다른 조합으로 바뀌기도 했다. 어두운 노란색과 연한 갈색의 조합, 그리고 보다 친숙한 붉은색들의 조합과 그밖의 조합들이 있었다. 뭘 하고 있었을까? 물속은 점차 어두워지고 있었고 바위 밑에 있는 그의 소굴은 이미 꽤 어두웠다. 그는 자신의 몸을 별로 드러내고 있지 않았다. 나는 그의 옆에서 숨을 최대한 참으면서 머무르고 있었다. 나를 바라보는 눈은 거의 닫힌 상태였지만 나는 갑오징어가 눈을 거의 감은 상태에서도 우리가 생각하는 것보다 더 많은 걸 볼 수 있음을 알고 있었다.

그는 황록색의 해초가 흔들리고 있는, 점점 어두워지는 바다를 바라보았다. 이 움직임을 보고 나는 이것이 들어오는 빛을 반영하여 '수동적'으로 색깔을 생산하는 사례이진 않을까 궁금했다. 그러나 색깔의 변화는 그보다 더 잘 짜여진 듯했고 그의 피부에서 볼 수 있는 색깔 대다수는 외부의 색깔과 부합하는 게 없었다. 그의 연주는 계속됐다.

나는 해초 틈에 몸을 웅크렸다. 그가 내게 거의 아무런 관심을 기울이지 않아 어쩌면 그가 잠자고 있거나 가수면 상태의 깊은 휴식 중에 이런 색깔 변화가 일어나는 것은 아닐까 하는 생각이 들었다. 어쩌면 피부를 통제하는 그의 뇌 일부분이 저절로 일련의 색깔들을 만드는지도 몰랐다. 어쩌면 이것이 갑오징어의 꿈은 아닐까. 개들은 꿈을 꾸면 낑낑거리는 소리를 내면서 발을 움직인다는 게 떠올랐다. 그는 제자리에 떠 있을 수 있게 해주는 수관과 지느러미의 작은 움직임을 제외하면 거의 아무런 움직임을 보이지 않았다. 신체 활동을 최소한도로 유지하고 있는 것처럼 보였다. 자신의 피부 위에서 벌어지는 끊임없는 색깔과 무늬의 변화를 제외하고.

그러다 상황이 변하기 시작했다. 그의 몸이 굳는 듯 싶더니 일련의 긴 색깔과 무늬가 펼쳐지기 시작했다. 내가 지금껏 관찰한 것 중 가장 기이한 것이었다. 무엇보다도 그런 전시가 어떤 목표물을 갖고 있지 않은 듯했기 때문이었다. 거의 모든 단계를 거치면서 그는 나에게서 등을 돌려 바다를 향하고 있었다. 그는 다리를 잡아당기더니 자신의 부리를 드러냈다. 다리를 몸 밑으로 넣어 마치 미사일 같은 포즈를 취하더니 불꽃 같은 노란색을 발산했다. 나는 그가 다른 갑오징어나 침입자를 바라보고 있는지 살펴보았다. 그러나 그 주변에는 아무도 없었다. 한 순간 그는 수컷들이 서로 경쟁할 때처럼 양쪽으로 몸을 늘리기 시작했다. 그리고는 가장 특이하게 꼬인 모양으로 몸을 뒤틀었는데 피부는 갑자기 하얗게 변했고 다리는 머리 위 아래로 뻗친 상태였다. 그의 행동은 이후 잠잠해졌다. 그러다 갑자기 매우 공격적인 자세를 취했다. 다리는 얇은 칼처럼 날카롭고 곧게 뻗었고 몸 전체는 밝은 노랑-오렌지빛을 띠고 있었다. 마치 오케스트라가 갑자기 과격한 불협화음을 내는 듯했다. 다리 끝은 바늘처럼 뾰족했고 그의 몸은 뾰족한 돌기로 채워진 갑옷으로 덮혔다. 그러고는 간혹 나를 쳐다보거나 바다를 바라본 채로 잠시 돌아다녔다. 나는 그의 행동 모두가 날 겨냥한 것인지 궁금했다. 하지만 그게 누구에게 보여 주기 위한 행동이었다면 모든 방향을 다 겨냥한 것처럼 보였다. 그리고 나는 이 행위가 시작됐을 때도, 노랑-오렌지색을 폭발시키고 다리를 뾰족하게 세웠을 때도 그의 소굴 뒤에 있었다.

여전히 바깥을 향한 채 그는 포르티시모 연주의 강도를 낮추며 점차 안정을 되찾기 시작했다. 여전히 이런 저런 자세와 전시를 보여 주고 있었지만 이는 점차 잦아들고 있었다. 그러다 그는 가만히 멈춰섰다. 다리는 아래로 늘어지고 피부는 조용히 일렁이는 붉은색, 녹슨 빛깔, 그리고 녹색의 조합을 띠고 있었다. 내가 처음 여기 도착했을 때 본 그 색깔이었다. 몸을 돌리더니 그는 나를 바라보았다.

나는 이제 추위를 느끼고 있었고 물속은 계속해서 어두워지고 있었다. 갑오징어 곁에서 아마 40분 정도 있었던 것 같다. 그는 다시 잠잠해졌다. 교향곡인지 꿈인지 알 수 없는 무엇인가는 끝이 났고 나는 헤엄쳐 올라갔다.

6. 우리의 정신, 타자의 정신

흄에서 비고츠키까지

1739년 데이비드 흄David Hume이 자신의 '자아'를 찾기 위해 자기 정신의 내면을 들여다보았다고 한 말은 철학사 전체를 통틀어 가장 유명한 구절이다. 그는 뒤죽박죽 섞인 경험의 흐름 속에서 불변하며 흔들리지 않는 존재를 찾으려고 노력했다. 하지만 그는 찾지 못했다고 주장한다. 그가 찾은 것은 빠르게 연이어 지나가는 이미지와 순간적인 정념 등이었다. "나는 항상 열기 혹은 냉기, 빛 혹은 그림자, 사랑 혹은 증오, 고통 또는 쾌감 같은 특정한 인식 따위에 치여 비틀거렸다. 나는 어떠한 지각 없이는 한 순간이라도 '나 자신'이란 것을 목격할 수 없었으며 그 지각 외에는 어떤 것도 관찰할 수 없었다." 그는 이 감각 혹은 지각이 자신을 구성하며 그 외에는 아무것도 없다고 말했다. 인간은 "믿을 수 없을 정도의 속도로 이어지며 항구적인 흐름과 움직임 속에 있는" 이미지와 감정의 다발 혹은 집합에 불과하다.

흄의 내면 관찰은 이 장을 시작하는 이야기로 더할 나위 없이 좋다. 누구나 그가 한 것을 따라해 볼 수 있기 때문이다. 우리가 직접 우리 내면을 관찰해 보면 흄의 확신에 찬 표현과는 달리 그가 언급하지 않은 두 가지를 찾을 수 있다. 첫째로 흄은 자신의 내면에서 발견한 것을 감각의 "연속"이라고 묘사한다. 하지만 그보다는 매번 감각의 '결합체'를 발견한다고 말하는 것이 더 정확할 것이다. 우리의 경험은 보통 시각 정보와 소리, 우리 몸이 존재하는 장소에 대한 감각 등이 하나로 통합된 "장면"을 구성한다. 하나의 인상이 먼저 온 다음 다른 인상이 오는 게 아니라 몇 개의 인상이 하나로 묶여서 도달한다. 시간에 흐름에 따라 인상은 다른 인상으로 대체된다.

흄이 놓친 두 번째는 좀 더 쉽게 발견할 수 있다. 많은 사람들이 자신의 내면을 들여다볼 때 의식 속에 동반되는 독백인 '내적 언어inner speech'의 흐름을 발견한다. 흄은 자신의 내적 언어를 발견하지 못했을까? 어떤 사람은 다른 사람보다 또렷한 내적 언어를 갖고 있다. 흄은 내적 언어가 약한 사람이었던 걸까? 그럴 수도 있지만 그보다는 흄이 내적 언어와 마주쳤지만 그것을 그저 감각의 흐름의 일부라고 생각해서 특별하게 여기지 않았을 가능성이 더 높다. 그 속엔 색깔과 형상, 감정이 있고 언어의 메아리 또한 존재한다.

흄이 내적 언어를 신경쓰지 않은 이유는 어쩌면 그의 철학 전반을 관통하는 일종의 지침에 따른 것일 수도 있다. 그는 이론의 '형상'을 고수하고자 했다. 흄은 그로부터 50년 전에 등장한 아이작 뉴턴Issac Newton의 물리학 이론에 영감을 받았다. 뉴턴은 세계가 미세한 물체들로 이루어져 있으며 이 물체들이 운동의 법칙과 물체들 사이에 작용하는 인력, 다시 말해 중력의 지배를 받는다고 봤다. 흄은 뉴턴의 이론과 같은 맥락에서 정신을 설명하고자 했다. 흄은 뉴턴이 발견한 물체들 사이의 인력처럼 자신이 감각적 인상과 관념 사이에 존재하는 "인력"을 발견했다고 생각했다. 흄은 물리학과 유사한 형태로 정신에 대한 과학을 만들고 싶어 했다. 그의 정신과학에서 관념은 정신의 원자처럼 움직일 것이다. 내적 언어의 기묘한 속성은 이런 계획과 관련이 거의 없었고, 자신의 정신을 살펴보는 것이 그의 철학적 목표와 잘 어울렸다. 흄의 시대로부터 거의 200년이 지난 후, 세계를 보는 관점이 흄과는 매우 달랐던 미국의 철학자 존 듀이John Dewey는 이렇게 논평했다. "전체적으로 볼 때, 흄이 자신의 내면을 바라보았을 때 발견한 끊임없이 흐르는 '관념'들은 조용히 내뱉은 단어의 연속이었던 것 같다."

듀이가 이 논평을 내놓은 때와 비슷한 시점에, 갓 세워진 소비에트 연방의 혼란기 속에서 한 젊은 심리학자가 아동발달과 사고에 대한 새로운 이론을 세우고 있었다. 레프 비고츠키Lev Semenovich Vygotsky는 지금의 벨라루스에서 은행가의 아들로 태어나 자랐다. 1917년 러시아혁명 발발 당시 그는 학업을 막 끝낸 상태였다. 그는 한동안 지역 정부에서 볼셰비키들과 일했으며 마르크스 사상을 지지했고 마르크스주의 맥락에서 자신의 심리학 이론을 발전시켰다. 비고츠키는 어린이가 성장하여 언어의 매개를 내면화하면서 단순한 반응에서 복잡한 사고를 할 수 있는 전환이 일어난다고 생각했다.

말하고 듣는 일상 언어ordinary speech는 생각을 정리하고 어떤 것에 관심을 기울이고 올바른 순서로 행동이 일어나게 함으로써 우리의 삶을 조직화하는 역할을 한다. 비고츠키는 어린이가 말을 습득하면서 내적 언어도 습득한다고 생각했다. 어린이의 언어가 내적 그리고 외적 형태로 "분화"한다는 것이다. 비고츠키에게 내적 언어란 단지 입 밖으로 내지 않은 일상 언어가 아니라 고유한 패턴과 리듬이 있는 언어다. 이 내면의 도구가 조직화된 사고를 가능케 하는 것이었다.

비고츠키는 소비에트 러시아에 몸만 묶여 있는 것이 아니라 사상적으로도 연결되어 있어서 서구에서 그의 영향력은 크지 않았다. 1930년대에 그는 개인사적 위기와, 지적 위기를 겪고 자신의 이론을 수정하기 시작했다. 그는 자신의 연구가 '부르주아적' 요소를 담고 있다는 위험한 비난에도 시달렸다. 비고츠키는 1934년 37세의 젊은 나이로 세상을 떠났다.

1962년 그의 저서 『사고와 언어Thought and Language』의 영어 번역본이 출간되었다. 하지만 비고츠키는 지금까지도 심리학의 주변부에 머물러 있다. 오늘날 심리학계에서 그의 영향을 인정하는 저명 인사는 마이클 토마셀로Michael Tomasello를 비롯해 소수지만(내가 처음으로 비고츠키의 이름을 본 것은 토마셀로의 유명한 책의 '감사의 말'에서였다), 그의 영향을 인정하든 인정하지 않든 비고츠키가 그린 그림은 우리가 인간의 정신과 다른 생명체의 정신의 관계를 이해하려고 노력하면서 점차 중요해지고 있다.

육신을 입은 언어

언어, 그러니까 우리의 말하고 듣는 능력이 심리학적으로 갖는 역할은 무엇일까? 특히 우리 내면에서 장황하게 이어지는 언어의 역할은 대체 무엇일까? 이 질문에 대한 대답은 첨예하게 대립한다. 누군가에겐 내적 언어는 무의미한 잡담이며 정신의 표면에 생긴 거품과도 같은, 그리 중요하지 않은 것이다. 그러나 비고츠키 같은 사람들에게 내적 언어는 필수적인 중요 도구다. 찰스 다윈은 1871년 『인간의 유래The Descent of Man』에 수록된 유명한 단평에서 언어는 그게 내적이든 외적이든 복잡한 사고를 위해 필요했다고 주장한다.

> 인류의 선조의 정신력은 가장 불완전한 형태의 언어가 사용되기 전에도 기존의 유인원에 비해 고도로 발달해 있었을 것이다. 그러나 우리는 이 [언어] 능력을 지속적으로 사용하고 발전시키면서 보다 길게 사유하는 것이 가능해졌고 또한 그것을 북돋았으리라고 확신해도 좋을 것이다. 계수와 대수 없이는 긴 계산이 불가능하듯 길고 복잡한 사유는 어휘의 도움이 없다면, 그것이 소리내어 말한 것이든 조용히 속으로 말한 것이든, 불가능하다.

전제에서 결론까지 단계적으로 연결되는 복잡한 사고에는 언어 혹은 그에 가까운 것이 필수적이라는 관점은 얼핏 보면 불가피한 것처럼 여겨질 수 있다. 체계화된 내적 정보처리는 언어가 없으면 불가능할 것처럼 보인다.

그러나 우리가 이처럼 말한다면 우리는 거짓말을 하게 된다. 이제는 다른 동물들도 언어의 도움 없이 매우 복잡한 사고를 하고 있다는 사실이 밝혀졌다. 앞선 장에서 거론한 개코원숭이들을 떠올려 보라. 그들은 복잡한 동맹관계와 위계질서가 있는 사회 집단 안에서 산다. 개코원숭이는 서너 개 정도의 신호를 내는 단순한 발성 능력을 갖고 있지만 그들이 신호를 내부적으로 처리하는 능력은 그보다 훨씬 복잡하다. 그들은 각 개체의 소리를 인식할 수 있으며 각기 다른 개코원숭이들이 낸 일련의 소리를 해석하고, 개코원숭이 한 마리가 할 수 있는 '말'보다 훨씬 복잡한 주변 사건들의 의미를 이해할 수 있다. 개코원숭이는 이런 이야기를 구성할 때 자신들이 가진 의사소통 체계로 표현할 수 있는 것보다 훨씬 복잡한 관념들을 다룰 수 있는 방법을 갖고 있다.

개코원숭이 못지않게 흥미로운 사례가 있다. 최근 까마귀와 앵무새, 먹이를 저장하는 어치류 등의 특정 조류에 대한 우리의 관점에 계속해서 놀라운 변화가 있었다. 케임브리지 대학교의 니콜라 클레이튼Nicola Clayton과 연구진은 오랜 연구를 통해 새들이 각기 다른 종류의 먹이를 수백 군데의 별개의 장소에 비축한다는 점과, 어디에 먹이를 두었는지는 물론이고 각각의 장소에 '어떤' 먹이를 저장해 뒀는지까지—이렇게 해서 상하기 쉬운 먹이를 오래 가는 먹이보다 먼저 챙길 수 있다—기억한다는 점을 발견했다.

20세기 초 비고츠키는 이와 비슷한 사실을 깨달았다. 비고츠키는 그의 이론에 방해가 되는 복잡한 동물의 사고 능력에 대한 연구들을 어렴풋이 알고 있었다. 비고츠키는 초기에 언어의 내면화가 어떠한 종류든 복잡한 내적 정보처리에 필수적이라고 생각하다가 볼프강 쾰러Wolfgang Köhler의 침팬지 연구에 대해 알게 됐다. 쾰러는 제1차 세계대전 당시 카나리아 제도의 테네리페 섬에서 4년 동안 현장 연구를 한 독일의 심리학자다. 그는 섬에서 아홉 마리의 침팬지를 연구했고 특히 그들이 새로운 상황에서 어떻게 먹이를 얻는지 살펴보았다. 쾰러는 침팬지들은 때로 새로운 문제를 자발적으로 해결하는 "통찰력"을 보여 주는 듯했다고 말했다. 가장 널리 알려진 사례로는, 상자를 위로 쌓아올린 다음 그 위로 올라가 손이 닿지 않는 곳에 있는 먹이를 얻는 것이다. 쾰러는 언어와 복잡한 사고에는 필연적인 연결고리가 있다는 생각에 균열을 냈다.

인간의 사례에도 이러한 방식을 적용시킨 연구도 있다. 캐나다의 심리학자 멀린 도널드Merlin Donald는 1991년 펴낸 『현대 정신의 기원Origins of the Modern Mind』이라는 책에서 두 가지의 "자연실험"을 활용했다. 그는 먼저 문자가 발명되지 않았으며 수어도 없는 문화에서 살고 있는 청각 장애인들 삶을 살펴보았다. 그는 복잡한 사고에 언어가 필수적이라는 통념과는 달리 이들이 예상보다 더 정상적인 삶을 살고 있다고 주장했다. 둘째로 그는 "존 수사"로 알려진 프랑스계 캐나다인 수도사의 놀라운 사례를 이용했다. 존 수사는 앙드레 로흐 레커André Roch Lecours와 이브 조네트Yves Joanette의 1980년 논문에 등장하는 인물로, 대체로 정상적인 삶을 살았지만 때때로 심각한 실어증에 시달렸다. 실어증이 일어나면 그는 말하기는 물론이고 언어를 이해하는 능력도 잃었으며, 이는 공적인 언어와 내면의 언어 모두에 해당했다. 실어증이 일어나도 그의 의식은 또렷했다. 실어증은 공공장소에서 일어나기도 했는데 그때마다 그는 최대한 창의적으로 상황을 해결해야 했다. 책에서는 존 수사가 기차를 타고 어느 마을을 방문할 때의 일화를 묘사한다. 마을에 도착했는데 갑자기 실어증 발작이 일어났고 그는 호텔을 찾아 음식을 주문해야 했다. 그는 몸짓을 사용하여(그가 이해할 수 없는 메뉴판에서 음식 이름이 있다고 생각되는 부분을 가리키는 것을 포함해) 식사 주문을 해냈고 아무런 내면의 언어적 흐름 없이도 자신의 사고와 행위를 조직화했다. 복잡한 사고에 언어가 필수라는 관점이 맞다면 존 수사는 이런 기능을 제대로 수행하지 못했어야 한다. 존은 이후에 그 일화를 묘사하면서 매우 어렵고 혼란스러웠지만, 문제를 해결할 수 있었고 정신적으로도 당시 상황을 인지하고 있었다고 말했다.

이 문제에 대한 양 극단의 관점, 즉 언어가 사고의 중요한 도구라는 관점과 내적 언어가 단지 정신의 부산물이라는 관점은 점차 설 자리를 잃고 있다. 그러나 언어는 생각을 조직화하는 데 필수적이지는 않으며, 복잡한 사고의 유일한 매개도 아니다. 나는 이 장의 서두에서 흄이 자신의 내면에서 발견한 것들에 대해 언급하면서 놀랍게도 그가 내적 언어를 무시하고 있다고 말했으나 내가 인용한 존 듀이의 논평에도 똑같이 반응했을 수도 있다. 듀이는 흄이 말한 '관념들'이 단지 조용히 내뱉은 일련의 단어들이었다고 간주했다. 단어들이 정말로 있다 할지라도 흄이 "열기 혹은 냉기, 빛 혹은 그림자, 사랑 혹은 증오" 또한 발견했다고 말한 게 틀린 것일까? 분명 듀이 자신 또한 그런 것들과 맞닥뜨렸을 것이다. 두 철학자들이 제시한 범주는 불완전해 보인다.

다윈의 어조가 지나치게 강경하긴 하지만 우리의 정신에서 언어가 차지하는 역할은 다윈이 묘사한 것에서 크게 다르지 않을지도 모른다. 언어는 생각을 정리하고 바로잡을 수단을 제공한다. 하버드의 심리학자 수전 캐리Susan Carey가 실험실에서 어린이들을 대상으로 실시한 최근 연구 사례가 있다. 그는 아이들이 '선언적 삼단논법disjunctive syllogism'이라는 논리적 원리를 언제쯤 사용할 수 있는지 살펴봤다. 당신이 A '또는' B 중에 '어느 하나'가 참이라는 걸 안다고 가정해 보자. 그렇다면 A가 참이 '아니라'는 것을 배우면 B가 참이라고 결론짓게 될 것이다. 어린이도 "또는"이라는 단어를 배우기 전에 이 원리를 이해할 수 있을까? 한동안은 그것이 가능하다고 여겨졌으나 이제는 이런 종류의 정신적 정보처리를 하기 위해서는 그 단어를 익혀야 한다고 밝혀졌다(만일 스티커가 이 컵 또는 저 컵의 밑에 붙어 있고, 이 컵 밑에는 없다는 걸 알게 됐다면…). 이런 종류의 연구에서 원인과 결과의 연결을 규명하는 것은 늘 어려운 일이지만 이 결과는 참으로 비고츠키스럽다 할 수 있겠다.

이 모든 것이 작동하는 내부의 메커니즘은 무엇일까? 언어는 어떻게 실재하는 것일까? 여기에는 너무 많은 불확실성이 있다. 하지만 몇몇 연구 결과에 기반한 한 가지 그럴싸한 모형이 있다.

일상 언어는 입력과 출력 기능을 둘 다 수행한다. 듣기는 정신에 입력을 제공하고 우리의 말하기는 출력이다. 우리는 말하기와 듣기를 모두 수행하며 '자신이' 말하는 것도 들을 수 있다. 이 문제에 쉽게 접근하려거든 소리내어 혼잣말을 해 보면 된다. 이제 이런 친숙한 사실들을 뇌과학에서 점차 더 중요해지고 있는 개념에 연결시킬 것이다. 바로 '원심성 사본efference copy'이라는 개념이다(여기서 '원심성'이란 단어는 출력 또는 행위와 같은 것을 뜻한다). 이 개념을 소개하는 가장 좋은 방법은 시각의 예를 드는 것이다.

당신이 머리를 움직이거나 시선을 옮길 때 당신의 각막에 맺히는 상은 지속적으로 변하지만 주변 사물이 변화하는 것으로 인식되지는 않는다. 당신은 눈의 움직임을 지속적으로 기록하고 보정하면서 주변에서 무언가가 '움직이면' 이를 인지한다. 원심성 사본 메커니즘이 있다면, 행위를 결정하여 어떤 종류의 '명령'을 당신의 근육에 전달함과 동시에 그 명령의 희미한 이미지(다시 말해 그 명령의 '사본')를 뇌에서 시각 입력을 처리하는 부분으로 전송한다. 이로 인해 자신의 움직임으로 인한 영향을 고려하여 처리할 수 있게 된다.

나는 4장에서 '원심성 사본'이란 표현을 쓰지는 않았지만, 진화로 인해 행위와 감각 사이에 어떻게 새로운 종류의 순환이 생겨났는지를 살펴보면서 이 개념을 소개한 바 있다. 몸을 움직여 이동하는 여러 동물들이 움직이는 '행위'가 자신이 '감각'하는 것에 영향을 미친다는 사실을 어떻게든 해결해야 했다. 인지된 변화가 외부에서 뭔가 중요한 것에 의한 것인지 아니면 동물 자신의 행위에 의한 것인지를 분간해야 하는 문제를 만들어 낸 것이다.

이 메커니즘은 인식의 문제를 해결하는 데 도움을 줌과 동시에 복잡한 행동 자체를 수행하는 역할을 한다. 당신이 행동을 하기로 결정하면 원심성 사본은 뇌에 "내가 방금 한 일 때문에 상황이 이렇게 될 거야"라고 말하는 데에도 사용될 수 있다. 만약 상황이 예상과 다르게 흘러간다면, 이는 환경 요소가 변해서일 수도 있지만 당신이 수행하려던 행동이 계획대로 이뤄지지 않았기 때문일 수도 있다. *X*를 하려고 '시도'했을 때 실제로 *X*라는 '결과'가 나오게 하는 데는 보통 노력이 필요하다. 예를 들어, 당신은 테이블을 밀면 어떠한 일이 벌어질지 잘 안다. 예상대로 되지 않는 것 같다면 이는 테이블에 바퀴가 달려서일 수도 있지만 당신이 테이블을 미는 데 성공하지 못했음을 의미할 수도 있다.

이제 이 모든 것을 말하기에 적용해 보자. 모두가 자신이 생각한 대로 말이 나오길 바라는데, 말하기는 매우 복잡한 행위다. 말을 할 때 생성하는 원심성 사본을 통해 당신이 내뱉은 단어와 그에 대응하는 내면의 이미지를 비교할 수 있다. 우리가 무언가를 소리내어 말할 때 우리는 또한 내면적으로 우리가 말하려고 '의도'했던 소리를 인지하며 그리하여 우리 입 밖에 나온 말이 정확한지 아닌지를 판단할 수 있다. 일상 언어라도 배경에는 내면의 준발화quasi-saying와 준청취quasi-hearing가 포함되어 있다.

우리가 지금까지 살펴본 바로는, 일상 언어의 숨겨진 면모가 복잡한 행동의 통제를 돕고 있다. 그러나 언어의 청각적 이미지, 내면의 준발화된 문장들은 그 외에도 다른 역할을 갖고 있는 것으로 보인다. 일단 우리가 실제로 말하는 것을 점검하기 위해 말하는 것과 거의 같은 문장들을 생성한다면 우리가 말하려 하지 '않는' 문장들, 순전히 내면적인 역할만 갖는 문장과 언어의 파편들을 모으는 것이 그리 큰일은 아니다. 우리의 청각적 상상으로 문장을 형성하는 것은 새로운 매개, 새로운 행위의 영역을 만든다. 우리는 문장을 만들어 그 결과를 경험할 수 있다. 우리가 어떤 단어들이 어울리는지 내면에서 들을 때 우리는 그에 상응하는 '관념'들이 어떻게 어울리는지를 익힐 수 있다. 우리는 언어를 배열하고, 가능한 조합을 만들어 봄으로써 정리하고 배우고 성찰할 수 있다.

앞서 나는 흄이 자기 내면에서의 발견을 묘사할 때 내적 언어를 빠뜨렸다고 논평한 존 듀이를 언급했다. 듀이에게 내적 언어는 중요한 것이었지만 그 역할은 주로 흥미와 이야기 전달을 위한 도구였다. 그가 내적 언어의 다른 용도에 대해 논의하지 않았다는 건 이상한 일이다. 어쩌면 듀이가 매우 사회적인 철학자였기 때문일지도 모른다. 그는 우리가 하는 중요한 일의 대부분이 밖으로 드러난다고 생각했다. 비고츠키에 따르면 내적 언어는 오늘날 '실행제어executive control'라고 일컬어지는 역할을 한다. 내적 언어는 올바른 순서대로 행위를 수행하는 방법을 제공하며('전원을 먼저 끈 다음, 코드를 뽑는 거야') 습관이나 충동에 대해 하향식의 통제를 가한다('한 조각 더 먹으면 안돼'). 내적 언어는 관념을 조합했을 때('만약 내가 빛의 속도로 여행한다면 사물들이 어떻게 보일까?') 결과를 알아보는 사고실험의 수단이 될 수도 있다. 다니엘 카네만Daniel Kahneman을 비롯한 심리학자들의 용어를 빌리자면 내적 언어는 '시스템 2' 사고를 위한 도구다. 시스템 2 사고는 우리가 새로운 상황을 마주할 때 하게 되는 느리고 정교한 스타일의 사고방식을 말하며, 습관과 직관을 사용하여 빠르게 진행되는 '시스템 1' 사고와 대비된다. 시스템 2 사고는 올바른 논리 추론의 법칙을 따르려고 하며 여러 측면에서 사물을 보려 한다. 무겁고 느리지만 강력한 방법이다. 시스템 2 사고는 우리가 유혹을 피하는 방법이자(피하는 데 성공한다면) 어떤 새로운 행위가 문제를 정말로 해결할 수 있을지 판단하는 방법이다.

내적 언어는 시스템 2 사고에서 중요한 위치를 차지하고 있다. 내적 언어는 행위로 인한 결과들을 하나씩 점검하는 방법이자 유혹을 물리칠 논리를 제시하는 방법이다. 다니엘 데닛Daniel Dennett은 제임스 조이스James Joyce의 소설에 나오는 질주하는 내면의 독백 표현을 차용하여, 연결되어 나오는 말들을 우리 머릿속의 '조이스적 기계'라고 불렀다. 그러나 어떻게 평범한 원심성 사본 체계가 그토록 강력한 시스템 2 사고를 만들 수 있는 걸까? 단순히 우리의 내면에 떠다니는 언어의 편린들이 존재한다는 것만으로는 이토록 많은 결과들이 나올 이유가 되지 못한다.

이를 설명하기 위한 실마리는 우리가 내적 언어의 문장을 '들을 수 있다'는 점에서 찾을 수 있다. 일상 언어만큼이나 내적 언어도 뇌를 많이 사용한다. 사실 일상 언어와 내적 언어는 무척 유사해서 사람들은 오직 자신의 청각적 상상에만 존재하는 소리를 실제로 듣고 있다고 착각하기 쉽다. 2001년 한 실험에서 피험자들에게 헤드폰을 씌우고 아무런 특징이 없는 무작위의 소음을 들려 주면서, 간헐적으로 "화이트 크리스마스"라는 노래가 소음 속에 매우 조용히 흘러나올 수 있는데 혹시 노래가 들리면 버튼을 누르라고 안내했다. 실험 참가자의 3분의 1가량이 적어도 한 번은 버튼을 눌렀다. 그러나 실제로 노래는 한 번도 나오지 않았다. 이 실험에 대한 통상적인 해석은 피실험자가 실험 중 들을 수도 있는 노래를 상상했고 때로는 자신이 청각적으로 상상한 것을 실제로 듣는다고 착각했다는 점이다. 단어의 소리를 비롯해 우리가 머릿속으로 상상한 소리는 일상 속에서 인식하는 경험이 전파되는 방식과 비슷하게 우리의 정신 속으로 '전파'된다. 내적 언어의 문장이 구성되면 우리가 어떤 문장을 들었을 때 적용되는 것과 같은 정보처리 과정을 거친다. 그리하여 새로운 관념의 조합 혹은 행위에 대한 강한 촉구를 고려할 수 있게 된다. 내적 언어의 문장은 일상에서 발화된 문장과 동일한 종류의 효과를 가질 수 있다. "화이트 크리스마스" 실험에서 나타난 현상은 환자가 자신의 행위와 자아 의식을 교란하는 "목소리를 듣는" 정신분열증의 공통적인 증상을 규명하려는 노력에 영향을 주었다.

내적 언어는 분명 우리가 복잡한 사고를 할 수 있게 해주는 도구 중 하나다. 또 다른 도구로는 내면의 그림과 형상이라고 할 수 있는 공간 심상spatial imagery이 있다. 1970년대의 역사적인 연구에서 영국 심리학자 앨런 배델리Alan Baddeley와 그레이엄 히치Graham Hitch는 '작업기억working memory' 모형을 제시했다. 작업기억이란 보통 의식적으로 매 순간 처리하는 몇 가지 정보의 항목을 단기적으로 보관하는 곳을 말한다. 배델리와 히치는 작업기억이 세 부분으로 이루어져 있다고 생각했다. 내적 언어와 같이 상상한 소리를 재생할 수 있는 '음운 회로phonological loop', 그림과 형상을 처리하는 데 사용하는 '시공간 메모장visuo-spatial sketchpad', 그리고 이 두 가지 하위 체계의 활동을 총괄하는 중앙집행장치executive control device다. 내면의 스케치와 형상들은 어떤 측면에서는 내적 언어와 많이 다르지만 이들 또한 복잡한 사고를 위한 도구이며 원심성 사본 메커니즘과 비슷한 기원을 갖고 있을 수 있다. 이 경우에는 아마도 그 기원은 우리가 손의 움직임이나 제스처를 통제하는 방식이었을 것이다.

이 분야에서 우리가 알고 있는 것에는 빠진 부분이 많고, 내가 제시한 그림의 몇몇 주요한 특징은 아직 추측의 영역에 머물러 있다. 내적 언어와 그 친척들의 기원이 원심성 사본 메커니즘에 있다는 것은 아직 가설에 불과하고 입증되지 않았다. 내적 언어와 내적 심상이 각기 다른 기원을 갖고 있을 수도 있다. 순전히 상상력 그 자체에서 발현된 것일 수도 있으며 복잡한 행위를 만드는 오래된 메커니즘의 산물과 유사성을 갖고 있는 건 그저 우연일 수도 있다.

의식적 경험

내적 언어inner speech, 그리고 내면의 발화inner language와 뒤얽히는 스케치와 형상은 주관적 경험에 막대한 영향을 미친다. 평범한 사람들은 내면에 보이지 않는 행위를 무수한 횟수로 수행할 수 있는 영역을 보유하고 있다. 메아리와 해설, 수다와 감언이설은 우리 내면의 그 무엇보다도 생생하다. 가만히 앉아 변하지 않는 풍경을 바라보면서도, 정신은 내면의 행위로 가득차 '생동감'이 넘칠 수 있다. 많은 이들에게 내적 언어는 개인적으로 부담스러울 만큼 두드러져 사람들은 끊임없는 내면의 수다에서 '벗어나기 위해' 명상을 하기도 한다.

인간 사고의 이러한 특징은 주관적 경험의 기원에 대해 무엇을 말해 주는가? 나는 4장에서 이를 두 부분으로 나눠 설명의 토대를 세웠다. 첫째로 주관적 경험의 기본적 형태는 동물들의 삶에 광범위하게 퍼져 있는 특징이다. 그 예로 고통을 들었다. 둘째는 보다 복잡한 종류의 주관적 경험의 진화에 관한 것이었다. 본질적인 의미에서의 '의식적' 경험 말이다.

나는 이 장에서 언급한 도구인 내적 언어와 그 친구들이 이를 설명할 수 있다고 생각한다. 4장에서 나는 신경생물학자 버나드 바스가 처음 제시한 의식의 작업공간 이론을 소개했다. 바스는 의식적 사고를 많은 양의 정보가 집적되는 장소인 내면의 '전역 작업공간'으로 설명하고자 했다. 바스는 우리 뇌에서 벌어지는 대부분의 일은 무의식적으로 이루어지지만 그중 소규모는 작업공간에 옮겨져서 의식할 수 있는 상태가 될 수 있다고 봤다.

1980년대 말, 이 이론이 처음 제시됐을 때는 의식을 뇌의 특별한 '장소'에서 찾아내 설명하려는 오래된 관점과 너무 비슷해 보였다. 사고가 이 장소에서 모종의 과정을 거쳐 주관적인 색채를 띠게 된다고 본 것이다. 바스는 작업공간은 중앙 무대와도 같다는 공간적 은유를 사용했다. 그래서 전역 작업공간 이론을 지지하는 사람들이 "대체 그 작업공간이 뭐가 특별한 거야? 거기에 난쟁이라도 살고 있는 건가?" 같은 질문을 받고 곤혹스러워 하는 걸 본 적 있다. 처음 전역 작업공간 이론이 등장했을 때는 이상해 보였지만 바스는 뭔가 있음을 알았고 이 이론에서 파생된 과학 연구를 통해 곧 이를 입증했다.

바스는 인간의 주관적 경험이 '통합'돼 있다는 생각을 자기 이론의 출발점으로 삼았다. 각기 다른 감각기관들이 전달한 정보와 우리 기억 속의 정보가 합쳐져 우리가 거주하며 행동하는 전체적인 '풍경'에 대한 감각을 제공한다. 작업공간 이론의 2세대 버전은 2001년 프랑스의 신경생물학자 스타니슬라스 데하에네와 리오넬 나카시Lionel Naccache가 내놓았다. 데하에네와 나카시는 인간의 의식적 사고는 우리를 일상에서 벗어나게 하는 새로운 상황과 행위와 특별한 연관이 있다고 주장했다. 우리는 우리의 습관이 무너지거나 적용할 수 없을 때 사안을 의식적으로 대하고, 새로운 시도를 해야 한다. 새로운 행위를 할 때는 보통 서로 다른 몇 가지 정보를 한데 모아 거기서 무엇을 얻을 수 있는지 살펴볼 필요가 있다. 데하에네와 나카시에 의하면 의식적 사고의 기능은 우리로 하여금 '빅픽처'를 그릴 새롭고 정교한 행위를 가능하게 해 준다.

이러한 접근법은 통상 "작업공간 이론"이라고 불리지만 이에 대해 말하는 방식은 언제나 두 가지였다. 사람들이 이 이론을 표현할 때 사용하는 두 종류의 은유가 있다. 바스, 데하에네, 나카시는 의식이 어떻게 작동하는지를 묘사할 때 '전송broadcast'이라는 표현을 쓴다. 정보를 의식적으로 만드는 것은 뇌의 전반에 정보를 전송한다는 말이다. 때로는 작업공간과 전송 모두 필요한 것처럼 말하기도 한다(바스가 그렇게 말했다). 또 어떤 때에는 우리를 이해시키려고 두 개의 은유를 사용해 같은 것을 설명하는 것처럼 보이기도 한다.

나는 두 개의 은유가 많이 다르다고 생각하지만 '전송'은 이 맥락에서는 명확한 은유조차 아니다. 전송이라는 방식을 통한 정보의 통합이란 발상은 내면의 작업공간이라는 발상의 대체물로 봐야 하지 동일한 발상의 다른 표현법으로 보기는 어렵다. "그 내면의 공간이 어디 있습니까? 누가 그걸 본 적이 있나요?" 우리가 전송의 모형을 사용하면 이런 문제는 없어진다. 다음 단계는 내적 언어와 그 친척들이 전송 '수단'을 제공한다고 보는 것이다. 내적 언어는 우리의 정신 속에서 여러 가지를 연결시킴으로 정보를 판단하고 사용할 수 있게 하는 한 가지 방식을 제공한다. 내적 언어는 당신의 뇌 속 어딘가에 있는 작은 상자 속에 살고 있지 않다. 내적 언어는 사고의 구조와 그것의 수용을 한데 묶어 당신의 뇌가 '회로를 만들게 하는 한 가지 방법'이다. 그것이 완료되면 언어로 제공된 그 형식은 관념을 조직화된 구조로 통합할 수 있게 해 준다.

나는 이 이론을 의식적 사고와 내적 전파의 관계에 대한 완전한 이론으로 제시하는 것은 아니다. 데하에네와 다른 신경과학자들이 찾아낸 전송과 정보의 통합 메커니즘은 십중팔구 내적 언어와 아무런 연관이 없을 것이다. 나는 이것이 전체의 일부에 불과하며, 인간의 경험에서 특별한 특징을 원심성 사본과 내적 언어로 설명할 수 있는 방법 중 하나라고 생각한다.

다른 것도 있다. 오랫동안 의식과 어느 정도 연관이 있다고 여겨져 온 현상으로 '고차원적 사고higher-order thought'다. 이것은 당신 자신의 생각에 '관한' 생각, 그러니까 당신의 현재 경험의 흐름에서 한 발짝 물러나 하는 생각을 표현한 것이다. 예를 들면 "왜 이렇게 기분이 안 좋지?" 또는 "저 차가 여기 있는 줄은 몰랐는데" 같은 생각이다. 고차원적 사고는 주관성과 의식에 관한 이론에서 어떠한 역할을 갖고 있는 것으로 오랫동안 여겨져 왔지만 그 역할이 정확히 무엇인지는 아직도 뚜렷하지 않다. 어떤 이들은 어떤 종류의 주관적 경험에든 고차원적 사고는 필수라고 주장했다. 대부분의 동물들이 고차원적 사고를 갖고 있을 가능성은 거의 없기 때문에 결과적으로 내가 주관적 경험에 대한 후발이론이라고 부르는 것과 정반대의 주장이다. 또 다른 가능성은 고차원적 사고가 인간 삶의 복잡한 특징 중 하나이며 이것이 주관적 경험을 탄생시키진 않지만 인간의 주관적 경험을 재구성했다는 것이다.

나는 후자의 관점을 선호한다. 나는 고차원적 사고가 우리가 인간으로서 경험을 할 수 있게 만드는 유일하며 '필수적인' 단계라는 생각에 반대한다. 고차원적 사고는 전체 단계의 아주 중요한 일부일 것이다. 어쩌면 의식적 사고의 모든 형태 중에서 가장 생생한 것은 우리 자신의 사고 방식에 연결하고, 숙고하고, 우리 '자신의 것처럼' 경험하고자 주의를 기울이는 것들이리라. 우리는 우리 내면의 상태를 언어로 생각하지 않으면서 들여다 볼 수 있다. 그러나 부정할 수 없는 '왜 내가 그걸 생각했지?'나 '왜 내가 그렇게 느끼는 거지?' 같은 질문을 의식에 던지는 경우에는 내적 언어가 두드러진다. 우리는 종종 내면의 상태에 대해 성찰할 때 그에 대한 질문이나 해설 또는 훈계를 만들어낸다. 이것은 무의미하지도 않고 단지 놀이를 위한 것도 아니다. 우리가 다른 방식으로는 할 수 없는 것을 할 수 있도록 돕는 것이다.

완전한 원

누구도 인간의 언어가 얼마나 오래됐는지 모른다. 50만 년 전이거나 그보다 더 늦게 나타났을 수도 있다. 그리고 인간의 언어가 단순한 형태의 의사소통에서 어떻게 진화했는지에 대해서도 많은 논쟁이 있다. 어떻게 발생했든 간에 언어의 등장은 인간 진화의 경로를 바꾸어 놓았다. 현재로서는 그 경로에 대해 단지 추측만 할 수 있지만 언어는 내면화됐다. 언어가 사고의 기반이 됐다는 얘기다. 이런 내면화(비고츠키의 전이)는 또한 진화적으로도 중요한 사건이었다. 이는 이 책에서 다루는 두 번째로 위대한 내면화다. 수억 년 전에 발생한 첫 번째 내면화에 대해서는 2장에서 다루었다. 동물 진화의 시작점에 가까워지면서, 세포들끼리 그리고 주변 환경과 상호작용하기 위해서 감각과 신호 전달 장치를 진화시킨 세포들은 이 장치에 새로운 역할을 부여했다. 세포 대 세포 신호 전달은 다세포 동물을 만드는 데 사용됐고 다세포 동물 중 일부에게는 새로운 통제장치가 등장했다. 바로 신경계다.

신경계는 감각과 신호의 내면화를 거쳐 발생했고, 언어

의 내면화는 사고의 도구이니 신경계와는 다른 것이다. 두 경우 모두 생명체 사이의 의사소통 수단이 생명체 내부의 의사소통 수단이 됐다. 두 사건은 인지의 진화사에 이정표를 하나씩 남겼다. 하나는 그 시작점에, 그리고 다른 하나는 최근에. 최근은 진화 과정의 '끝'은 아니지만 현재까지 진행된 과정의 끝에 가깝기는 하다.

다른 측면에서 이 두 가지의 내면화는 각기 다른 모습을 갖고 있다. 신경계의 진화에서 신호의 내면화는 생명체를 보다 크게 만듦으로서 이뤄졌다. 과거에는 서로 독립적이었던 존재들을 포괄할 정도로 생명체의 영역이 확장되면서 일어난 일이다. 언어의 내면화 과정에서 생명체의 영역은 변하지 않고 그대로 유지됐지만 그 내부에서 새로운 경로가 만들어졌다.

4장에서 나는 감각과 행위를 연결하는 단순한 직진 흐름이 좀 더 복잡하게 진화했음을 살펴보았다. 가장 단순한 직진 사례로 감각의 입력과 몇 가지 출력이 있다. 쉽게 말하면 당신의 행동은 당신이 보는 것에 달려 있다는 것이다. 그런데 심지어 박테리아에서도 인과율이 반대로 작동하는 경우가 있다. 박테리아의 행동이 나중에 감각할 것에 사실상 영향을 미치는 것이다. 그러나 신경계를 가진 동물로 가면, 감각과 행위를 연결하는 회로는 보다 풍부해지고 동물들 스스로가 그 회로를 인지하게 된다. 당신의 행위는 지속적으로 당신과 당신 주변 사이의 관계를 변화시킨다. 세계에 대해서 알고자 하는 동물에게 그 사실은 처음에는 '문제'로 다가온다. 당신이 하는 모든 행위가 세계가 어떻게 보이는지에 영향을 미친다면 당신 주변에서 벌어지는 새로운 사건들을 어떻게 탐지할 것인가? 그러나 처음에는 문제로 시작된 것이 나중에는 기회가 될 수 있다.

1950년 독일의 생리학자 에리히 폰 홀스트Erich von Holst와 호르스트 미텔슈태트Horst Mittelstaedt는 이 관계에 대한 이론의 틀을 제공했다. 나는 그들이 사용한 용어 중 하나를 이 장 초반에 사용했다. 바로 원심성 사본이다. 이제 그들의 이론 틀의 주요 내용을 더 소개하고자 한다. 그들은 당신이 감각을 통해 받아들이는 모든 것을 가리키기 위해 원심성afference이라는 용어를 사용했다. 당신이 감각을 통해 받아들이는 정보의 일부는 당신 주변의 사물의 변화로 인한 것이다. 이것을 외원심성exafference이라 한다. 그리고 또 다른 일부는 당신 자신의 행위로 인한 것인데 이것을 재원심성reafference라고 한다. 동물은 이 둘을 구분해야 하는 문제에 직면한다. 재원심성은 인식을 보다 모호하게 만든다. 당신 자신의 행위가 당신의 감각이 수집하는 정보를 변화시키지 않는다면 인생은 어떤 의미로는 더 편했을 것이다.

이 문제를 해결하는 한 가지 방법은 앞서 내가 설명한 '원심성 사본'을 사용하는 것이다. 당신이 움직이면 당신은 인식을 담당하는 부분에 들어오는 정보 중 어떤 부분은 무시하라는 신호를 보낸다. "그건 신경쓰지마. 그냥 내가 움직이는 거야."

문제는 재원심성에 있다. 하지만 여기서 기회도 생겨난다. 당신은 유용한 방식으로 스스로의 감각기관에 영향을 미칠 수 있다. 이때 목적은 인식하는 것들 중에서 원하지 않는 입력을 걸러내는 게 아니라 인식을 위해 당신의 행위를 사용하는 것이다. 간단한 예로 나중에 읽기 위해 자신에게 남기는 메모가 있다. 당신이 지금 행위를 하여 환경에 변화를 주면 당신은 나중에 당신의 행위의 결과를 인식하게 된다. 그렇다면 당신이 지금 알게 된 것을 활용하여 나중에 무엇인가 얻기 위해 행위를 할 수 있게 된다.

메모를 남기고 그것을 읽으며 재원심성 회로가 만들어진다. 당신에게서 기인하지 않은 것들만 인지하는(다시 말해 감각의 잡음 속에서 외원심적인 것을 찾는) 대신 당신은 당신이 읽는 것이 '전적으로' 당신의 이전 행위로 말미암은 것이길 원한다. 당신은 노트에 담긴 내용이 다른 사람이 쓴 낙서나 노트의 자연적인 노화가 아닌 당신의 행위로 인한 것이길 바란다. 당신은 현재의 행위와 미래의 인식 사이의 회로가 견고하길 원한다. 이는 외부 기억의 한 형태를 만들 수 있게 한다. 그리고 이것은 아마도 인류 역사 초기에 남겨진 대부분의 기록물(물건과 거래의 기록으로 가득하다)의 역할이었을 것이다. 어쩌면 당시 그림이 가진 역할도 같았을지도 모르지만 이 경우는 분명하진 않다.

메시지가 타인을 향한 것이라면 이는 일상적인 의사소통이다. 당신이 스스로 읽기 위해 무언가를 썼다면, 보통 시간과 관련된 중요한 역할이 있다. 넓은 의미에서 그 목표는 기억이다. 그러나 이러한 종류의 기억은 의사소통의 현상이기도 하다. 현재의 당신과 미래의 당신의 의사소통이니까. 일기와 스스로에게 남기는 노트는 일반적인 종류의 의사소통과 마찬가지로 발신자가 있고 수신자가 있다.

2장에서 나는 또한 개체들 사이의 의사소통이 가질 수 있는 두 가지 다른 역할에 대해 논했다. 이 역할들은 최초의 신경계가 그 주인을 위해 무엇을 했는지에 대한 서로 다른 시각을 반영한다. 하나는 '인식'과 '일어난 일'을 협응하는 것으로 이는 폴 리비어의 등불 신호 이야기가 잘 보여 주는 역할이다. 다른 역할은 하나의 행위의 각기 다른 요소들을 협응시키는 것으로 배에서 "노 젓는 신호"를 주는 사람과 비슷하다. 2장에서 나는 대부분의 경우에는 두 종류의 역할이 동시에 수행되긴 하지만 여전히 이 둘을 구별할 만한 가치가 있다고 말했다. 물론 맞는 말이지만 앞서의 논의에서는 분명하게 드러나지 않았던 둘 사이의 관계가 이제 우리에게는 또렷하게 보인다.

어떤 업무를 나중에 끝내야 한다는 걸 스스로 상기시키

기 위해 무언가를 적어 놓는다면 당신은 나중의 당신이 '감각'하게 될 흔적을, 당신이 인식하게 될 무엇인가를 남기는 것이다. 이런 측면에서 이는 교회 관리인과 리비어와 비슷하다. 하지만 그 흔적은 나중의 당신으로 하여금 어떤 업무를 마치게끔 하려는 현재의 당신이 남기는 것이다. 이러한 측면에서는 활동의 내면적 협응, 행위를 형성하는 것과 같다. 비록 그 협응이 외부의 세계와 연결된 인과적 회로를 사용하긴 하지만, 이러한 협응은 나중에 감각될 수 있는 흔적을 남기는 행위를 포함한다.

이런 유용한 회로들 중 일부는 피부 바깥으로 나가기도 하고 어떤 것들은 피부 안에서만 돌아가기도 한다. 원심성 사본은 신경계 속의 활동이자 내부적 메시지다. 당신이 머리를 움직여도 세상은 그대로 멈춰 있는 것처럼 보이는데 이는 내부적인 수단에 의해 이루어진다. 여기서 내부적 메시지는 행위가 감각에 미치는 효과의 문제를 해결하는 데 사용된다. 그러나 이런 내부적 호arc는 외부적인 호와 마찬가지로 기회와 새로운 자원을 제공할 수도 있다. 그것이 내가 앞서 내적 언어의 기원에 대해 제시한 모형의 내용이다. 당신이 말하고자 계획한 것의 사본들은 그 자체로 암묵적 행위를 일으킬 수 있다. 가능성을 만들고 관념들을 한데 모으고 자기통제를 실시하는 내적 행위를 말하는 것이다. 내적 언어는 약간 재원심성 같이(당신의 감각에 영향을 미치는 행위의 결과처럼) 느껴질 수 있지만 내적 언어는 내부에 갇혀 있기 때문에 실제로 '들리'지는 않는다(적어도 의도대로 되고 있다면). 만일 내적 언어가 뇌 속에 정보를 전송하는 것과 같다면 그것은 당신이 자기 자신에게 소리내어 말을 한다거나 스스로에게 메모를 남길 때 볼 수 있는 재원심성의 회로와 비슷하다 할 수 있다. 그러나 이 경우의 회로는 더 작고 제한적이며 잘 드러나지 않고 눈에 보이지 않는다. 자유롭고 조용한 실험실인 것이다.

인간 정신을 이런 종류의 회로가 무수하게 모여 있는 장소라고 보면 우리 자신과 다른 동물의 삶에 대해 다른 관점을 갖게 된다. 여기에는 이 책에서 논의한 두족류도 포함된다. 다채로운 표현력을 가진 그들의 매개체, 다시 말해 색깔과 무늬들은 복잡한 회로에 사용되지는 않는다(그들이 그런 화려한 색깔을 갖고 있으면서도 색맹이라는 사실이 보여 주는 아이러니를 제쳐 놓더라도 이는 사실이다). 피부의 무늬를 생성하는 것은 그 무늬가 얼마나 복잡한지와는 상관없이 일방통행로에 가깝다. 두족류 동물은 사람이 자신이 말하는 것을 듣는 것처럼 자기 자신의 무늬를 보지 못한다. 피부의 무늬에 대해서는 원심성 사본이 할 수 있는 역할이 십중팔구 별로 없을 것이다(피부 속의 색소 세포가 감각기관 역할도 한다는 추론이 사실로 밝혀지기 전에는). 두족류는 엄청난 표현력을 내보인다. 하지만 한 쌍 혹은 집단이 아닌 한 개체만을 관찰하면서 이 전시가 피드백 회로 속에 들어 있지 않으며 결코 그렇게 될 수 없음을 알게 되었다. 인간의 사례(정반대의 경우다)는 재원심성과 연관된 기회가 보다 복잡한 정신의 진화를 추동하는 데 도움이 된다는 걸 말해 준다. 두족류는 인간과는 다른 길 위에 있다.

그리고 두족류의 삶에서 그들의 가능성을 제한하는 것은 이것 만이 아니다.

7. 압축된 경험

노화

나는 2008년쯤부터 바다에서 두족류를 면밀히 관찰하고 따라다니기 시작했다. 처음에는 대왕갑오징어를 쫓아다녔고, 문어를 알아보는 법을 배운 다음에는 문어를 쫓아다녔다(물론 문어는 항상 내 주변에 있었다). 두족류에 대한 책도 읽기 시작했다. 두족류에 대해 처음으로 알게 된 사실은 내게 충격으로 다가왔다. 대왕갑오징어라는 거대하고 복잡한 동물의 수명이 평균 1~2년으로 짧다는 사실이다. 문어도 마찬가지로 평균 1~2년 정도 살며, 가장 몸집이 큰 참문어가 야생에서 4년 정도 산다고 한다.

도저히 믿을 수가 없었다. 나는 내가 교류하던 갑오징어가 당연히 나이가 많을 거라고 생각했다. 인간과 자주 조우

해서 우리가 어떻게 행동하는지 알고 있고, 넓은 바닷속 한 지역에서 많은 계절이 지나는 것을 봤을 것이라고 생각했다. 내가 이렇게 짐작한 까닭은 그들이 세상 풍파를 많이 겪어 본 것처럼 늙어 '보였기' 때문이다. 게다가 어리다고 하기에는 보통 60~90센티미터 길이로 덩치가 컸다. 하지만 이 갑오징어들을 만난 시기가 그해 짝짓기철의 초반이라는 것을 알았고 내가 만난 이들 모두가 곧 죽는다는 사실을 깨달았다.

그 일은 실제로 일어났다. 남반구의 겨울이 막바지에 다다르면서 갑오징어는 급격히 쇠퇴하기 시작했다. 나는 한 개체를 계속 따라다닐 수 있었는데 일주일이 지날수록, 때로는 하루가 지날수록 노화가 뚜렷하게 나타났다. 그들은 서서히 무너져 내렸다. 곧 몇몇 갑오징어들의 몸통에서 살점과 다리가 떨어져 나가고 있었다. 마법과도 같았던 피부도 빛을 잃기 시작했다. 처음에 나는 그들 중 일부가 하얀 반점을 전시한다고 생각했다. 그러나 가까이서 보니 살아있는 영상 스크린이었던 외피가 벗겨지고 새하얀 속살만 남아 있던 것이었다. 그들의 눈은 흐리멍덩했다. 노화 과정이 막바지에 다다르면 갑오징어는 일정한 수심에서 헤엄치는 것조차 못한다. 노화가 시작되면 그 속도는 걷잡을 수 없이 빠르다. 그들의 건강은 마치 절벽에서 추락하듯 나빠졌다.

노화의 단계가 온다는 걸 알게 되자 이 갑오징어들과 교류하는 것이, 특히 친근한 개체들과의 교류가 큰 슬픔이 됐다. 그들의 시간은 너무나 짧았다. 이 발견은 그들의 커다란 두뇌가 제시하는 수수께끼를 더욱 어렵게 만들었다. 수명이 1~2년 밖에 되지 않는데 그렇게 커다란 신경계를 만드는 까닭은 무엇이란 말인가? 지능을 담당하는 장치는 값비싸다. 만드는 데도 많은 자원이 들고 운영하는 데도 마찬가지다. 큰 두뇌가 있어야 가질 수 있는 학습의 유용함은 결국 수명에 따라 달라진다. 그렇게 얻은 정보를 사용할 시간이 없는데 주변 세계를 학습하는 과정에 자원을 투자하는 게 무슨 소용이 있겠는가?

진화가 척추동물 이외에 큰 뇌를 실험한 대상은 두족류가 유일하다. 대부분의 포유류, 조류, 그리고 물고기들은 두족류보다 훨씬 오래 산다. 보다 정확하게 말하자면 포유류와 조류는 잡아먹히거나 다른 불운을 맞이하지 않는다면 더 오래 살 '수' 있다. 이 사실은 특별히 개나 침팬지 같은 대형동물에게 적용되지만, 쥐만한 크기에도 불구하고 15년을 살 수 있는 원숭이가 존재하며 벌새는 10년 이상을 살 수 있다. 많은 두족류는 그 몸집과 지능에 비해 너무 짧은 삶을 사는 듯하다. 알에서 태어난 문어가 2년도 못 산다면 문어의 지능은 왜 필요하단 말인가?

바다에 수명을 짧게 만드는 요인이 있는 것은 아닐까? 나는 곧바로 그게 답이 아님을 발견했다. 내가 어울렸던 두족류와 같은 암초에 서식하는 요상하게 생긴 물고기가 속한 양볼락과 물고기에는 200년까지 사는 물고기도 있다. 200년! 이건 정말 너무 불공평하다. 멍청해 보이는 물고기는 세기가 변하도록 살아남는데 이 화려한 갑오징어와 기이할 정도로 똑똑한 문어는 단 두 살이 되기도 전에 죽는다고?*

다른 가능성은 연체동물의 체제와 관련된 것이나 혹은 두족류의 어떤 특성이 불가피하게 짧은 수명을 만드는 것이다. 나는 가끔 사람들이 이런 얘기를 하는 것을 듣지만 이것이 답이 될 수는 없다. 생김새는 우아하지만 심리학적으로는 흥미롭지 않은 두족류인 앵무조개는 잠수함처럼 껍데기 속에서 태평양을 휘젓고 다니며 20년 이상을 산다. 이들의 몇십 년의 수명을 두고 "냄새 맡고 더듬거리는 청소부"라며 달갑지 않게 여기는 생물학자도 있다. 앵무조개는 문어와 갑오징어의 친척이지만 이들만큼 바쁘게 살지 않는다.

문어 또는 갑오징어는 생애 동안 풍부한 경험을 하지만, 그 경험이 엄청나게 압축된다는 사실은 매우 모순적인 느낌을 일으킨다. 더불어 그런 경험을 가능케 만드는 뇌에 대한 의문은 커져갔다.

---

* 두족류의 상황은 리들리 스콧의 영화 "블레이드 러너"를 떠올리게 한다. 영화에서 인조인간 '레플리컨트'들은 단 4년이 지나면 죽게 설계돼 있다. 영화의 원작인 필립 K. 딕의 『안드로이드는 전기양의 꿈을 꾸는가?』에서는 레플리컨트들이 빨리 죽는 이유가 기계 고장 때문이었다. 두족류와는 달리, 블레이드 러너의 레플리컨트들은 자신들의 운명을 안다.

왜 두족류는 더 오래 살지 못하는 걸까? 왜 우리 '모두'는 지금보다 더 오래 살지 못할까? 캘리포니아와 네바다의 산자락에는 율리우스 카이사르가 로마를 거닐던 시절부터 살던 소나무들이 있다. 자연의 순리에 따를 때 왜 어떤 생명체는 수십, 수백, 수천 년을 살면서 어떤 생명은 한 해가 지나가는 것도 보지 못할까? 사고나 질병으로 인한 죽음이야 의문의 여지가 없다. 진정한 수수께끼는 "노화"로 인한 죽음에 있다. 왜 우리는 주어진 시간을 살고 나면 바스라지는 걸까? 매년 생일을 맞이할 때마다 혼자 하는 생각이지만 두족류의 짧은 생은 이 의문을 보다 생생하게 만든다. 왜 우리는 나이를 먹는 걸까?

우리는 직관적으로 죽음을 신체가 '닳아 없어지는' 문제로 생각하는 경향이 있다. 어떤 이는 자동차가 그러하듯 우리도 결국 고장나게 돼 있다고 말할지도 모른다. 그러나 자동차는 적절한 비유 대상이 아니다. 자동차의 원래 부품은 분명 닳아 없어지겠지만 다 자란 인간은 원래 갖고 있던 부품으로 작동하지 않는다. 우리 몸을 이루는 세포는 지속적으로 양분을 흡수하고 분화하여 오래된 부품을 새것으로 교체한다. 심지어 오랫동안 살아있는 세포도 자신을 구성하는 물질(거의 대부분)을 꾸준히 교체한다. 자동차의 부품을 계속 새로운 것으로 교체할 수 있다면 자동차가 작동을 멈출 이유는 없는 것이다.

이 문제를 바라보는 다른 방법이 있다. 우리의 신체는 세포들의 집합이다. 이 세포들은 한데 모여 있고 협동을 하지만 세포는 그냥 세포일 따름이다. 우리를 구성하는 세포 대부분은 계속해서 하나에서 둘로 분열한다. 어떤 이유로 이 분열하는 세포들이 "노화"하게 되어 있다고 가정해 보자. 지금 존재하는 세포들은 실제로 그리 오래되지 않았지만 말이다. 다시 말해 심지어 새로 등장한 세포라 할지라도 그 '선조'가 가진 노화의 흔적이 있으며 이것이 몸이 노화되는 이유라고 가정해 보자는 말이다. 하지만 만일 이 가정이 사실이라면 박테리아나 다른 단세포 생명체는 어떻게 여전히 존재하는 걸까? 지금 존재하는 박테리아 개체는 최근 발생한 세포 분열의 산물이지만 그 세포의 선조들의 나이는 수십억 년이다.

특정한 종류의 박테리아(우리에게 가장 친숙한 대장균이라고 하자)를 뭉텅이로 모아 놓았다고 상상해 보자. 이 세포들이 분열해서 태어난 후손 세포들도 같은 집단에 머무르게 된다. 세포들이 태어나고 죽으면서도 세포 집단은 계속 유지된다. 만약 적당한 환경이라면 이 세포 집단은 수백만 년을 존속할 수도 있다. 세포 집단은 세포로 이루어진 거대한 덩어리로 일종의 "신체"가 될 수 있다. 단순히 늙었다는 이유로 닳아버리거나 부서질 이유는 없다. 다시 말하지만 '지금' 존재하는 부품은 늙지 않았다. 이들은 새로 태어난 세포다. 세포들로 이루어진 집단이 꾸준히 세포를 교체하고 새로 채우면서 영원히 살 수 있다면 왜 우리의 신체는 그렇게 영원하지 못하는가?

당신은 이렇게 말할 것이다. 우리를 박테리아와 다르게 만드는 것은 바로 우리 세포의 배열이며, 우린 마냥 뭉쳐 있는 것이 아니라고. 배열은 심지어 세포가 항상 새것이라 할지라도 부서질 수 있다고. 하지만 왜 새로운 세포들은 배열을 올바르게 재구축하지 못할까? 세포들은 사람이 잉태되고 태어나고 아기에서 성인으로 성장할 때는 올바른 배열을 만들어낸다. 왜 이러한 배열이 새로 태어나는 세포들로 꾸준히 재구축되어 당신을 계속 살 수 있게 만들지 않는가?

"부품의 마모" 같은 설명은 이 문제의 해답으로 충분치 않다. 이런 류의 설명 중 말이 되는 게 있더라도 실제로 관찰 가능한 동물의 수명과 비교해 보면 제대로 부합하지 않는다. 만약 "마모"가 문제라면 신진대사율이 높은(더 많은 에너지를 태우는) 동물들이 더 빨리 노화를 겪어야 한다. 신진대사율로 어느 정도 수명을 예측할 수 있지만 많은 경우 틀린다. 캥거루 같은 유대목 동물은 우리처럼 태반에서 태어나는 포유류보다 신진대사율이 낮지만 더 빨리 노화한다. 박쥐의 신진대사는 엄청나게 활발하지만 노화는 느리다.

세포 수준에서는 거의 무한에 가까운 재생 가능성이 있다. 인간이라는 존재(세포 집단)가 가진 어떤 특성 때문에 우리를 비롯한 동물들이 노화와 맺는 관계는 다른 생명체에서는 나타나지 않는다. 노화 문제에 대한 이 관점은 다시 이 책의 몇 장을 뒤돌아가 우리를 동물의 진화로 데려다 놓는다. 비록 세포의 계보는 인간이 있기 전부터 그 후로도 길게 이어지지만 동물에게 탄생과 죽음은 개체의 삶의 시작과 끝을 보여 주는 경계다. 그래서 우린 다시 문제에 봉착했다. 왜 벌새는 10년을 살고, 볼락속 물고기는 200년을 살며, 캘리포니아의 소나무는 수천 년을 사는데 문어는 2년을 사는 것일까?

오토바이 떼

이 수수께끼는 우아한 진화론적 논리를 통해 대부분 해결되었다.

우리가 진화론적으로 생각할 때 노화 그 자체에 숨겨진 이점이 있는지 궁금해 하는 것은 자연스럽다. 우리의 생명에 노화가 시작되는 것은 뭔가 그렇게 되도록 "프로그램된" 것 같아 보이기 때문에 이런 생각은 매력적이다. 어쩌면 늙은 개체가 죽는 것은 보다 젊고 강건한 개체들을 위해 자원을 절약함으로써 종 전체로 보면 이익이기 때문일까? 그러나 이런 생각은 노화에 대한 설명으로서는 불충분하다. 이 설명에선 젊은 개체가 보다 건강하다고 간주한다. 그러나 여기에 왜 그런지에 대한 설명은 없다.

게다가 이 같은 상황이 안정적일 가능성도 희박하다. 어떤 집단에서 늙은 개체들이 적절한 때가 오면 관대하게 "바통을 넘긴다"고 가정해 보자. 그런데 이런 방식으로 자신을 희생하지 '않는' 개체가 나타나 계속 살아간다면 어떻게 될까? 이 개체는 더 많은 자손을 갖게 될 가능성이 높아진다. 생식을 통해 전체를 위해 희생하기를 거부하는 속성도 전달된다면 이 속성이 확산되고 결국 희생이라는 행위는 뿌리뽑힐 것이다. 때문에 노화가 전체 종에게는 이익이 된다 할지라도 그것만으로는 노화라는 현상을 유지시키기에 충분치 않다. 이 논리가 "숨겨진 이점" 관점의 종말을 의미하진 않지만 노화에 대한 최근의 진화론적 이론은 다른 접근법을 취하고 있다.

새로운 접근법에 대한 첫 번째 시도는 1940년대 영국 면역학자 피터 메더워Peter Medawar가 했던 짧은 논쟁에서 이뤄졌다. 10년이 지난 후 미국의 진화생물학자 조지 윌리엄스George Williams가 두 번째 진전을 더했다. 다시 10년이 지난 1960년대에 윌리엄 해밀턴William Hamilton(아마도 20세기 말 진화생물학의 독보적인 천재일 것이다)이 이를 엄밀한 수학적 기술로 정리했다. 이론 자체는 정교한 수학적 방식으로 만들어졌지만 핵심 개념은 무척 단순하다.

한 가지 사례를 상상하며 시작해 보자. 시간이 지나도 자연스러운 노화가 전혀 진행되지 않는 동물 종이 있다고 가정하자. 생물학자들이 선호하는 단어를 사용하자면, 이 동물은 "노화"를 보이지 않는다. 이들은 삶의 초기부터 생식을 시작하며 잡아먹히거나 굶어죽거나 번개를 맞는 등 외부 요인으로 죽을 때까지 계속된다. 외부 사건 때문에 죽을 위험은 일정하다고 가정한다. 매년 사망 확률을 5퍼센트로 가정하자. 나이를 먹는다고 해서 이 확률이 늘거나 줄지는 않지만 언제라도 사고가 나거나 다른 존재가 한 개체를 죽음에 이르게 만들 수 있다. 이 시나리오에 따르면 갓 태어난 개체는 90세가 될 때까지 살아있을 확률이 1퍼센트도 채 되지 않는다. 하지만 만약 그 개체가 90세까지 '살아남는다면' 그는 91세까지 살아남을 가능성이 높다.

다음으로 우리는 생물학적 변이mutation에 대해 살펴볼 필요가 있다. 변이란 우리 유전자 구조에 우연한 변화가 생기는 것을 말한다. 이것이 진화의 원재료다. 매우 낮은 확률로 생명체를 생존하고 번성하기 좀 더 좋게 만드는 변이가 발생한다. 그러나 대다수의 변이는 해롭거나 아무런 효과가 없다. 진화는 많은 유전자에 '변이-선택 균형mutation-selection balance'을 만든다. 이는 다음과 같이 작용한다. 분자 수준의 우연한 결과로 만들어진 어떤 유전자의 변이된 형태는 집단 내로 꾸준하게 유입된다. 변이된 형태를 가진 개체들은 생식을 할 가능성이 낮기 때문에 나쁜 변이는 결국 집단 내에서 사라지게 된다. 그러나 나쁜 변이가 완전히 사라지기까지는 시간이 걸리며 새로운 변이는 계속 집단 내에 진입한다. 그러므로 한 집단은 항상 개별 유전자마다 해로운 변이된 형태를 어느 정도 함유하고 있다고 봐도 된다. 변이-선택 균형은 한 유전자의 나쁜 변이가 집단 내에 진입하는 만큼 사라지는 균형 상태를 일컫는다.

변이는 보통 삶의 특정 단계에 영향을 미친다. 일찍 발현되는 것도 있고, 늦게 발현되는 것도 있다. 우리 상상 속의 집단에서 발생한 변이가 몇 년이 지나서야 영향을 미친다고 가정해 보자. 이 변이를 갖고 있는 개체는 한동안은 정상적으로 살아갈 것이다. 생식을 하고 그 유전자를 후대에 물려준다. 이 변이를 갖고 있는 개체들 대부분은 그로 인한 영향을 결코 받지 않는다. 왜냐면 변이가 영향을 미치기 전에 다른 요인으로 죽음을 맞기 때문이다. 오직 특이할 정도로 오래 살아남는 개체만이 변이의 악영향을 맞닥뜨리게 될 것이다.

우리는 개체들이 오랫동안 살면서 계속 생식을 하기 때문에, 자연선택이 이처럼 늦게 발현하는 변이를 걸러낼 수 있다고 간주한다. 매우 오랫동안 사는 개체들 중 변이가 없는 개체들은 변이를 가진 개체들보다 더 많은 후손을 가질 가능성이 높다. 그러나 변이가 실제로 발현될 정도로 오래 사는 개체들은 거의 없기 때문에 늦게 발현하는 해로운 변이에 대한 "선택압selection pressure"은 매우 미약하다. 위에서 설명한 것처럼 분자 수준에서 발생하는 우연으로 변이가 집단 내에 들어가면 일찍 발현하는 변이보다는 늦게 발현하는 변이가 덜 효과적으로 걸러질 것이다.

그 결과 집단의 유전자 풀은 오래 산 개체들에게 악영향을 끼치는 변이를 많이 함유하게 될 것이다. 이 변이들은 엄청난 우연으로 퇴출되지 않는다면 점점 흔해질 것이다. 모두가 이런 변이의 일부를 갖게 된다. 운좋게도 몇몇 개체가 포식자들과 각종 자연적 위험들을 모두 피하는 데 성공하고 희귀할 정도로 오래 살아남는다면 마침내 몸 안에서 문제가 생기기 시작한다. 이 변이들의 효과가 드디어 시작된 것이다. 이는 마치 "원래부터 노화하도록 설계된" 것처럼 '보인다.' 숨어 있던 변이의 효과가 나중에서야 나타나기 때문이다. 이 집단은 노화를 진화시키기 시작했다.

이 이론의 두 번째 주된 요소는 1957년 미국의 생물학자 조지 윌리엄스George Williams에 의해 도입됐다. 첫 번째 생각과 경쟁관계가 아니라 양립 가능한 이론이다. 윌리엄스의 핵심 논점은 은퇴를 대비한 저축에 대한 간단한 질문으로 정리할 수 있다. 당신이 120세가 됐을 때 호화로운 생활을 할 수 있도록 저축하는 것에 의미가 있을까? 당신에게 무한정 수입이 있다면 그럴지도 모른다. 어쩌면 120세까지 살 가능성도 있으니까. 하지만 무한정의 돈이 없다면 당신이 먼 미래의 은퇴를 위해 저축하는 돈은 지금 당장은 쓸 수 없는 돈이 된다. 당신이 120세까지 살 가능성이 별로 없다면 돈을 저축하는 것보다는 지금 바로 쓰는 게 이치에 맞다.

같은 원리가 변이에도 적용된다. 많은 변이들은 하나 이상의 효과를 갖고 있으며 몇몇 경우에는 하나의 변이가 삶의 초기에 바로 눈에 띄는 효과를 가져오고 나중에 발견되는 다른 효과를 갖고 있기도 하다. 만약 두 가지 효과 모두 나쁜 것이라면 어떻게 될지 예상하는 것은 쉽다. 나쁜 효과가 삶의 초기에 드러나기 때문에 변이는 금방 퇴출될 것이다. 두 가지 효과가 모두 좋을 경우에도 그 결과를 예상하긴 어렵지 않다. 하지만 만약 이 변이가 지금은 좋은 효과를 주고 나중에는 나쁜 효과를 준다면? '나중'이란 것이 실제로 발현될 가능성이 별로 없을 정도로(일상의 위험 때문에) 지금으로부터 멀리 떨어져 있다면 악영향은 그리 중요하지 않을 것이다. 관건은 지금 당장의 좋은 효과다. 그러므로 초기에는 좋은 효과를 주고 나중에는 나쁜 효과를 주는 변이는 계속 축적될 것이다. 자연선택이 이를 선호하기 때문이다. 집단 내에 이 변이를 가진 개체가 많아지면 곧 집단 내의 거의 모든 개체가 이 변이를 갖게 되며 이후에 발생하는 노화 현상은 마치 미리 계획돼 있었던 것처럼 보일 것이다. 노화는 그 효과는 각기 다를 수 있어도 이미 일정에 있었던 것처럼 각 개체에 발생할 것이다. 이는 노화 그 자체에 진화론적 이점이 숨겨져 있기 때문이 아니라 노화가 먼저 얻은 이익에 따르는 대가이기 때문에 발생하는 것이다.

메더워 효과와 윌리엄스 효과는 함께 작용한다. 각각의 과정이 시작되면 그 과정은 스스로를 강화하며 다른 과정을 증폭시킨다. 여기에는 양성 피드백positive feedback이 작용해 노화의 강화로 이어진다. 어떤 변이가 나이와 관련된 노화로 이어지면 이로 인해 개체들이 이러한 변이가 발현되는 나이를 넘어 살게 될 가능성은 더욱 '낮아진다'. 이는 오직 노년에만 발생하는 악영향을 가진 변이를 자연선택이 배제할 가능성은 더욱 낮아진다는 걸 의미한다. 언덕을 굴러 내려가기 시작한 수레의 바퀴는 점점 빨라진다.

나는 여기서 수명을 계속 짧아지는 쪽으로 누르고 있는 압력의 모습을 그리고 있다. 하지만 캘리포니아에 있는 수천년 된 소나무도 있지 않은가? 이 소나무들은 무너지는 모습을 보이지 않는다. 그러나 나무는 두 가지 의미에서 특별하다. 첫째로 나무는 위에서 설명한 논리의 초기 단계에 나오는 가정에 부합하지 않는다. 나는 개체들이 생의 후반까지 얼마나 성공적으로 번식을 할 수 있는지는 진화론적으로 중요하지 않다고 했다. 그 나이까지 살아남는 개체가 거의 없기 때문이다. 그러나 매우 나이가 많이 들었을 때 번식에 '성공하는' 극소수의 개체가 매우 많은 수의 후손을 가질 수 있다면 상황은 달라진다. 우리에겐 해당하지 않지만 나무의 경우에는 해당된다. 나무의 모든 가지 하나 하나는 생식이 가능한 장소다. 가지가 많은 노령의 나무는 어린 나무에 비해 훨씬 더 많은 자손을 남길 수 있다. 따라서 나무는 메더워와 윌리엄스가 주장한 논리의 결론을 피할 수 있다.

둘째로 나무는 동물과는 다른 종류의 생명체이며 메더워-윌리엄스 이론의 몇 가지 요소는 나무에는 전혀 적용할 수 없다. 이 문제를 다루는 가장 좋은 방법이 있다. 이 "생명체"를 가까이서 보면 실제로 군집으로 보인다. 예를 들어 어떤 말미잘은 작은 '폴립'(고착 생활을 하는 형태 - 옮긴이) 여럿으로 이루어진 매우 촘촘한 군집을 형성한다. 이 폴립들은 어느 정도의 독립성을 갖는데 특히 번식할 때 그렇다. 한 폴립은 분화하여 다른 폴립을 만들 수 있으며 각각의 폴립은 자신의 생식 세포를 만들 수 있다. 말미잘 군집은 이론적으로는 거의 영원히 살 수 있다. 이는 인간 사회와 유사하다. 한 인간은 태어나고 죽지만 사회는 계속되는 것처럼 말이다.

군집과 사회에는 메더워와 윌리엄스의 이론이 적용되지 않는다. 일반적인 방식으로 번식하지 않기 때문이다. 군집 또는 사회(인간 사회 같은)의 구성원들에게 노화가 나타날 수 있다. 소나무나 참나무 같은 평범한 나무는 군집이 아니지만 그렇다고 인간과 같은 의미로 단일 생명체도 아니다. 어떤 의미에서 나무는 둘의 중간에 있다. 나무는 가지치는 줄기라는 작은 단위의 증식으로 성장한다. 줄기들은 스스로 번식이 가능하고 잘라서 옮겨심으면 다시 다른 나무로 자랄 수 있다. 이런 방식으로 번식이 가능한 단위들을 증식시켜 성장하고 발달하는 것은 메더워-윌리엄스 이론의 예외다.

지금까지 노화에 대한 진화론적 이론에 들어 있는 두 가지 주요 개념을 소개했다. 이 이론은 1960년대 영국의 이론 진화학자 윌리엄 해밀턴William Hamilton이 그의 지성을 이 문제에 크게 할애함으로써 보다 면밀해지고 정확해졌다. 해밀턴은 이 이론의 중심 개념들을 수학적 형식으로 다시 정리했다. 이 이론이 인간의 삶이 왜 지금과 같은 경로를 따르는지에 대해 상당한 부분을 설명해 주지만 해밀턴은 사실 곤충과 그 친척들에 대해 깊은 애정을 갖고 있던 생물학자였다. 특히 인간이나 문어의 삶은 시시하게 느껴지게 만드는 곤충들에 대한 그의 관심은 지대했다. 해밀턴이 발견한 암컷 진드기는 갓 부화한 새끼들로 가득차 부풀어오른 몸으로 공중에 매달려 있었는데 수컷 새끼들은 어미의 몸 안에서 암컷을 찾아내 교미를 한 사실을 발견했다. 또한 작은 딱정벌레들이 자신의 몸 전체보다 긴 정자 세포를 생성하고 운반한다는 것 역시 발견했다.

해밀턴은 2000년 에이즈 바이러스human immunodeficiency virus, HIV의 근원을 조사하기 위해 아프리카를 방문했다가 말라리아에 걸려 사망했다. 사망하기 약 10년 전, 그는 자신이 원하는 장례 방식을 글로 남겼다. 자신의 시신을 브라질의 숲에 가져가 날개 달린 거대한 코프로파나에우스 풍뎅이 애벌레의 먹이로 만들어 달라고 했다. 자신의 시신에서 날아오를 풍뎅이들을 위해.

> 벌레나 지저분한 파리가 아니라, 난 커다란 호박벌처럼 황혼을 윙윙거리며 날리라. 나는 무수히 되어 오토바이 떼처럼 윙윙댈 것이며, 날으는 몸으로 태어나 별 아래 브라질 원시림 속으로, 우리 모두 등 뒤에 쥐고 있을 그 아름답고 흠없는 겉날개 아래에서 솟아오르리라. 마침내 나 또한 돌 아래 보랏빛 딱정벌레처럼 빛나리라.

길고 짧은 삶들

노화에 대한 진화론적 이론은 노화와 관련 있는 쇠퇴의 기본적인 사실에 대한 설명을 제공한다. 이 이론은 왜 늙은 개체들이 마치 미리 짠 것처럼 쇠약해지는지 설명한다. 이 골자에 특정 사례들을 설명할 수 있도록 무언가를 덧붙일 수도 있다. 앞선 사고실험에서 나는 번식이 생명체의 일생 전반에 걸쳐 일어난다고 가정했다. 두족류를 비롯한 많은 동물에서 이는 실제와 매우 다르다.

생물학자들은 일회생식성semelparous 생물과 반복생식성iteroparous 생물을 구분한다. 일회생식성 생물은 단 한 번 혹은 한 철 번식하며, "빅뱅"생식이라고 부르기도 한다. 우리 같은 반복생식성 생물은 좀 더 오랜 기간 동안 여러 차례 번식한다. 암컷 문어들은 일회생식성의 극단적인 사례로, 한 차례 임신한 다음 죽는다. 암컷 문어는 여러 마리의 수컷과 교미할 수 있으나 알을 낳을 때가 되면 자신의 굴에서만 지낸다. 암컷은 그곳에서 알을 낳고 알이 성장하는 동안 이를 돌본다. 한 번의 산란으로 수천 개의 알이 나올 수 있다. 종과 주변 환경에 따라 부화는 한 달 내지 몇 개월이 소요된다(수온이 낮으면 시간이 더 걸린다). 알에서 깨어난 새끼들은 물결을 따라 떠내려간다. 얼마 지나지 않아 암컷은 죽는다.

이것은 보통의 경우다. 문어 중에서도 최소 하나의 예외가 존재한다. 5장에서 언급한 오징어의 신호를 연구하는 파나마의 연구진 마틴 모이니헌과 아르카디오 로다니체가 발견한 희귀종이다. 이 문어 종은 암컷이 보다 오랜 기간동안 생식을 할 수 있다. 이들이 왜 예외인지는 아무도 모른다.

갑오징어의 생식은 문어와는 조금 다르지만 마찬가지로 "빅뱅" 범주에 속한다. 단 한 번 있는 번식기에 생식 활동을 하지만 암컷과 수컷 모두 여러 번 교미를 하고 암컷은 이 시기에 여러 번 알을 낳을 수 있다. 갑오징어 암컷은 문어처럼 알을 돌보거나 보호하지 않는 대신 알을 적당한 바위에 붙여놓고 떠났다가 다시 교미하고 다른 알을 낳는다. 그러고 나면 이들은 이 장 처음에 묘사한 것처럼 급속히 노화한다.

왜 한 생명체가 모든 자원을 단 한 번의 생식, 또는 단 한 번의 번식기에 투입해야 하나? 여기서도 많은 것들이 포식과 다른 외부 요인에 의한 죽음의 위험에 달려 있다. 특히 이러한 위험이 동물의 일생에 걸쳐서 어떻게 변화하느냐가 중요하다. 어떤 동물이 유년기는 위험하지만 성년이 되고 나면 잡아먹히지 않고 어느 정도 산다고 기대할 수 있다고 가정해 보자. 그렇다면 성년이 되어 한 번 이상 생식이 가능한 것이 이해가 된다. 이는 물고기와 많은 포유류에게 적용된다. 반면에 성년이 되면 매우 위험해서 번식을 할 수 있을 때 '올인'을 하는 게 더 합리적일 수 있다.

계절도 중요한 요소다. 알을 낳거나 알이 부화하는 데 좋은 계절이 있을 수 있다. 산란과 부화의 적기를 따라 매년 시간표를 짠다면 봄이나 겨울에 교미를 하는 게 합리적일 수 있다. 그럼 다음과 같은 의문이 뒤따른다. 몇 년동안 번식을 시도해야 할까? 처음에는 가능성을 최대한 열어놓는 게 좋지 않겠냐는 생각이 들 수 있다. 적어도 몇 년 동안은 살아 있을테니까. 물론 살아남는 데 성공할 '수도' 있다. 그럼 왜 그 사이에 노화해 죽는 걸까? 여기서 윌리엄스 이론이 끼어든다. 이런 진화론적 질문에 대해 생각할 때는 무수한 개체와 많은 세대를 고려해야 한다. 이론적으로야 (적어도 진화론적 관점에서는) 당신은 영원히 살면서 무한정 교미하길 원할 것이다. 그러나 한 번의 번식기에 모든 것을 소비하는 생명체와 나중에 다시 올 수 있는 기회를 노리며 현재에는 덜 소비하는 경쟁자 중 누가 더 많은 후손을 남기게 될까? 당신이 속한 동물군이 다음 번식기까지 살아남을 가능성이 거의 없다면 당신이 나중을 위해 지금 적게 쓰고 일부를 저축한다고 도움이 되지는 않는다. 이 경우에는 한 번의 번식기에 모든 것을 쏟아붓는 게 낫다. 지금 당장 당신에게 이점을 줄 수 있는 모든 선택지를 끌어안는 것이다. 번식기가 끝나면 노쇠하여 죽게 된다 할지라도 말이다.

진화는 한 종에게 장대한 수명을 줄 수도, 짧은 수명을 줄 수도 있다. 동물 중에서는 암초에서 200살까지 사는 물고기와 갑오징어가 양극단의 사례라면 인간은 그 중간에 속한다. 우리와 양볼락과 물고기 모두 꽤 늦게 성년을 맞이하며 긴 시간 동안 번식하는데 양볼락과 물고기는 좀 더 오래 산다. 가시가 많고 더러는 독까지 가진 생물이라 누구도 잡아먹을 생각을 않는다. 그와 대조적으로 갑오징어는 쫓기듯 성장하고 생식력을 갖춘 다음 짝짓기 철이 지나면 죽는다.

동물의 수명은 외부 요인에 의한 죽음의 가능성과 얼마

나 빨리 번식 가능한 연령에 도달할 수 있는지, 그리고 생활 양식과 환경적 특성에 의해 좌우된다. 이것이 바로 왜 우리가 100년 가까이 살 수 있는지, 별 특색 없는 물고기는 그 두 배를 사는지, 왜 어떤 소나무는 세례 요한의 시절부터 당신이 살고 있는 시절까지 계속 살아있는지, 그리고 화려한 색깔과 친근한 호기심을 가진 대왕갑오징어는 왜 여름이 두 번 지나면 생을 마감하게 되는지에 대한 답이다.

이런 것들에 비추어 보면 두족류가 어떻게 그 독특한 특징의 조합을 갖게 됐는지가 보다 분명해진다고 생각한다. 초기 두족류는 바다를 헤매면서 끌고 다니던 외부의 껍데기를 갖고 있었다. 그러고는 그 껍데기를 버렸다. 이 사건은 몇 가지 연동 효과를 일으켰다. 첫째로 두족류의 몸에 독특하면서도 무한한 가능성을 가져다주었다. 이를 가장 극명하게 보여 주는 사례는 문어다. 문어는 몸에 단단한 부분이 거의 없으며 몸 전체에 뼈 대신 뉴런이 퍼져 있다. 앞서 3장에서 나는 이러한 신체의 개방성과 무한한 행동 가능성이 신경계를 복잡하게 진화시키는 데 핵심적인 역할을 했을 것이라고 말한 바 있다. 단지 껍데기가 없어졌기 때문에 신경계의 발달로 이어지게 만든 진화적 압력이 만들어졌다는 건 아니다. 그보다는 어떠한 피드백 체계가 만들어진 것이다. 몸에 내재된 이러한 가능성은 보다 정밀한 행동 통제의 진화를 이룩할 기회를 제공했다. 보다 큰 신경계를 갖게 되면, 다리에 있는 모든 감각기관으로부터 정보를 수집하고 외부를 볼 수 있는 피부를 만들며 복잡한 색깔 변화 기능을 만드는 것과 같이 신체의 가능성을 확장시키는 게 시도할 만한 가치가 있게 된다.

껍데기의 소멸은 또 다른 영향도 가져왔다. 두족류가 포식자들, 특히 뼈와 이빨을 갖고 있고 시력이 좋으며 빠르게 움직이는 물고기들에게 취약해졌다. 따라서 속임수와 보호색의 진화의 가치가 올라갔다.

그러나 이런 방법으로 속이는 것도 한계가 있다. 특히 문어는 포식자들만큼 활동적이어야 하므로 오래 살 수 있으리라 기대하기 어렵다. 문어는 그저 구멍에 숨어서 먹이가 다가오길 기다리고 있을 수는 없다. 나가서 먹이를 찾아야 한다. 하지만 바깥에 나가면 그들은 취약해진다. 이러한 약점 때문에 두족류는 메더워와 윌리엄스의 이론에 의해 자연수명을 압축하는 사례의 가장 이상적인 후보다. 두족류의 수명은 당장 내일까지 살아남기 어렵게 하는 지속적인 위협에 의해 조정돼 왔다. 그 결과 두족류는 매우 커다란 신경계와 매우 짧은 수명이라는 희귀한 조합을 갖게 됐다. 두족류의 큰 신경계는 무한한 가능성의 신체를 가질 수 있게 해 주었고, 사냥을 하는 동안 사냥 당하지 않기 위해 필요하다. 두족류의 삶이 짧은 이유는 약점이 수명을 조정하기 때문이다. 처음에는 서로 모순돼 보이던 이 조합이 이제는 이해가 된다.

최근에 발견된 일반적인 두족류의 패턴과는 다른 예외적인 사례는 이 가설을 뒷받침한다. 원칙을 돋보이게 하는 예외인 셈이다. 문어에 대해 내가 말한 이야기는 대부분 꽤 얕은 물에서 산호와 해안선을 따라 사는 종에 대한 것이었다. 심해에 서식하는 종에 대해서는 알려진 게 많지 않다. 미국 캘리포니아 몬트레이 만에 위치한 해양연구소Monterey Bay Aquarium Research Institute, MBARI는 비디오 카메라를 장착한 원격 조정 잠수함을 사용해 심해 환경을 탐사한다. 2007년 이 연구소는 캘리포니아 중부 해안에서 1600미터 심해의 지층 돌출부를 조사하고 있었다. 이들은 주변을 돌아다니는 심해 문어Graneledone boreopacifica를 발견했다. 한 달 후에 그곳을 다시 찾았을 때 그들은 같은 문어가 알을 지키고 있는 걸 발견했다. 연구진은 알의 상태를 관찰하기 위해 계속 현장을 찾았는데 언제나 같은 문어가 있는 것을 보았다. 그들은 이 문어를 무려 4년 반 동안이나 볼 수 있었다.

이 문어는 자신의 알을 그 어떤 문어의 수명보다도 오래 품고 있었다. 이 문어가 알을 품는 데 들인 53개월의 시간은 그 어떤 동물 종보다도 더 긴 시간이다(예를 들어 지금까지 학계에 알려진 어떠한 물고기도 4~5개월 이상 알을 지키지는 않는다). 이 문어 종이 얼마나 오래 살 수 있는지는 알려진 바 없지만 브루스 로비슨Bruce Robison과 그의 동료들은 만약 다른 문어들과 수명 대비 알 품기에 비슷한 비율로 시간을 들인다면 이 문어의 수명은 16년 정도 될 것이라고 보고 있다.

이는 문어의 신체 구조가 생리학적으로 긴 수명에 장애가 된다는 가설에 대한 강력한 반증이다. 하지만 다른 문어들은 오래 살지 못하는데 이 문어는 어떻게 그렇게 오래 사는 걸까? 로비슨과 동료들이 쓴 논문은 물의 온도가 생물학적 과정을 느리게 만들 수 있다고 말한다. 심해수는 보통 매우 차갑다(내가 몬터레이 근처에서 스쿠버 다이빙을 했을 때 내 평생 그토록 추위를 느낀 적이 없었다). 차가운 물속에서는 살아 있는 것들은 대부분 슬로모션으로 움직인다. 로비슨과 공저자들은 문어가 그렇게 오랫동안 먹지도 않고 알을 지키면서 살 수 있는 이유 중 하나가 그 때문이라고 생각한다. 또한 오랜 기간 알을 품으면 새끼들이 보다 크고 발달된 상태로 태어날 수 있다고 말한다. 로비슨은 이러한 환경에서 문어 알의 오랜 성장은 문어에게 경쟁상의 이점을 준다고 생각한다. 하지만 나는 메더워-윌리엄스 이론 또한 끼어들 여지가 있다고 말하고 싶다. 이 이론에 따르면 포식 위험이 동물의 "자연" 수명에 영향을 미치기 때문에 심해 문어의 포식 위험은 얕은 물에 서식하는 문어들에 비해 많이 낮을 것이라고 예측할 수 있다. 그리고 여기에는 강력한 증거가 존재한다. MBARI에서 촬영한 영상은 문어가 개방된 곳에서 알을 품고 수년간 가만히 있는 모습을 보여 준다. 이 문어는 굴을 찾아 숨어 있지 않았던 것이다. 내가 아는 한 얕은 물에서 사는 문어들은 절대로 그렇게 개방된 장소에서 알을 품지 않는다. 그랬다가는 포식자가 나타나 무력하게 당하고 말 것이다. 그러나 심해는 얕은 물에 비해 물고기가 훨씬 드물다. 몬터레이의 문어가 개방된 곳에서 성공적으로 알을 부화시켰다는 것은 이 종은 다른 문어에 비해 포식당할 위험이 훨씬 낮음을 암시한다. 그 결과 진화는 그의 수명을 다르게 설정했다.

이런 점들을 한데 모아 정리해 보면 두족류의 특징들(특히 문어에게서 현저히 드러나는) 중 얼마나 많은 것이 그 옛날 껍데기를 버리면서 생겨난 것인지를 알 수 있다. 껍데기를 버리면서 두족류는 기동성과 민첩성, 신경계의 복잡성을 얻었고 언제나 날카로운 이빨을 가진 포식자들에게 노출돼 있는 존재로서 바삐 살고 일찍 죽는 삶의 방식을 갖게 됐다.

유령들

하루는 내가 자주 가는 시드니의 한 다이빙 포인트에서 약간 떨어진 곳에서 다이빙을 하고 있었다. 갑자기 주변이 캄캄해졌다. 잠시 후 내가 커다란 먹물 구름 속으로 헤엄쳐 들어왔음을 깨달았다. 이곳은 바위들이 널리 퍼져 있는 곳이었고 바위 사이 사이에는 깊은 틈새들이 많았다. 먹물이 가득한 구역은 커다란 방 정도의 크기였다. 모든 것이 화약처럼 회색이었고 굵고 검은 끈 같은 형상들이 여기저기 걸려 있었다. 먹물 때문에 무슨 일이 벌어지고 있는지 알기 힘들었다. 바위 틈새 속 먹물은 특히 짙었고 먹물이 사라지는 데에는 한참이 걸렸다.

다음날 나는 같은 장소를 다시 찾았다. 먹물은 보이지 않았으나 바위 틈새의 바닥에 있는 모래에 수십 개의 갑오징어 알이 널려 있는 것을 볼 수 있었다. 대왕갑오징어 한 마리도 근처에 있었다. 상태가 좋지 않았다. 몸은 대체로 흰색이었고 다리에는 상처가 많았다. 그는 둥둥 떠서 날 보고 있었다. 가까이서 살펴보니 다른 세 마리도 찾을 수 있었다. 다들 덩치가 상당히 컸고 해저에서 몇 미터가량 솟아오른 스톤헨지 비슷한 구조물의 바위 지붕 아래에 모여 있었다. 한 마리는 수컷임이 틀림없었고 다른 이들은 암컷인듯했다. 하지만 확신하긴 어려웠다. 다들 각기 다른 수준의 노화를 겪고 있었다. 노화가 가장 심한 갑오징어는 피부의 대부분을 잃어 진줏빛 내피를 드러내고 있었고 남아 있는 외피는 마치 깨진 유리처럼 금이 가 있었다. 외피가 좀 더 남아 있던 이들은 창백한 회색이었다. 눈의 상태가 매우 좋지 않은 갑오징어도 있었다. 피부에 강렬한 노란색을 약간 갖고 있는 다섯 번째 갑오징어가 헤엄쳐 다가왔다. 하지만 다리 다섯 개는 거의 사라진 상태였고 남아 있는 살갗에는 거무스름한 상처들이 있었다. 그는 헤엄쳐 물러났다.

갑오징어 네 마리는 바위 사이에서 작은 물살을 일으키며 서로 가까이 붙어 떠 있었다. 이상하게도 알들은 바닥에 흩어져 있었다. 대왕갑오징어는 튤립 구근처럼 생긴 알을 튀어나온 바위를 지붕 삼아 매달아 놓는다. 이 알들이 원래 있던 곳에서 떠내려 온 것인지 아니면 지금 보이는 대로 낳아졌는지는 알 수 없었다. 내가 전날 본 먹물은 뭔가 일이 잘못됐음을 암시했겠지만 정확히 어떤 일이 벌어졌는지는 모른다. 갑오징어들은 알에 주의를 기울이지 않았고 그저 뭔가를 기다리는 듯했다. 그들은 또한 나를 보고 있는 듯했지만 거의 아무런 움직임을 보이지 않아서 그들 모두가 여전히 나를 볼 수 있는건지도 확신할 수 없었다. 창백하고 고요한 그들은 마치 두족류 유령 같았다.

갑오징어들은 그곳에서 며칠이나 있었다. 왔다갔다하는 갑오징어들이 있었던 것 같았다. 알들은 바위 틈 바닥에 남아 있었고 희미한 빛과 퇴적된 모래들로 둘러싸여 있었다. 나는 암컷 갑오징어 한 마리가 결국 끝을 맞이하는 순간에 그곳에 있었다. 내가 도착했을 때 그는 바위 틈새 바깥으로 갓 나온 상태였다. 피부는 대부분 벗겨진 상태였고 주황과 회색의 무늬가 조금 남아 있었다. 다리 두 개는 완전히 떨어져 나갔고 먹이를 먹는 촉수 하나는 아무 움직임 없이 매달려 있었다.

그는 여전히 지느러미를 부드럽게 움직이며 헤엄치고 있었다. 그를 바라보다가 나는 우리 둘 다 바위 틈새를 벗어나 물 위로 조금 더 올라가고 있다는 걸 깨달았다. 곧 물고기 두 마리가 갑오징어에게 관심을 가졌다. 핑크색의 물고기는 주변을 돌기 시작했지만 공격하지는 않았다. 큰 쥐치 한 마리가 문제였다. 다가와 주변을 돌더니 공격하기 시작했다. 갑오징어의 전면부를 물어 뜯으려는 것이었다. 피해자 갑오징어는 공격자보다 덩치가 몇 배는 컸다. 나는 쥐치를 쫓아내려고 시도했지만 녀석은 멀리 도망가지도 않고 할 수 있을 때마다 공격을 재개했다.

첫 공격에 대한 반응으로 갑오징어는 움찔하더니 다리를 흔들었지만 아무런 효과가 없었다. 쥐치는 계속 다가와 공격했다. 나는 갑오징어를 보호하려는 나의 시도가 쥐치의 공격을 막기보다 갑오징어를 더 놀라게 한다는 걸 깨달았다. 그렇게 가까이 있기에 나는 너무나 커다랬기 때문이다.

쥐치는 다시 다가와 갑오징어를 더 세게 깨물었다. 이번에는 갑오징어가 쥐치에게 먹물을 뿜었다. 쥐치는 별로 망설이지 않고 다시 다가왔다. 이번에는 갑오징어가 먹물을 더 많이 뿜었고 천천히 나선을 그리기 시작했다. 우리는 물 위로 천천히 계속 오르고 있었다. 짙은 회색의 먹물을 뿜으며 천천히 회전하는 갑오징어는 불 붙은 비행기 같았다. 다만 땅으로 떨어지는 대신 하늘로 오르는 비행기였다. 먹물 때문이었는지 아니면 물 위로 더 높이 올랐기 때문이었는지 쥐치는 공격을 포기했다. 하지만 여기까지가 갑오징어가 할 수 있는 전부였다. 갑오징어가 계속 떠오르면서 회전은 멈추었다. 그는 마지막 몇 미터까지 올라가더니 갑자기 완전히 멈춘 채로 물 위에 떴다. 수면에 이는 잔잔한 파도가 그를 앞뒤로 흔들고 있었다. 나는 그를 거기에 두고 왔다.

갑오징어는 죽음을 통해 자신의 조용한 세계에 침잠해 헤엄치던 상태에서, 천천히 회전하는 상승을 통해 우리의 시끄러운 수면 위에 표류하는 것으로 옮아간 것이다.

8. 옥토폴리스

문어의 무리

요즘 내가 문어들을 관찰하는 장소는 우리가 옥토폴리스 Octopolis라고 부르는 곳으로, 호주 동부 해안의 수심 15미터 정도에 위치해 있다. 맑은 날 헤엄쳐 내려가면 옥토폴리스는 마치 오즈의 마법사에서 나올 법한 에메랄드 색으로 가득하다. 흐린 날에는 회색빛 수프에 더 가깝지만. 나는 매튜 로렌스가 2009년 옥토폴리스를 발견한 지 얼마 지나지 않아 이 곳을 찾기 시작했다. 개체수는 늘기도 하고 줄기도 하지만 그곳에는 언제나 문어가 있다. 가장 많을 때는 12마리가 넘는 문어가 폭이 몇 미터 밖에 되지 않는 곳에서 배회하거나 서로 씨름을 하거나 그저 가만히 앉아 있었다.

여러 마리의 문어가 무리를 이루는 사례는 이미 몇 번

보고된 바 있지만 옥토폴리스는 여러 동물들이 항상 있고 상호작용도 하며 매년 방문할 수 있는 최초의 장소였다. 한 마리의 문어가 옥토폴리스를 장악하고 있는 것처럼 보일 때도 있지만 옥토폴리스에는 문어 한 마리가 한 번에 통제하기 힘들 만큼 많은 개체가 존재하기 때문에 주도권이 부분적으로 나뉜다. 처음에 우리는 옥토폴리스가 수컷 하나에 암컷 여럿이 있는 일종의 하렘 같은 상황일 거라고 생각했다. 하지만 실제로는 그렇지 않았다. 서로 가까이 있지는 않았지만 수컷 여러 마리가 있는 경우가 잦았다. 문어를 방해하지 않고 문어의 성별을 확인하기란 어렵다. 많은 문어 종에서 암수의 주된 차이점은 교미에 사용되는 수컷의 오른쪽 셋째 다리에 있는 홈이다. 수컷은 때로는 가까이에서, 혹은 신중하게 먼 거리에서 이 다리를 암컷에게 뻗는다. 암컷이 이를 받아들이면 정액주머니가 다리의 아랫쪽을 따라 건너간다. 암컷은 알을 수정시키기 전에 그 정액을 한동안 보관할 때도 많다.

우리는 처음부터 문어들에 대한 개입을 최소화하겠다고 다짐했다. 그들과 상호작용을 전혀 하지 않은 것은 아니다. 다만 그들이 원할 때만 했다. 우린 결코 문어를 소굴에서 끌어내거나 그들을 뒤집어 다리 아래쪽을 살펴보거나 하지 않았다. 그러므로 누가 수컷이고 누가 암컷인지를 어느 정도의 정확성을 가지고 구분할 수 있는 유일한 방법은 그들이 어떻게 행동하는지를 관찰하고 수컷임을 드러내는 다리에 누가 반응하는지를 살펴보는 것이었다. 어떤 경우에 대해서는 확실치 않기도 했지만 이 방법으로 우리는 현장에 있는 일부 개체의 성별을 확인할 수 있었다. 복수의 수컷과 복수의 암컷이 종종 모여 있음을 확신하게 하는 증거는 충분했다.

처음에 매튜 로렌스와 나는 그냥 물속으로 내려가 그들을 관찰했고 수면 위로 올라오고 나면 우리가 떠난 후 문어들이 무엇을 할까 궁금해했다. 얼마 동안은 그저 관찰만 할 수 있었는데 곧 수중 촬영이 가능한 작은 고프로GoPro 액션 카메라를 쓸 수 있게 됐다. 액션 캠 몇 대를 구입해서 삼각대에 장착한 다음 문어들이 있는 곳에 놓아 두었다.

그때 설치한 카메라들을 수거해서 촬영된 영상을 보기 전까지 우리 앞에 어떤 장면이 펼쳐질지 상상이 되지 않았다. 잠수부나 잠수함이 주변에 없는 상황에서 문어의 모습을 촬영한 영상은 거의 없다. 오직 소형 카메라만이 지켜보는 상황에서 문어들은 완전히 다른 행동을, 그리고 완전히 새로운 행위를 할까? 우리가 지금까지 확인한 바로는 우리가 주변에 있건 없건 문어들의 행동은 크게 다르지 않았다. 우리가 없을 때 그들이 주변을 배회하거나 상호작용이 조금 더 많기는 했어도 말이다. 사람들이 주변에 없으면 비밀스러운 단체 아크로바틱이라도 하지 않을까 기대했는데 어떤

면에서는 약간 실망스러웠다. 하지만 다른 한편으로는 우리의 존재가 그들에게 그리 성가시거나 하지 않다는 것이 증명되어서 안심이 됐다.

그때 촬영한 영상에서 흔히 볼 수 있는 장면은 다음과 같다. 문어 세 마리가 조가비 더미 위를 헤집고 다니고 있다. 가운데 가장 멀리 있는 문어는 물을 뿜어 어디론가 이동할 참이고 오른쪽에 있는 문어도 물을 뿜어 움직이는 중이다.

이 연구가 시작되고 얼마 지나지 않아 알래스카에서 연구하는 생물학자 데이비드 쉴이 내게 연락을 해왔다. 데이비드는 아프리카에서 사자를 연구했다. 그는 랜드로버 자동차로 소규모 사자 무리를 천천히 쫓아다니며 그들이 어떻게 돌아다니며 사냥을 하는지 촬영했다. 이후 그는 연구하는 동물의 종류를 바꾸었고 이제는 가장 커다란 문어 종인 참문어의 전문가가 됐다. 데이비드는 문어를 자신의 실험실에서 연구하기 위해 몸무게가 45킬로그램이 넘기도 하는 이 문어들을 차디찬 알래스카의 물속에서 수면 위로 끌어올려 배에 태우려고 몸싸움을 해야 했다. 그의 실험실에서는 해부하는 연구를 하지 않고 문어의 몸에 작은 송신기를 달고 풀어 준 다음 움직임을 추적하는 연구를 주로 했다. 데이비드는 (보다 따뜻한 바다에서) 다른 종의 문어도 연구해 보고 싶었다. 곧 그는 호주로 왔고 통통거리며 옥토폴리스로 향하는 매튜의 배에는 일행이 한 명이 늘었다.

데이비드의 도움으로 옥토폴리스에 대한 우리의 생각은 보다 체계화됐고 우리는 측정하고 숫자를 세는 데 더 많은 시간을 보내게 됐다. 데이비드는 우리가 수집한 방대한 영상 자료를 정리하는 데 나보다 훨씬 뛰어났다. 그는 이 다리가 여러 개 달린 혼돈 덩어리들 속에서 패턴을 찾아내는 요령을 갖고 있었으며 실제로 대답을 찾을 수 있는 질문을 던졌다. 2015년 남반구의 여름에는 스테판 린퀴스트가 합류했고 우리는 옥토폴리스 근처에서 더 큰 배에 며칠씩 머무르며 우리의 무인 카메라로 가능한 한 낮시간엔 종일 촬영하려 했다. 그러나 이는 거의 불가능한 일이었다. 촬영의 방해꾼은 바로 문어들이었다. 작은 삼각대 위에 달린 창백한 머리 같은 카메라들은 그 자체로 일종의 침입자 같아 보였나보다. 어쩌면 움직임 없이 우뚝 서 있는, 다리 세 개 달린 두족류처럼 보였을지도 모른다. 문어들은 촬영 중인 카메라를 면밀히 관찰했고 가끔은 공격했다. 우리가 촬영한 파일은 빨판과 부리의 클로즈업 영상으로 가득했다. 때로는 거대한 가오리가 나타나 일대를 휩쓸고 지나가면서 모든 장치를 쓰러뜨리기도 했다.

2015년 1월, 이보다 더 좋을 수 없을 만큼 운이 좋은 날을 만났다. 우리는 많은 영상 기록을 남겼다. 지금껏 보지 못한 수준의 활동을 보았으며 우리가 이전에 이따금씩 관찰한 행동들은 패턴인 것으로 밝혀졌다. 커다란 수컷 문어 한 마리는 옥토폴리스의 출입을 통제하기로 맘먹은 듯했다. 수컷 문어는 낮 동안 쉬지 않고 옥토폴리스를 단속했다. 몇몇 문어들을 쫓아냈고 그들이 물러서지 않으면 치열하게 싸웠다(문어들이 싸우는 모습은 이 책 가운데에 있는 컬러 사진에서 볼 수 있다). 그는 어떤 문어들에 대해서는 출입을 용인했으며(우리는 이들이 암컷일 것이라 생각한다) 그들이 옥토폴리스를 벗어나면 옥토폴리스 내의 굴로 다시 데려왔다.

문어 한 마리가 조가비 무더기 위를 배회하면 굴 안에 있는 문어와 탐색전을 벌이다가 서로에게 다리를 휘두르기도 한다. 우리는 옥토폴리스를 관찰하면서 수년 동안 다리를 뻗어 서로를 탐색하는 모습을 많이 보았고 나는 이 모습을 볼 때 항상 권투 용어를 생각했다. 우리가 쓴 첫 논문에서 나는 문어들이 자주 하는 행동을 “복싱”이라고 묘사했다. 그러나 스테판 린퀴스트(온화한 사람이다)는 이런 상호작용을 “하이파이브”라고 생각했다. 다리를 휘두르는 것이 개체들끼리 쉽게 인식하는 행위이거나 적어도 옥토폴리스 내에서 기본적인 역할을 부여하는 행위라고 생각한 것이다. 어쩔 때는 문어 두 마리가 다리로 상대방을 탐색하거나 휘두른 다음 아무 일 없이 편안한 자세로 돌아갔다. 어떤 경우에는 다리로 찔러 보던 것이 싸움으로 이어졌다. 아래 사진은 한 문어가 오른편에서 접근하는 모습이다. 그가 다가오자 다른 두 마리가 다리를 뻗어 탐색 또는 ‘하이파이브’를 시도한다.

이런 모든 행동에는 지속적인 색깔 변화도 함께 일어난다. 옥토폴리스에서 문어들이 보여 주는 몇몇 색깔 변화는 상당히 조직화돼 있지 않은 듯 보였고, 내가 5장에서 서술한 "무의미한 잡담" 가설에 부합하는 듯했다. 우리의 무인 카메라는 때때로 다른 문어나 다른 것들과 상호작용하지 않고 혼자 가만히 앉아 있는 듯 보이는 문어가 별다른 이유 없이 일련의 색깔과 무늬들을 전시하는 모습을 촬영했다. 그러나 어떤 색깔과 무늬는 그들에게 꽤 중요하다. 공격적인 수컷이 다른 문어를 공격할 때는 몸 색깔이 어두워지면서 해저에서 솟아 올라 몸이 더 커보이게끔 다리를 뻗친다. 때때로 자신의 몸 뒷부분 전체를 아래 사진처럼 머리 위로 들어올리기도 한다.

우리는 이 자세를 검은 망토를 두른 무시무시한 흡혈귀가 등장하는 유명한 고전 무성영화의 제목을 따서 "노스페라투" 포즈라고 이름붙였다. 우린 이런 포즈를 이전에도 몇 번 본 적 있지만 우리가 2015년에 본, 옥토폴리스를 통제하려 했던 수컷 문어는 이 포즈를 자주 사용했다. 그는 상대방에게 돌진해 상대로 하여금 무엇을 할지 결정하게 만들었다. 상대방은 도망갈 때도 있었고 이따금씩 자리를 지키는 문어와는 여지없이 한판 붙었다. 노스페라투 수컷이 언제나 상대 문어보다 덩치가 컸던 것은 아니지만 그가 싸움에서 지는 일은 거의 없었다(실제로 그를 촬영한 영상 중에서 싸움에 진 것은 단 한 번뿐이었다).

데이비드 쉴은 이런 상호작용 도중 문어들이 드러내는 색깔에 관심을 가졌고, 우리가 과거에 촬영한 공격자와 목표물 사이의 대면을 담은 영상 수백 개를 다시 찾아 보았다. 그는 피부빛의 어두운 정도가 문어가 얼마나 공격적이 될 것인지를(전진할 것인지, 상대방이 다가오면 버틸 것인지) 보여주는 신뢰할 만한 지표임을 발견했다. 반면 몇몇 종류의 창백한 피부빛은 문어가 싸우고 싶지 않을 때 생성됐다. 그중 하나는 창백한 회색이었고 다른 하나는 완전한 얼룩무늬였다. 이 얼룩무늬는 다양한 종류의 두족류가 포식자에게 위협을 받을 때에도 볼 수 있었다. 이 무늬를 경계 표현이라고 하며 이 무늬에 대한 일반적인 해석은 적을 놀라게 하거나 혼동시키려는 최후의 수단이라는 것이다. 이 해석은 경계 표현이 문어에게 위협이 다가올 때 부지불식간에 만들어내는 것이며 우리가 우리 현장에서 그 무늬를 볼 때 그것이 다른 문어에게 보내는 신호가 아니었을 가능성을 제기한다. 하지만 우리의 현장에서, 경계 표현은 때로는 문어가 보다 공격적인 개체가 자신을 노려보는 가운데 소굴로 돌아갈 때도 보였다. 이때에는 여지없이 도주하거나 상대를 놀라게 하기 위한 시도였다. 때문에 우리는 옥토폴리스에서는 이 전시가 일종의 굴복이나 공격하지 않겠다는 의도를 보여 주는 것으로 통하는 것일지도 모른다는 생각을 했다. 반면 어두운 피부빛이나 노스페라투 포즈는 심각한 공격적 행동을 담고 있는 듯했다.

나는 한 미술가에게 이 무늬의 차이를 보다 분명하게 보여 주는 그림을 의뢰했다. 아래 그림은 비디오 영상을 보고 그린 것으로 왼편의 매우 어두운 무늬를 한 문어가 오른편

의 문어에게 덤벼드는 모습이다. 훨씬 창백하고 몸의 절반만이 경계 표현을 보여 주고 있는 오른편의 문어는 도망칠 준비를 하고 있다.

옥토폴리스의 기원

매튜는 자신이 옥토폴리스를 발견했을 때 이곳이 범상치 않은 곳이라고 생각은 했지만 실제로 이곳이 얼마나 특별한 곳인지는 몰랐다. 가장 근접한 보고는 약 30년 전에 파나마의 열대 바다에서 발견된 장소로, 논란의 소지가 있었다.

1982년 마틴 모이니헌과 아르카디오 로다니체는 그때까지 기록된 바 없고 흔치 않은 외모와 밝은 줄무늬를 가진 문어를 발견했다고 보고했다. 이들은 수십 마리가 무리를 이루어 살고 있었으며 어떤 경우에는 굴까지 공유했다. 이 보고는 내가 앞서 5장에서 설명한, 그들이 카리브암초꼴뚜기에 대해 수행한 연구의 일부였다. 이 연구는 이 꼴뚜기 피부에 드러나는 색깔과 무늬의 "언어"를 갖고 있다고 주장했다. 모이니헌과 로다니체는 이 야생 동물들의 사진이나 영상을 제시하지 않았으며(1982년 당시에 수중 촬영은 매우 어려운 일이었다) 생물학자들이 진지하게 눈여겨볼 만한 자료는 별로 많지 않았다. 모이니헌과 로다니체는 출판을 위해 문어에 대한 상세한 설명을 준비했지만 거절당했다. 집단으로 서식하는 파나마 줄무늬 문어에 대한 모든 학술적 논의는 오랫동안 다른 생물학자들의 회의론에 부딪혔으며 모이니헌과 로다니체는 크게 실망했다.

당시의 이야기는 2012년까지 그냥 흥미로운 일화로 남아 있었다. 그러나 2012년 문제의 문어가 수족관 간의 상업적 거래에서 다시 등장했다. 일부 살아있는 개체가 캘리포니아까지 이동했고 스테인하트 수족관의 리처드 로스와 로이 캘드웰에 의해 사육됐다. 포획된 상태에서 모이니헌과 로다니체가 보고한 이들의 희귀한 행동 중 일부가 사실로 확인됐고 또 다른 독특한 행동이 추가로 발견됐다. 실험실에서 이 문어들은 서로를 용인하면서 굴을 공유했다. 암컷은 보다 긴 기간 동안 교미를 하고 알을 낳았다. 앞서 7장에서 다루었듯, 보통 암컷 문어는 알 무더기를 한 번 낳고 나면 곧 죽는다. 캘드웰과 로스와 동료들이 공저한 논문에는 현장 관찰 기록은 없다. 그런데 바다 생물을 수집하는 니카라과의 회사가 그 문어들이 모여 있는 장소를 알고 있다고 한다. 현장 연구는 현재 준비 단계에 있다.

그동안 우리에게는 옥토폴리스가 생겼다. 이곳은 정말 특별한 곳이다. 문어에게서 일반적으로 나타나는 패턴은 한 개체가 자기 소굴을 만들고 그곳에서 짧은 시간, 보통 몇 주 정도를 산 다음 그곳을 떠나 새로 소굴을 만드는 것이다. 수컷은 교미를 위해 암컷들을 만나는데 교미는 보통 다리를 뻗어 어느 정도 거리를 유지한 채로 이뤄진다. 그러나 암컷이 알을 품게 되면 곁에 머무르면서 돕지 않는다. 일반적으로 성체가 된 문어들 사이에는 서로 간에 별다른 상호작용을 거의 하지 않는다는 인식이 있다. 옥토폴리스에 사는 문어 종인 시드니 문어octopus tetricus도 다른 곳에서 관측되는 것보다 훨씬 덜 사회적인 것으로 보인다.

그럼 대체 옥토폴리스에선 무슨 일이 벌어졌다는 말인가? 일부는 추측에 불과하긴 하지만 우리는 다음과 같은 가설을 만들었다. 언젠가 어떤 물체가 (아마도 배에서) 해저 모래톱으로 떨어졌다. 이 물체는 금속으로 만들어졌으나 지금은 해양 생물들로 완전히 뒤덮였다. 해저에 놓인 이 물체는 길이와 높이가 단 30센티미터 정도에 불과하지만 매우 값어치 있는 부동산이다. 옥토폴리스에서 제일 덩치가 큰 문어가 그 아래에 자리를 차지한다. 가끔은 물고기 몇 마리가 그들을 모르는 척하는 문어 곁에 붙어 있기도 했다. 작은 조각이 커다란 크리스탈의 씨앗이 되는 것과 같은 원리로, 이 물체는 옥토폴리스를 만드는 "씨앗"이 되었다고 생각한다.

우리는 최초의 문어(한 마리였을 수도 있고 여럿이었을 수도 있다)가 이 물체에 소굴을 만들고 가리비를 잡아왔을 것이라고 생각한다. 먹고 버린 조가비들이 쌓이기 시작했고 결국 옥토폴리스의 물리적 특징까지 바꿔 놓았다. 가리비 조가비는 직경이 몇 센티미터에 불과한 원반형이다. 조가비는 가는 모래보다 소굴을 만들기에 훨씬 좋은 재료이므로 최초의 소굴 외곽에 여러 개의 소굴이 지어질 수 있었을 테다. 문어들은 더 많은 가리비들을 가져와 먹었고 더 많은 껍데기들이 쌓였다. 양성 피드백이 이루어진 것이다. 더 많은 문어가 와서 살면서 더 많은 껍데기들이 생겼고 더 많은 소굴이 지어질 수 있었다. 이는 또다시 더 많은 껍데기의 유입으로 이어지는 과정이 계속됐다.

또 다른 가능성은 금속으로 된 물체가 이곳에 떨어진 최초의 사건과 조가비들이 쏟아진 것이 시기적으로 맞물렸을 경우다. 이 일은 해변에 조가비를 버리는 게 금지된 1984년 이전에 벌어졌을 수도 있고 잠수부들이 가리비를 채집하는 것도 금지된 1990년 즈음에 벌어졌을 수도 있다. 이렇게 생겨난 조가비 무더기는 옥토폴리스에 훨씬 강한 촉진제가 되었을 것이다. 그러나 그때 이후부터는 오랫동안 쌓여온 조가비들은 대부분 문어가 가져온 것으로 보인다. 사냥을 하고 먹이를 집에 가져옴으로써 문어들은 자신들이 사는 곳을 변형시켰다.

왜 이 최초의 "씨앗"이 이 지역에 막대한 영향을 미쳤을까? 금속 물체가 떨어진 곳의 주변은 가리비 밀집 지역이라 문어에게 먹이를 무한정 공급한다. 혼자 살거나 작은 무리를 이루어 사는 가리비는 문어에게 좋은 먹이다. 무한정 공급되는 먹이에도 불구하고 이 지역에는 문어 소굴을 만들기에 좋은 곳이 극소수에 불과하다. 이 지역의 해저면은 가는 모래로 덮여 있어서 안정적인 구멍을 파기 어렵고 치명적인 포식자들이 많다. 우리는 돌고래와 물개가 문어 소굴을 살펴보려 다가오는 것을 본 적이 있다. 이 지역에는 상어도 몇 종류가 산다. 구식 폭격기처럼 생긴 와비공 상어carpet shark라는 이름의 커다란 상어가 가끔 옥토폴리스에 와서 문어들이 소굴에 들어가 있는 동안 오래도록 누워 있기도 한다. 몇 년 전 매튜는 옥토폴리스에서 약간 떨어진 곳에서 불편한 영상을 촬영한 적이 있다. 문어 한 마리가 숨을 곳 없는 물속 한가운데에서 쥐치 떼에게 붙잡힌 것이다. 쥐치들은 피라냐처럼 수백 마리가 몰려다닌다. 나도 녀석들에게 몇 번 물린 적이 있다. 우린 왜 이 문어가 표적이 됐는지는 모른다. 쥐치들은 문어를 조심스레 몇 번 건드려 보더니 한꺼번에 달려들어 문어를 산산조각 내 버렸다. 문어는 처음에 막아 보려고 하다가 수면을 향해 미친듯이 도망쳤다. 그러나 그는 불과 몇 분만에 죽고 말았다. 영상을 본 다음 나는 어떻게 문어들이 이 지역에서 생존할 수 있는지 의문을 갖기 시작했다. 주변에는 거의 항상 쥐치들이 있었고 문어들은 먹이를 채집하기 위해 자주 소굴을 나왔다. 내가 세울 수 있는 최고의 가설은 물고기가 도사리고 있더라도 소굴에서 일정 거리까지는 안전하게 이동할 수 있다는 것이다. 물고기가 공격하더라도 피해를 입기 전에 소굴로 돌아갈 수 있기 때문이다. 만약 문어가 그 거리를 넘어가 버리면 모든 것이 위험해진다. 보다 작은 문어가 큰 문어보다 더 두려워할 것이 많을 가능성은 매우 높지만 수백 마리의 피라냐가 달려든다면 어떤 문어라도 할 수 있는 것이 별로 없다.

쥐치들이 주변을 배회하고 물개들이 접근하며 상어들이 지나가거나 배를 깔고 앉는다. 가장 장관을 연출하며 옥토폴리스를 침범하는 녀석은 문어들에게 직접적인 위협이 되진 않는 편이다. 거대한 검은 가오리가 휩쓸고 지나가면 빛은 순식간에 사라진다. 가오리는 어지간한 자동차만하게 성장할 수 있고, 그들의 거대한 날개를 여유 있게 움직이며 돌아다닌다. 문어들은 몸을 웅크리고 있다. 우리 카메라가 쓰러지기도 했다.

조가비로 만들어진 소굴들이 있는 옥토폴리스는 위험한 지역 내에서 유일한 안전지대처럼 보인다. 아마도 이것이 문어들이 이곳에 꾸준히 존재하는 이유일 것이다. 하지만 이 사실은 새로운 질문을 불러일으킨다. 왜 문어들은 서로를 잡아먹지 않을까? 나는 옥토폴리스에서 성냥갑 크기만한 문어부터 다리 하나가 1미터는 되는 문어까지 다양한 크기의 문어들을 봤다. 큰 문어들은 싸움으로 발생하는 위험 때문에 서로를 잡아먹으려 하지 않을 수 있다. 그러나 작은 문어들은 어떻게 보호받을 수 있는가? 옥토폴리스에 사는 문어들의 가까운 친척을 비롯한 많은 문어가 동족을 잡아먹는다. 왜 여기선 그러지 않는 것일까? 어쩌면 이 또한 주변에 가리비가 워낙 풍부하기 때문에 굳이 서로 싸울 필요가 없어서일 수 있다.

말이 나온 김에 하는 말인데 가리비도 눈을 갖고 있다. 망막 뒤에 수정체가 달려 있는 특이한 구조다. 가리비는 조가비를 펄럭이는 방식으로 헤엄을 칠 수 있다. 나는 가리비가 움직이는 걸 처음 봤을 때 놀랐다. 헤엄치는 캐스터네츠라니! 하지만 이들의 눈과 수영 실력은 문어가 자신들을 노릴 때 상황을 반전시킬 만큼의 도움이 되지는 못한다. 가리비는 그런 상황에는 무방비다.

지금까지 한 이야기를 다시 정리해 보자. 외부의 물체가 침입하면서 흔치 않은 안전한 굴이 생겼다. 처음에 온 문어들이 가리비를 먹기 위해 잡아와서는 조가비를 그곳에 놔두었다. 금방 많은 조가비가 쌓였고 심지어 이곳의 바닥이 조가비가 될 지경이 됐다. 결국 조가비 잔해 속에서 다른 문어들이 안정적인 굴을 파고 살 수 있게 되었다. 조가비 무덤은 이제 널리 퍼져서 새로운 굴은 최초의 굴과 그리 가깝지 않아도 됐다. 몇몇 굴은 적어도 40센티미터는 될 정도로 깊다. 우리는 몇몇 문어들은 조가비에 완전히 덮인 채 외부에 드러나지 않게 생활한다는 것을 확신한다. 문어들은 조가비 아래에서 서로 교류하거나 교미도 할 수 있다. 우리는 문어는 보이지 않고 조가비만 아래에서부터 들썩거리는 장면을 보았다. 더 많은 문어들이 여기 정착하면서 주변에는 더 많은 조가비들이 생기게 된다.

우리가 옥토폴리스에 대해 쓴 두 번째 논문은 이를 "생태공학"의 한 사례로 논의했다. 생태공학이란 어떠한 장소에 사는 동물들의 행동으로 인해 환경이 바뀌는 것을 말한다. 우리는 이 논문을 작업하면서 이 모든 환경의 변화에 영향을 받는 것이 단지 문어들만이 아니라는 걸 깨달았다. 다른 많은 동물들이 옥토폴리스로 이끌려 오는 것처럼 보였다. 물고기떼가 옥토폴리스 위를 떠돌면서 접근했다. 어떨 때는 우리 영상 자료의 촬영에 방해가 될 정도였다. 오징어들도 와서 서로에게 신호를 보냈다. 옥토폴리스에 엎드려 있던 거대한 와비공상어의 일차적 목표는 문어를 잡아먹는 것이 아닌 듯했다. 우리는 한 녀석이 옥토폴리스 위에 있는 물고기떼를 급습하는 장관을 영상으로 포착했다. 다른 종의 아기 상어들은 1년 중 일부분을 조가비 무덤 위에서 보냈다. 잔무늬가 있는 가오리도 옥토폴리스에 앉아 있곤 했다. 그 위로는 소라게들이 기어다녔다.

이 모든 생물들이 옥토폴리스 주변 조금 떨어진 곳들에 비해 훨씬 밀집해 있었다. 문어들은 조가비 수집 행위를 통해 '인공 산호'를 만들었고 이는 보기 드문, 높은 밀도와 지속적인 상호작용을 갖는 바다 생물들의 사회를 만들어낸 것으로 보인다.

우리가 옥토폴리스를 관찰한 기록을 해석하는 한 가지 방법은, 이곳에 살고 있는 문어 종이(그리고 어쩌면 다른 종류도) 전반적으로 사람들이 생각하는 것보다 더 사회적이라고 가정하는 것이다. 그들의 신호 행동(색깔 변화, 전시)은 이 가정을 뒷받침한다. 비슷한 방향을 보여 주는 다른 연구 결과도 늘어나고 있다. 우리가 과거에 생각했던 것보다 문어들의 상호 간 교류가 더 활발하다는 것이다. 2011년, 옥토폴리스에 사는 문어와 밀접한 관계가 있는 문어 종에 대한 연구에서 문어가 개체별로 문어를 인식할 수 있다는 결론이 나왔다. 보다 논란의 소지가 있는 1992년의 연구에서는 문어가 서로의 행동을 바라보면서 학습하는 게 가능하다고 주장했다. 적어도 우리가 목격한 것들 중의 일부에 적용이 가능한 또 다른 해석 방법은 옥토폴리스가 특이한 장소라는 것이다. 문어의 전반적인 지능과 이 특이한 맥락이 겹치면서 특이한 행동으로 이어졌다. 문어는 이런 상황에서 자신들의 삶을 살아낼 방법을 찾아야 했고, 그 결과로 생겨난 몇 가지 습성은 임기응변적이고 새로운 것이었다. 오랫동안 생존할 방법을 찾아낸 것이다.

나는 우리가 이곳에서 본 행동이 새로운 것과 오래된 것의 조합이라고 생각한다. 어떤 것은 오래된 행동이고 어떤 것은 특이한 상황에서 개별적으로 적응하면서 임기응변으로 변형된 행동이다.

옥토폴리스는 일반적인 문어의 삶에서는 볼 수 없는 요소들을 갖고 있는 곳이며 뇌와 정신의 진화와 관련된 요소들이 현존하는 공간이다. 많은 상호작용과 사회적 탐색이 이루어지며 이루어진 행위들과 인식된 것들 사이에도 많은 피드백이 존재한다. 문어들은 특이할 정도로 복잡한 상황에 직면하게 되는데 다른 문어들이 이 환경의 중요한 부분을 차지하고 있기 때문이다. 조가비 무덤은 꾸준히 조작되고 변화한다. 그들은 잔해를 주변에 던지고, 던져진 조가비와 다른 물체들은 가끔 다른 문어를 때린다. 이는 단순히 굴을 청소하는 행동일 수 있지만 이처럼 다른 문어들도 북적이는 상황에서는 새로운 결과로 이어진다. 이렇게 던져진 물건에 맞는 문어들의 행동도 영향을 받는 것으로 보이기 때문이다. 우리는 현재 이렇게 던지는 물건들이 의도적으로 누군가를 겨냥한 것인지를 확인하려 하고 있다.

이 모든 일이 통상적으로(적어도 우리가 알기로는) 문어의 수명이 짧다는 맥락 속에서 벌어지고 있다. 문어의 삶은 짧아서 자기가 낳은 새끼를 돌보지도 못한다. 이 문어들이 두 해를 산다고 가정해 보자. 그들은 2009년부터 여러 세대에 걸쳐 옥토폴리스에서 살아왔다. 우리가 방문한 이후에도 이곳에서 많은 문어들이 오고 갔으며, 계속해서 복잡한 준

사회성semi-sociality을 재형성했다. 이런 상황에서는 추가적으로 진화적 단계가 발생할 수 있으리라 상상할 수 있다. 상호작용이 보다 복잡해지고, 신호 보내기가 더 정제되고, 인구 밀도가 더 높아진다고 가정해 보자. 각 문어의 삶은 다른 문어의 삶과 더 많이 얽히게 될 것이고 이는 현재 진행 중인 그들의 뇌 진화에도 영향을 미치기 시작할 것이다. 우리는 7장에서 수명이 생활 방식, 그중에서도 특히 포식의 위협에 의해 조정된다는 것을 살펴보았다. 만일 이 문어 종이 잡아먹히지 않은 채 몇 년을 더 안정적으로 살 수 있다면 이것이 보다 긴 수명으로 이어질 것이라고 생각하지 않을 이유가 없다.

이 모든 것이 옥토폴리스에서 발생할 수 있다고 말하는 건 아니다. 그렇지 않을 수도 있다. 옥토폴리스는 이 문어 종이 점유하고 있는 영역 중 매우 작은 일부분에 지나지 않는다. 알에서 부화한 새끼 문어들은 태어난 곳에 머무르기보다 어디론가 흘러간다. 살아남은 새끼 문어는 더러는 어딘가에 정착하고 더러는 방랑을 시작한다. 그렇기 때문에 현재 옥토폴리스에 살고 있는 문어가 이곳에 살고 있던 문어의 자손이라고 생각할 근거는 없다. 단 하나의 장소와 몇 년의 시간은 진화의 세계에서는 아무런 의미도 없다. 진화라고 할 만한 영향력을 미치려면 이런 장소가 대규모로 수천 년을 버텨야 한다. 그러나 옥토폴리스는 문어의 진화에서 한 가지 가능한 방향을 어렴풋이라도 볼 수 있게 해 준다.

평행선

책의 막바지에 다다랐으니 이제 다시 신체와 정신의 진화로 돌아가 보자. 가장 오래되고 베일에 싸인 사건은 2장에서 설명한 고대에 생겨난 감각과 행동 능력, 단세포 생물에서 동물로의 진화, 최초의 신경계다. 그러고 나서 우리가 벌이나 두족류와도 공유하는 좌우대칭형의 체제가 나타났다. 좌우대칭동물이 나타나고 얼마 지나지 않아 생명의 나무에서 분화가 일어났다. 한 줄기는 척추동물, 다른 하나는 곤충, 벌레, 연체동물 등이 있는 무척추동물로 이어졌다.

감각과 행동이 서로 영향을 주고받는 것은 단세포 생물을 포함해 우리에게 알려진 모든 생명체의 특징이다. 신경계를 가진 최초의 동물로 변이하면서 외부의 감각과 신호를 위한 기관은 내부를 향했고 새롭게 탄생한 보다 큰 생명체 내부의 협응을 가능하게 만들었다. 신경계가 최초에 어떤 일을 했든지간에 에디아카라기에서 캄브리아기로 옮아가면서 동물 행위에 새로운 체제regime와 그것을 가능하게 하는 신체가 등장했다. 생물체들은 새로운 방식으로 서로의 삶에 얽혔는데 그중 대표적인 것이 포식 관계다. 생명의 나무는 가지치기를 계속했고 극히 일부 동물의 두뇌가 확장됐으며 매우 커다란 신경계에 대한 두 실험이 시작됐다. 하나는 척추동물에게서, 다른 하나는 두족류에게서.

전반적인 진화의 과정에 대해서는 이 정도로 설명하고, 지금 시점에서 생명의 나무를 다시 들여다보면 새로운 의미를 갖게 되는 몇 가지 특징을 살펴보자. 이것들은 진화의 나무의 일부분으로 책의 초반부에서는 먼 곳에서 본 가지를 확대했을 때 보인다. 먼저 척추동물 쪽을 바라보면 우리 인간과 다른 포유류들이 보인다. 그러나 포유류는 높은 수준의 지능을 진화시킨 유일한 척추동물은 아니다. 어류와 파충류 또한 놀라운 일을 할 수 있지만 내가 주로 떠올리는 사례는 앵무새나 까마귀 같은 조류다. 척추동물들의 뇌는 모두 하나의 주선율에서 나온 "변주곡"처럼 많은 것을 공유하고 있지만 여전히 그 분화는 무척 심오하다. 조류와 인류의 공통 조상인 도마뱀을 닮은 동물은 약 3억 2000만 년 전, 그러니까 공룡이 등장하기도 전에 살았던 것으로 여겨진다. 도마뱀을 닮은 동물에서 시작한 큰 두뇌는 척추동물들 내에서 각기 독립적인 경로를 거쳐 생겨났다. 나는 3장에서 큰 두뇌의 역사가 대충 Y자 형태를 띠고 있다고 말했다. 하나는 척추동물 계열이고 다른 하나는 두족류 계열이다. 하지만 이는 매우 단순화한 이야기다. 척추동물 쪽을 좀 더 자세히 들여다보면 그 안에서도 중요한 분화가 일어났음을 알 수 있다.

나는 3장에서 두족류의 초기 진화에 대해 다루었고 문어와 갑오징어에 관한 장도 썼다. 문어와 갑오징어는 모두 두족류이지만 여러 측면에서 다르다. 두족류의 진화는 어떻게 흘러왔을까? 분명 두족류의 진화 과정에서 큰 분기점이 있었던 것으로 보이는데 그것은 얼마나 뿌리깊은 것일까?

한동안은 화석 자료를 바탕으로, 문어, 갑오징어, 오징어를 포함한 두족류 분과coleoid가 공룡이 살던, 약 1억 7000만 년 전에 처음으로 등장했다고 여겨졌다. 공룡 시대의 후반기를 거치면서 이들은 분화했고 그 결과 우리에게 친숙한 모습으로 진화했다는 것이다.

1972년의 유명한 한 논문에서 앤드류 패커드Andrew Packard는 이 두족류의 진화는 특정 어류의 진화와 함께 발생했다고 주장했다. 약 1억 7000만 년 전 몇몇 어류가 우리에게 친숙한 "현대적" 형태를 띠는 쪽으로 진화하기 시작했다. 초기 두족류는 바다의 전통적인 포식자였다. 어류는 그들과 경쟁할 수 있는 새로운 형태로 진화했고 두족류도 그에 대한 대응으로 진화했다. 여기에는 그들의 복잡한 행동의 진화도 포함된다.

현대 두족류가 비교적 근래에 한 번의 폭발적인 사건으로 생겨났다는 생각은 두족류의 커다란 신경계가 일회성의 진화적 우연으로 생겨났고 나중에 좀 더 다각화됐다는 관점을 지지하는 것으로 이해될 수 있다. 사람들은 두족류에 대한 "우연한 지능" 가설을 상당히 진지하게 받아들였다. 분명 특히 문어를 보면 그렇게 짧고 사회적이지 않은 삶을 사는 데 비해 "너무 똑똑한" 뇌를 갖고 있다고 생각하게 만드는 유혹이 있긴 하다. 우연이든 그렇지 않든 간에 패커드와 다른 학자들이 설정한 역사적 관점은 '두족류'의 큰 뇌의 진화는 단 한번의 진화 과정만 있었고 그 이후에 소소한 변이가 있었다는 관점을 강화시켰다.

패커드의 주장 이후로 두족류 뇌의 진화에 대한 역사적인 관점은 바뀌었다. 패커드는 다른 연체동물 연구처럼 두루뭉술한 그림이 아닌 화석 자료를 근거로 이론을 세웠다. 이후 유전학적 증거들이 나오면서 관점은 달라졌다. 새로운 관점은 문어와 갑오징어, 그리고 오징어의 가장 최근의 공통 조상은 1억 7000만 년 전이 아닌 2억 7000만 년 전에 살았다고 본다. 여기서 진화적 분기가 일어나, 한쪽은 문어와 심해의 흡혈오징어를 포함하는 "팔완상목octopod"으로 이어졌고 다른 한쪽은 오징어와 갑오징어를 포함한 "십완상목decapod"으로 이어졌다.

공통 조상으로부터의 최초의 분기가 1억 년 더 앞당겨졌다는 사실이 두족류의 진화 시나리오를 매우 다르게 만들었다. 지금은 두족류의 분기 시점은 공룡이 존재하기 전인 페름기라는 것이 정설이다. 당시 바닷속 생물 세계는 공룡 시대와는 매우 달랐다. 여전히 두족류와 어류의 경쟁이 진행 중이었을 수 있으나 분화의 시기가 앞당겨졌기 때문에 두족류는 복잡한 신경계를 최소 두 번 진화시켰을 가능성이 높다. 한 번은 하나는 문어의 계통에서고 다른 하나는 갑오징어와 오징어의 계통에서다.

당신은 이렇게 생각할지도 모른다. 이 모든 두족류의 공통 조상이 '이미' 많은 행동의 복잡성을 획득하고 페름기 바닷속에서 가장 똑똑한 동물이었을 수도 있지 않을까? 분화가 일어난 시기를 보면 이렇게 생각하는 것도 충분히 가능하다. 그러나 다른 새로운 증거들이 이 가능성을 일축한다. 2015년 처음으로 문어의 유전체 염기서열이 분석됐다. 유전자를 통해 각 개체의 생애에서 신경계가 어떻게 '만들어지는지'에 대한 새로운 정보를 읽을 수 있다. 신경계를 만들기 위해서는 세포가 정확하게 연결되어야 한다. 인간의 경우 '프로토카드헤린'이라는 분자군이 연결하는 역할을 한다. 문어의 신경계에도 프로토카드헤린이 있다는 사실이 밝혀졌다.

흥미로운 발견이다. 문어와 인간은 비슷한 도구를 사용하고 있었다. 비슷한 도구가 양쪽 모두에 사용되는 것이다. 그런데 그 뒤로 또 다른 사실이 발견되었다. 신경계를 만드는 데 사용되는 분자는 문어뿐만 아니라 오징어에서도 만들어지는데 문어와 오징어는 팔완상목과 십완상목으로 분화된 다음 이를 '독자적으로' 진화시킨 것으로 보인다. 문어가 진화하면서 프로토카드헤린 분자를 발전시켰고 오징어도 독자적인 발전을 이루었다. 그러므로 뇌를 형성하는 분자는 인간과 같은 동물에게서 한 번, 두족류에게서 한 번이 아니라 최소 '세 번'은 생겨난 것이다.

이 사실의 의미는 갑오징어(오징어)가 얼마나 똑똑한 동물인지에 따라 달라진다. (이런 목적에서 우리는 갑오징어와 오징어를 하나의 동물군으로 다룰 수 있다.) 우리는 문어의 인지 능력에 대해서 아는 것만큼 갑오징어의 인지에 대해서 잘 알지는 못한다. 오징어에 대해서는 더욱 그렇다. 그러나 최근 등장하는 증거들은 갑오징어도 상당한 지능이 있음을 시사한다.

일례로 최근 크리스텔 조제-알브Christelle Jozet-Alves와 그의 연구진이 프랑스 노르망디에서 내가 이 책에서 다룬 대왕갑오징어보다 더 작은 종에 대해 최근 실시한 기억에 관한 연구가 있다. 동물의 기억에는 몇 가지 종류가 있다. 인간의 경험에서 중요한 종류의 기억은 '일화 기억episodic memory'으로 사실이나 기술에 대한 기억이 아닌 특정한 사건에 대한 기억이다. (당신의 지난 번 생일에 대한 기억은 일화 기억이다. 수영을 하는 방법에 대한 기억은 '절차 기억procedural memory'이고 프랑스의 위치에 대한 기억은 '의미 기억semantic memory'이다.) 조제-알브의 연구진은 조류에게 일종의 일화 기억이 있음을 보여 주는 듯한 유명한 일련의 실험을 기반으로 갑오징어에 대한 실험을 실시했다. 이 연구에는 선도적인 조류 학자인 니콜라 클레이튼도 참여했다. 조류와 갑오징어에 대한 연구 둘 다 "유사 일화 기억episodic-like memory"을 언급한다. '유사'라는 표현을 쓰는 까닭은, 인간의 일화 기억은 주관적 경험의 요소를 매우 선명하게 갖고 있지만 이것이 다른 동물에게도 해당되는지는 모르기 때문이다.

이 연구에서는 "무엇을-어디서-언제" 기억, 즉 '언제' 그리고 '어디서' 특정한 먹이를 구할 수 있는지에 대한 기억을 '유사 일화 기억'으로 취급했다. 갑오징어에 대한 연구도 이렇게 실시됐다. 우선 연구자들은 각각의 갑오징어들이 게와 새우 중 어떤 먹이를 더 선호하는지 확인했다. 그리고는 이 먹이들이 각기 다른 시각적 힌트와 함께 놓여 있는 수조에 갑오징어를 넣었다. 그들이 좀 더 선호하는 먹이(새우인 것으로 밝혀졌다)는 다른 먹이보다 더 천천히 보충됐다. 만일 갑오징어들이 새우를 먹으면 같은 장소에 또 새우가 생겨날 때까지 세 시간이 걸렸다. 반면에 게는 한 시간마다 보충됐다. 갑오징어는 마지막으로 새우를 먹은 지 한 시간 후에 수조에 들어가게 되면 새우가 있는 곳으로 다시 가는 게 의미가 없다는 걸 학습했다. 그곳에는 아무것도 없을 것이기 때문이다. 한 시간이 지난 후 그들은 게가 있는 곳으로 갔다. 그들은 세 시간이 지난 다음에야 새우가 있는 곳으로 향했다.

유사 일화 기억이 우리와 같은 포유류와 조류, 갑오징어에게 모두 있다는 것은 각기 다른 계열에서 거의 확실한 평행진화parallel evolution가 발생했음을 보여 주는 놀라운 사례다. 나는 문어에 대해 비슷한 실험을 한 사람이 있는지도, 문어가 같은 실험을 당했다면 어떻게 했을지도 모르겠다. 조제-알브의 실험은 문어와는 어느 정도 독립적으로 진화한 뇌를 가진 십완상목의 상당히 복잡한 인지 능력을 보여 준다. 다시 말해 이는 두족류 '내'에서도 지능의 평행 진화가 발생했다는 증거다. 이는 두족류에게 복잡한 신경계가 진화한 것이 우연이 아니라는 관점을 뒷받침한다. 각기 다른 계열에서 우연하게 일어난 변이가 유지되어 온 것이 아니다. 그 대신 문어 계열과 다른 두족류 계열에서 각기 평행을 이루어 신경계의 확장이 발생했다는 것이다.

문어와 갑오징어의 관계는 포유류와 조류의 관계와 꽤 유사해 보인다. 척추동물의 계열에서 3억 2000만 년 전에 일어난 분화가 포유류와 조류로 이어졌는데 서로 다른 신체에서 각기 큰 뇌를 진화시켰다. 두족류에서 문어와 갑오징어는 모두 연체동물에서 시작한 동물이지만 둘 사이의 분리는 포유류와 조류의 분화와 비슷한 시점에서 이뤄졌으며 포유류와 조류 사이에서도 큰 뇌의 평행 진화가 있었다.

생명의 나무를 다음과 같이 표현할 수 있다.

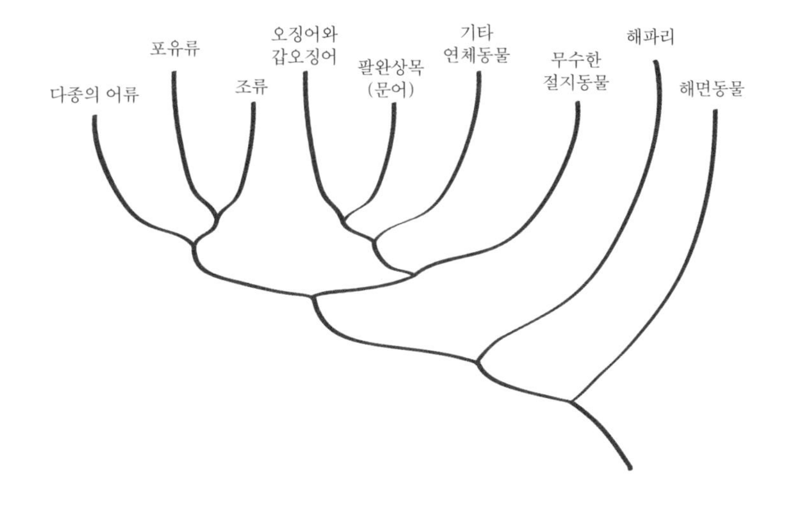

생명의 나무의 일부: 위 그림은 이 책에서 등장하는 진화적 분화의 일부에 초점을 맞춘 것이다. 분기점에서부터 줄기의 길이는 특정한 기간에 비례한 것이 아니며 매우 다른 규모의 동물군들을 같은 크기로 표현했다. 포유류와 조류는 속한 종의 수를 따져볼 때 매우 큰 동물군인 반면 그 옆에 있는 두 개의 두족류 동물군(오징어/갑오징어와 팔완상목)은 규모가 훨씬 작다. (포유류와 조류는 각기 그 자체로 전통적인 생물학 분류법에서 '강class, 綱'을 이루는 반면[포유강, 조강] 모든 두족류는 하나의 강[두족강]을 이룰 따름이다.) 그 오른편의 절지동물은 곤충, 게, 거미, 지네 등을 포괄하고 있는 더 큰 생물학 분류 단위인 문phylum, 門을 차지한다. 이 그림에는 많은 동물군이 생략됐다. 만일 지렁이를 포함시켰다면 지렁이는 '기타 연체동물'과 절지동물 사이에 연체동물 쪽으로 이어진 줄기에 놓일 것이다. 불가사리는 왼편의 척추동물에 더 가까이 놓일 것이다. '어류'는 단일한 가지를 이루지 않는다. 대부분의 물고기는 왼쪽 끝의 줄기에 속하지만 실러캔스와 같은 몇몇 물고기는 우리와 조류로 이어지는 줄기에 놓일 것이다.

두족류는 고대부터 커다란 포식자였다. 약 2억 7000만 년 전, 두족류에서 하나의 동물군이 분리되어 나갔는데 아마도 두족류가 외부의 껍데기를 버리기 시작한 후의 일일 것이다. 최소한 두 계열의 동물군이 독자적으로 커다란 신경계를 진화시켰다. 두족류와 똑똑한 척추동물들은 정신의 진화에서 각기 독립적으로 이루어진 실험들이다. 포유류와 조류의 관계처럼 이 책에 나오는 문어와 갑오징어는 큰 실험 안에서 벌어진 작은 실험들을 가리킨다.

바다

정신은 바다에서 진화했다. 물이 그것을 가능케했다. 생명의 기원, 동물의 탄생, 신경계와 뇌의 진화, 그리고 뇌를 갖는 것이 의미가 있게 되는 복잡한 신체의 등장까지, 생명 초기의 모든 단계들은 물속에서 발생했다. 뭍으로 떠난 최초의 모험은 이 책의 첫 장이 다루는 시기(4억 2000만 년 전이거나 어쩌면 그보다 더 먼저일 수도 있다)에서 그리 멀리 떨어지지 않았으리라. 하지만 동물의 초기 역사는 바다 생물의 역사다. 동물은 마른 뭍으로 기어올라가면서 몸 안에 바다를 담아 갔다. 생명의 모든 기본적인 활동은 세포에서 일어나는데 세포는 세포막으로 둘러싸여 있고 그 안에는 물이 들어 있다. 세포란 바다의 일부가 담겨 있는 아주 작은 그릇인 셈이다. 나는 1장에서 문어를 만나는 것은 여러 가지 의미에서 지능을 가진 외계인과의 만남과 가장 가깝다고 말했다. 하지만 문어는 실제로는 외계인이 아니다. 지구와 바다가 문어와 우리 모두를 만들었으니까.

생명과 정신을 탄생시킨 바다의 특징은 우리에게 거의 대부분 보이지 않는다. 그것은 아주 미세한 척도에서 존재한다. 우리가 바다에 무언가를 해도 바다는 눈에 띄게 변하지 않는다. 숲을 개간하면 그 변화가 즉시, 명백하게 보이는 것과는 다른 것이다. 바다에 버려지는 쓰레기들은 그저 흘러가고 사라지는 것처럼 보인다. 그 결과 바다의 환경 문제로 시급해 보이지 않는다. 게다가 우리가 취할 수 있는 조치도 가시적인 성과를 곧바로 내지 않는다.

때로는 별 생각 없이 물속을 바라보다가 인간이 한 일의 영향을 눈앞에 마주하기도 한다. 2008년 즈음 나는 이에 대해 생각하기 시작했다. 나는 북반구의 여름이 되면 방문하는 시드니의 해변 근처에 작은 아파트를 샀다. 시드니 주변의 모든 해변과 마찬가지로 이 지역 또한 너무나 많은 사람들이 너무나 오랫동안 어업을 했고 2000년이 되자 물속은 거의 텅텅 빌 정도였다. 그런데 2002년, 한 작은 만이 해양보호구역으로 지정되면서 야생 해양생물이 완벽하게 보호되기 시작했다. 그러자 몇 년만에 그곳은 물고기를 비롯한 많은 동물들로 가득차게 됐고, 나는 거기서 마주친 두족류 덕분에 이 책을 쓸 생각을 하는 데 이르렀다.

보호구역 지정의 효과는 고무적이지만 바다는 거대한 위협에 시달리고 있다. 그중 가장 두드러진 것은 과도한 어업 활동이다. 점점 더 많은 헤엄치는 것들이 무분별하게 선박의 냉동고에 휩쓸려 들어가고 있다. 무분별한 어업이 잘 관리되지 않는 것은 단지 탐욕과 이익의 경쟁 때문만은 아니다. 이 문제 자체를 이해하지 못하고 있고 또한 우리 자신이 얼마나 파괴적인 능력을 갖고 있는지를 잘 모르기 때문이기도 하다. 배가 떠난 후에도 바다는 그 전과 똑같아 보이니까.

19세기 말, 『종의 기원』이 출간된 이후 토머스 헉슬리Thomas Huxley는 찰스 다윈의 가장 중요한 과학적 동맹이자 선도적인 생물학자였다. 1800년대 중반 북해의 어부들은 혹여 자신들이 물고기의 씨를 말리지 않을까 의문을 갖기 시작했고 헉슬리를 초대해 이에 대한 조언을 부탁했다. 헉슬리는 걱정할 이유가 없다고 말했다. 그는 바다의 생산성과 어획량을 간단히 계산한 다음 1883년에 행한 한 연설에서 이렇게 결론지었다. "우리의 현재 어업 방식에 비추어 볼 때 저는 대구, 청어, 고등어 같은 가장 중요한 물고기의 어장은 무한정에 가깝다고 확신합니다."

그의 낙관론은 보기좋게 틀렸다. 어업은, 특히 대구 어업은 불과 수십년 만에 심각한 위기에 처했다. 그가 자신 있게 장담한 것 때문에 헉슬리는 일종의 악당이 됐다. 전혀 근거 없는 소리는 아니지만 그를 악당으로 취급한 사람들은 위의 악명 높은 인용구에서 내가 포함시킨 부분을 간과(때론 누락시키기도)한다. 바로 "우리의 현재 어업 방식에 비추어 볼 때"라는 말이다.

이 유보 조건을 달더라도 헉슬리의 말은 틀렸을 것이다. 하지만 사람들을 잘못된 길로 이끈 분명한 한 가지는 그들이 어업 기술이 얼마나 바뀔지 인지하지 못했다는 것이다. 기술의 변화는 배 한 척이 바다에서 잡아들이는 물고기의 양에 엄청난 변화를 가져왔다. 도구의 기계화와 냉동고의 등장, 그리고 물고기를 추적하는 최첨단 장비의 등장으로 헉슬리가 낙관론을 제시한 지 얼마 되지 않아 "우리의 현재 어업 방식"은 사라졌고 물고기도 그렇게 사라져갔다.

물고기 남획은 19세기부터 시작됐으며 오늘까지 이르면서 어획량은 조금씩 감소하고 있다. 바다가 직면하고 있는 또 다른 문제는 화학적 변화다. 화학적 변화는 눈으로 보기가 더욱 어려운 데다가 오염원이 전세계에 퍼져 있어 고치기가 더욱 어렵다.

산성화는 화학적 변화의 한 가지 사례다. 화석연료의 사용으로 대기 중의 이산화탄소 농도가 높아지면서 이산화탄소의 일부가 바다에 용해된다. 용해된 이산화탄소는 바닷물의 pH 균형을 바꾸어 보통의 약알칼리성에서 벗어나게 만든다. 두족류를 비롯한 대다수의 바다 생물들의 신진대사가 산성화에 영향을 받는다. 특히 산호처럼 칼슘을 사용해 단단한 부위를 만드는 생물들이 받는 영향이 심각하다. 산성화된 바닷물 속에서 이 단단한 부위는 연화되고 용해된다.

이 책을 마무리할 때쯤 나는 벌을 연구하는 생물학자 앤드류 배런Andrew Barron과 점심을 같이 했다. 나는 배런과 철학자 콜린 클라인Colin Klein을 만나 어떻게 주관적 경험의 진화론적 기원에 대해 밝혀낼 수 있을지에 대해 논의했다. 앤드류가 벌을 연구한다는 말을 듣고 나는 전세계의 벌들에게 영향을 미치고 있는 "군집 붕괴colony collapse"에 대해 물어보고 싶었다.

군집 붕괴 현상은 2007년부터 두드러지게 나타났다. 세계 여러 나라에서 벌의 군집이 갑자기 무너지기 시작했고 그 결과 사과와 딸기처럼 꿀벌에 수분을 의존하는 모든 작물이 수분을 못하게 된 것이다. 작물의 수분을 돕는 벌의 경제적 중요성 때문에 "군집 붕괴"의 원인에 대해 많은 연구가 이루어졌다. 어떤 한 지역에만 국한된 원인이 아니라 전세계적인 원인을 찾아야 했다. 하지만 붕괴 현상은 상당히 빠르게 퍼졌다. 기생충 때문인가? 아니면 병균? 독성 화학물질? 배런에게 물었을 때 그는 이렇게 말했다. "네, 무슨 일이 벌어지고 있는지를 이제 이해하기 시작했죠." 그럼 그 원인

이 되는 요인은 무엇일까? 그는 지금까지 알려진 바로는 단 하나의 요인은 존재하지 않는다고 답했다. 대신 오랜 시간 꿀벌들이 더 작고 많은 스트레스에 노출되었다는 것이다. 오염물질과 미생물들은 더 늘어나고 서식할 수 있는 구역은 더 좁아졌다. 이런 스트레스들이 오랜 시간에 걸쳐 누적되는 동안 벌들은 어느 정도 견딜 수 있었다. 군집들도 더 열심히 일하면서 스트레스를 흡수했다. 그들이 드러나 보이는 고통을 받지 않았음에도 불구하고 스트레스와 고통을 완충할 능력은 천천히 닳아 없어졌다. 임계점을 넘자 마침내 꿀벌 군집은 무너지기 시작했다. 군집의 붕괴는 극적이며 눈에 띄게 이루어졌는데, 갑자기 무슨 페스트 같은 전염병이 돌기 시작했기 때문이 아니라 벌들이 스트레스를 흡수할 수 있는 능력을 다 소진했기 때문이었다. 이제 과일 농사를 짓는 농부들은 과수원마다 벌집을 싣고 수천 킬로미터를 다닌다. 작물들을 수분시키기 위해서는 여전히 일을 할 수 있을 만큼 건강한 벌들이 필요하기 때문이다.

나는 이 이야기를 듣고 나서 같은 관점으로 바다를 보았다. 바다라는 이름의 생물학적 창조성의 공간은 너무나 광대해서 수백 년 동안 우리가 무슨 짓을 하더라도 거의 영향을 받지 않았다. 그러나 이제 바다에 스트레스를 주는 우리의 힘이 너무나 커졌다. 바다는 스트레스를 흡수한다. 그것이 눈에 아예 보이지 않는 것은 아니지만 눈에 잘 띄지 않는 경우가 많고 자본이 연관되어 있으면 무시하기 쉽다. 몇몇 지역에서는 이미 상태가 너무 악화됐다. 세계의 바다 여기저기에는 동물은 물론이고 다른 생명체도 거의 살 수 없는 "데드존"들이 있는데 특히 산소의 부족 때문이다. 데드존은 인간이 바다에 스트레스를 주기 전에도 때때로 자연적으로 발생했을 것이지만 이제는 훨씬 거대한 규모로 생겨나고 있다. 어떤 데드존은 인근 육지의 농장에서 비료를 유출시키는 주기에 따라 발생하는 반면 또 다른 데드존은 계속 그 상태인 것으로 보인다. 데드존은 바다와는 정반대의 것이다.

우리에겐 바다에게 감사하고 바다를 돌보아야 할 여러 가지 이유가 있다. 그리고 나는 이 책이 한 가지 이유를 더하기를 바란다. 당신이 바닷속으로 들어갈 때, 당신은 우리 모두의 기원 속으로 들어가는 것이다.

미주

1. 생명의 나무에서의 만남

p17 "동물의 역사는 나무 형상을 하고 있다."

Darwin은 『종의 기원』에서 '생명의 나무' 개념을 광범위하게 사용했다. 다윈 스스로가 인정하듯, 종들의 관계가 나무의 형태를 띠는 것으로 최초로 생각한 이가 Darwin은 아니었다. 그가 혁신을 이룩할 수 있었던 것은 생명의 나무에 역사적, 계보학적 해석을 더했기 때문이었다. 어떤 의미에서 Darwin은 당대 이전의 그 누구보다도 생명의 나무 개념을 문자 그대로 받아들였는데 다음과 같은 유명한 구절에서 잘 표현돼 있다. "같은 강(綱)에 속하는 모든 존재들의 유사성은 때로는 거대한 나무로 표현되기도 한다. 나는 이 직유법이 대체로 진실을 말한다고 생각한다." Charles Darwin, *On the Origin of Species by Means of Natural Selection, or the Preservation of Favoured Races in the Struggle for Life* (London: John Murray, 1859), 129.

생물학에서 나무에 대한 생각의 역사를 알기 위해서는 Robert O'Hara, "Representations of the Natural System in the Nineteenth Century," *Biology and Philosophy* 6 (1991): 255-74를 참조할 것. 나무 형상에는 예외도 존재하는데 특히 동물 외에 속하는 생명의 경우에 그러하다. 나의 저작 *Philosophy of Biology* (Princeton, NJ: Princeton University Press, 2014)을 참조할 것. Richard Dawkins의 책 *The Ancestor's Tale: A Pilgrimage to the Dawn of Evolution* (New York: Houghton Mifflin, 2004)는 나무의 구조를 강조하여 쓴, 동물의 역사에 대한 생생하면서도 이해하기 쉬운 설명이다.

p21 "이 갈래가 통상 "무척추동물"로 알려진 모든 동물을 포함하는 것은 아니지만"

몇몇 생물학자들은 '무척추동물'이라는 단어에 문제가 있다고 생각한다. 생명의 나무에서 정확한 줄기를 가리키지 않고 몇몇 줄기에서 발견되는 생물들을 지칭하기 때문이다. 이 책에서 나는 몇몇 생물학자들이 정확한 줄기를 가리키지 않는다는 이유로 비판하는 여러 가지 용어들을 사용했다. 여기에는 '전핵생물'이나 '어류'도 포함된다. 나는 이런 용어들이 여전히 쓸모가 있다고 생각한다.

p24 "이 책의 첫머리에 나는 철학자이자 심리학자인 윌리엄 제임스가 *19*세기 말에 쓴 글을 인용했다"

첫 문단의 글은 William James, *Principles of Psychology*, vol. I (New York: Henry Holt, 1890), 148에서 인용했다. James는 특히 자신의 경력 후반부에 정신의 세계와 물질의 세계 간의 '연속성'을 이루는 상당히 급진적인 방식에 매혹을 느꼈다. 이 책에서 다룬 것보다 훨씬 급진적인 방식이었다. "A World of Pure Experience," *The Journal of Philosophy, Psychology and Scientific Methods I*, nos. 20-21 (1904): 533-43, 561-70을 참조할 것.

p25 "커다란 두뇌를 갖고 있는 두족류는 스스로를 '존재'하는 것으로 느낄까?"

"그 내부는 어두컴컴한"이란 표현은 David Chalmers, *The Conscious Mind: In Search of a Fundamental Theory*(Oxford and New York: Oxford University Press, 1996), 96에서 인용했다. 물론 뇌 속에서는 모든 것이 어둡다(수술을 할 경우를 제외하곤). 그 뇌를 갖고 있는 동물에게 사물이 어둡게 보일 필요는 없으나 동물은 '바깥'을 바라봄으로써 빛과 맞닥뜨리

게 된다. 여러 가지 의미에서 이 은유는 오해의 소지가 있음에도 불구하고 시사하는 바가 있다.

p26 "인류학자 롤랜드 딕슨은…설화가 하와이에서 유래했다고 한다"

Roland Dixon, *Oceanic Mythology*, vol. 9 of The Mythology of All Races, ed. Louise Herbert Gray (Boston: Marshall Jones, 1916), 15에서 인용. Dixon과 이 문장을 내게 소개해 준 두족류에 관한 소설 *Kraken* (New York: Del Rey/Random House, 2010)의 저자 China Miéville에게 감사를 표한다.

2. 동물의 역사

p29 "지구의 나이는 약 45억 살이며"

좀 더 정확히 말하면, 지구는 45억 6천7백만 년 전에 형성되기 시작했다. 생명의 기원과 초기 생명의 역사에 대한 논의는 John Maynard Smith and Eörs Szathmáry, *The Origins of Life: From the Birth of Life to the Origin of Language* (Oxford and New York: Oxford University Press, 1999)를 참조할 것. 최근에 등장한 이론들에 대한 보다 기술적인 논의에 대해서는 Eugene Koonin and William Martin, "On the Origin of Genomes and Cells Within Inorganic Compartments," *Trends in Genetics* 21, no. 12 (2005): 647-54를 참조할 것. 생명의 기원에 관한 최근의 관점은 바다 내부에서의 기원, 심해에서의 생명의 기원에 대해 초점을 맞추는 듯하나 얕은 웅덩이 같은 환경에 대해 살펴 본 연구도 있다. 생명이 분명히 존재했다고 여겨지는 시점은 34억 9000만 년 전으로, 이는 그전에도 생명이 진화를 하고 있었음을 의미한다. 생명이 세포로 시작됐어야 할 이유는 없으나 세포들 또한 매우 오래되었다고 여겨진다.

p30 "초기의 협력 관계 중 몇몇은 너무도 긴밀한 나머지"

Bettina Schirrmeister et al., "The Origin of Multicellularity in Cyanobacteria," *BMC Evolutionary Biology* 11 (2011): 45를 참조할 것.

p30 "단세포 생물은 감각할 수 있으며 반응도 할 수 있다"

다음을 참조하라. Howard Berg, "Marvels of Bacterial Behavior," in *Proceedings of the American Philosophical Society* 150, no 3 (2006): 428-42; Pamela Lyon, "The Cognitive Cell: Bacterial Behavior Reconsidered," *Frontiers in Microbiology* 6 (2015): 264; Jeffry Stock and Sherry Zhang, "The Biochemistry of Memory," *Current Biology* 23, no. 17 (2013): R741-45.

p32 "진핵생물이라고 불리는 이 세포들은 박테리아보다 크고 그 내부 구조도 보다 정교하다"

이보다 복잡한 세포들의 진화와 고대에 한 세포가 다른 세포를 삼킨 사건의 역할에 관하여서는 John Archibald, *One Plus One Equals One: Symbiosis and the Evolution of Complex Life* (Oxford and New York: Oxford University Press, 2014)을 참조할 것. 다른 세포를 삼킨 세포는 일상적 의미에서만 (내가 본문에서 쓴 것처럼) 박테리아 같은 것이었다. 실제로는 십중팔구 고대 고세균류였을 것이다.

p32 "살아있는 존재에게 빛은 두 가지 의미가 있다"

이에 대한 전반적인 개관을 위해서는 Gáspár Jékely, "Evolution of Phototaxis," *Philosophical Transactions of the Royal Society* B 364 (2009): 2795-808을 참조할 것. 2016년 시아노박테리아가 자신의 세포 전체를 '현미경적 눈알'처럼 사용하여, 광원으로부터 가장 멀리 떨어진 세포 내부의 끄트머리에 상을 맺는 게 가능하다는 주목할 만한 연구가 발표된 바 있다. Nils Schuergers et al., "Cyanobacteria Use Micro-Optics to Sense Light Direction," *eLife* 5 (2016): e12620을 참조할 것.

p33 "이들이 자신이 먹을 수 없는 화학물질에도 관심을 보였기 때문이다"

Melinda Baker, Peter Wolanin, and Jeffry Stock, "Signal Transduction in Bacterial Chemotaxis," *BioEssays* 28 (2005): 9-22을 참조할 것.

p34 "일례로 쿼럼센싱이 있다"

Spencer Nyholm and Margaret McFall-Ngai, "The Winnowing: Establishing the Squid-Vibrio Symbiosis," *Nature Reviews Microbiology* 2 (2004): 632-42를 참조할 것.

p35 "생명 역사의 초기 단계를 생각할 때는 물속이라는 배경을 염두에 두어야 한다"

이 주제에 대한 논의를 더 읽어보고자 한다면 내가 쓴 "Mind, Matter, and Metabolism," *Journal of Philosophy* 를 참조할 것.

p36 "생명체 사이의 감각과 신호는 이제 생명체 내부의 감각과 신호가 된다"

위대한 초기 진화론 학자 J. B. S. Haldane은 1954년 많은 호르몬과 신경전달물질(우리 같은 생물체 내부에서 벌어지는 사건들을 통제하고 협응하는 데 사용되는 물질)들이 단순한 해양생물체에게도 영향을 미친다고 기록한 바 있다. 그들의 환경에 이런 화학물질을 만나면 반응을 한다는 것이다. 우리가 내부 신호용으로 사용하는 화학물질은 단순한 생물체에게는 외부의 신호로 해석된다. Haldane은 신경전달물질과 호르몬이 우리의 단세포 조상들 사이에서 이루어지던 화학 신호에서 기원했다는 가설을 세웠다. Haldane, "La Signalisation Animale," Anné Biologique 58 (1954): 89-98을 참조할 것. 책에서 나는 신경계와 실시간으로 행위들을 변조하는 호르몬 체계에 대해 다루지는 않았다. 그러나 이는 내부 신호에 대한 흥미로운 또하나의 사례다.

p36 "동물은 다세포로, 서로 협동하여 작용하는 여러 세포로 구성돼 있다"

이 분야의 고전인 John Maynard Smith and Eörs Szathmáry, *The Major Transitions in Evolution* (Oxford and New York: Oxford University Press, 1995)와 후속작 Brett Calcott and Kim Sterelny, *The Major Transitions in Evolution Revisited* (Cambridge, MA: MIT Press, 2011)을 참조할 것. 각기 다른 집단에서 나타나는 다세포 생명체로의 전이에 대한 개괄로는 Richard Grosberg and Richard Strathman, "The Evolution of Multicellularity: A Minor Major Transition?," *Annual Review of Ecology, Evolution, and Systematics* 38 (2007): 621-54을 참조할 것. 심지어 전핵생물들도 다세포 형태로 진화했다. 나의 책 *Darwinian Populations and Natural Selection* (Oxford University Press, 2009)에서도 다세포 생물로의 전이에 대해 다루었다.

p37 "생명의 역사에서 그 다음 단계가 어떤지는 분명치 않다"

내가 이 책을 쓰고 있던 당시 이 주제는 격렬한 논쟁의 대상이었다. 본문에서 내가 '다수설'이라 부르는 것을 잘 보여 주는 주장은 Claus Nielsen, "Six Major Steps in Animal Evolution: Are We Derived Sponge Larvae?" *Evolution and Development* 10, no. 2 (2008): 241-57에 잘 드러난다. 이 관점은 유전학 데이터를 사용하여 빗해파리가 해면동물보다 먼저 분기해 나갔다고 주장한 논문들에 의해 반박되었다. 특히 Joseph Ryan 외 16인이 공저한, "The Genome of the Ctenophore Mnemiopsis leidyi and Its Implications for Cell Type Evolution," *Science* 342 (2013): 1242592를 참조할 것.

해면동물(또는 빗해파리)가 매우 멀게나마 우리와 연관돼 있다는 사실이 우리에게 해면동물(또는 빗해파리)처럼 생긴 조상이 있었다는 걸 의미하진 않는다. 오늘날의 해면동물은 우리와 마찬가지로 오랜 진화의 산물이다. 왜 우리의 조상이 우리보다 해면동물을 더 닮겠는가? 하지만 다른 요인도 작용한다. 우리가 해면동물의 '내부'에서 본다면 오래 전 진화적 분기에서 둘로 갈라졌지만 둘 모두 해면동물과 비슷한 종류의 생명체로 진화한 것들이 있다. 또한 해면동물이 측계통적(paraphyletic)일 수도 있다. 측계통적이란 어떤 분류의 동물 일부가 공통조상을 갖고 있으나 해당 분류의 동물 전체가 공통조상의 모든 자손을 포함하지 않는 경우를 이른다. 만일 이것이 사실이라면 해면동물과 같은 형태는 우리의 과거에 존재했었다는 관점을 뒷받침(완전히 입증하는 것은 아니지만)하게 된다. 당시의 과거로부터 이어지는 하나 이상의 계보가 오늘날의 해면동물로 이어졌기 때문이다.

해면동물의 숨겨진 행동들에 대해서는 Sally Leys and Robert Meech, "Physiology of Coordination in Sponges," *Canadian Journal of Zoology* 84, no. 2 (2006): 288-306과 Leys, "Elements of a 'Nervous System' in Sponges," *Journal of Experimental Biology* 218 (2015): 581-91; Leys et al., "Spectral Sensitivity in a Sponge Larva," *Journal of Comparative Physiology* A 188 (2002): 199-202; Onur Sakarya et al., "A Post-Synaptic Scaffold at the Origin of the Animal Kingdom," *PLoS ONE* 2, no. 6 (2007): e506을 참조할 것.

p41 "신경계는 일반적인 세포 간 신호 전달이 아니라 특정한 종류의 신호 전달을 가능하게 만든다"

생물학에는 거의 언제나 예외가 있다. 어떤 뉴런은 직접적인 전기적 연결을 갖고 있으며 그 간격을 연결하기 위해 화학 신호를 사용하는 데 제약을 받지 않는다. 또한 모든 뉴런이 행동 가능성을 갖고 있는 것도 아니다. 예를 들어 이 책을 쓰는 현재로서는 예쁜꼬마선충(*Caenorhabditis elegans*, 작은 벌레로 생물학에서 중요한 '모델 생물'이다)이 자신의 신경계에서 행위 가능성을 모두 사용하는지 확실하지 않다. 이 신경계는 뉴런의 전기적 속성이 덜 '디지털적'이며 더 부드럽게 나뉘어 변화했을 때만 작동하는 것일지도 모른다.

뉴런의 진화에 대한 논의에 대해서는 Leonid Moroz, "Convergent Evolution of Neural Systems in Ctenophores," *Journal of Experimental Biology* 218 (2015): 598-611; Michael Nickel, "Evolutionary Emergence of

Synaptic Nervous Systems: What Can We Learn from the Non-Synaptic, Nerveless Porifera?" *Invertebrate Biology* 129, no. 1 (2010): 1-16; Tomás Ryan and Seth Grant, "The Origin and Evolution of Synapses," *Nature Reviews Neuroscience* 10 (2009): 701-12를 참조할 것.

현재 진행 중인 논쟁을 살펴보려면 Benjamin Liebeskind et al., "Complex Homology and the Evolution of Nervous Systems," *Trends in Ecology and Evolution* 31, no. 2 (2016): 127-35를 참조할 것. 어떤 생물학자들은 식물들도 신경계를 가지고 있다고 주장했다. Michael Pollan, "The Intelligent Plant," *New Yorker*, December 23, 2013: 93-105를 참조할 것.

p42 "내가 볼 때 두 개의 관점이 이 문제에 대한 사람들의 생각에 길잡이가 된다"

이 논쟁의 역사와 그 중요성에 대해서 나는 Fred Keijzer의 저작과 그와의 논의에 많은 빚을 졌다.

내가 여기서 다루는 두 관점 모두 신경계가 대부분 '행동'을 통제하기 위해 존재한다고 가정한다. 이는 단순화한 것으로 신경계는 이것 외에도 많은 것들을 하기 때문이다. 신경계는 수면과 기상 주기와 같은 생리적 과정을 통제하며 변태 등 대규모의 신체적 변화를 지도한다. 그러나 여기서 나는 행동에 집중할 것이다. 첫 번째 전통은 감각운동 통제를 강조하는데 초기의 철학적 개념이 자연스럽게 발달한 결과이다. 하지만 가장 노골적인 형태로는 아마도 George Parker, The Elementary Nervous System (Philadelphia and London: J. B. Lippincott, 1919)에서 시작됐을 것이다. George Mackie는 Parker가 제시한 프레임의 연장선상에서 특히 흥미로운 논문들을 썼다. George Mackie, "The Elementary Nervous System Re-visited," *American Zoologist* (제호가 *Integrative and Comparative Biology*로 바뀜) 30, no. 4 (1990): 907-20, Meech and Mackie, "Evolution of Excitability in Lower Metazoans," in *Invertebrate Neurobiology*, ed. Geoffrey North and Ralph Greenspan, 581-615 (Cold Spring Harbor, NY: Cold Spring Harbor Laboratory Press, 2007)을 참

조할 것. 이 전통은 Gáspár Jékely, "Origin and Early Evolution of Neural Circuits for the Control of Ciliary Locomotion," *Proceedings of the Royal Society* B 278 (2011): 914-22까지 계속되고 있다. Jékely, Keijzer와 나는 신경계의 역할과 초기의 신경계 진화에 대한 우리의 생각을 종합하는 논문을 썼다. Jékely, Keijzer, and Godfrey-Smith, "An Option Space for Early Neural Evolution," *Philosophical Transactions of the Royal Society* B 370 (2015): 20150181을 참조할 것.

p43 "'행동 그 자체를 만드는 것'이다"

Fred Keijzer, Marc van Duijn, and Pamela Lyon, "What Nervous Systems Do: Early Evolution, Input-Output, and the Skin Brain Thesis," *Adaptive Behavior* 21, no. 2 (2013): 67-85를 참조할 것. Keijzer의 흥미로운 후속 논문인 Keijzer, "Moving and Sensing Without Input and Output: Early Nervous Systems and the Origins of the Animal Sensorimotor Organization," *Biology and Philosophy* 30, no. 3 (2015): 311-31도 참조할 것.

p44 "앞서 나는 뉴런들 사이의 상호작용을 일종의 신호 보내기로 다뤘다"

여기서 중요한 초기 모형은 David Lewis, *Convention: A Philosophical Study* (Cambridge, MA: Harvard University Press, 1969)에서 찾을 수 있다. 루이스 모델은 Brian Skyrms에 의해 현대화됐다. Brian Skyrms, *Signals: Evolution, Learning, and Information* (Oxford and New York: Oxford University Press, 2010)를 참조할 것. 나의 논문 "Sender-Receiver Systems Within and Between Organisms," *Philosophy of Science* 81, no. 5 (2014): 866-78은 의사소통 모델들이 하나의 생명체의 테두리 안에서 이뤄지는 상호작용에 어떻게 적용되는지를 조망했다.

p46 "영국의 생물학자 크리스 판틴은 *1950*년대에 두 번째 관점을 개발했고"

C. F. Pantin, "The Origin of the Nervous System," Pubblicazioni della Stazione *Zoologica di Napoli* 28 (1956): 171-81; L. M. Passano, "Primitive

Nervous Systems," *Proceedings of the National Academy of Sciences of the USA* 50, no. 2 (1963): 306-13, 그리고 위에 나열된 Fred Keijzer의 논문들을 참조할 것.

p47 "*1946*년 호주의 지질학자 레지널드 스프릭은 호주 남부의 오지에 버려진 광산들을 탐험하고 있었다"

Sprigg의 전기는 Kristin Weidenbach, Rock Star: The Story of Reg Sprigg—An Outback Legend (Hindmarsh, South Australia: East Street Publications, 2008; Kindle ed., Adelaide, SA: MidnightSun Publications, 2014)을 참조할 것. Sprigg은 지질학 탐험가와 사업가로 활동하여 얻은 수입을 아카룰라라는 야생동물 보호구역이자 에코투어리즘 리조트를 만드는 데 썼다. 그는 또한 자신만의 심해 다이빙벨을 고안했고 한번은 현지의 스쿠버 다이빙 수심 기록을 세우기도 했다 (90미터였는데 이 정도 수심이면 당신은 결코 날 볼 수가 없다).

p49 "나는 *1972*년부터 이 화석들을 연구했고 스프릭과도 개인적 친분이 있는 짐 겔링의 안내를 받아"

화석들은 애들레이드의 남호주박물관에 전시돼 있는데 Gheling은 이곳의 선임 연구원이다. 에디아카라기에 대한 나의 논의와 동물의 역사에서 발생한 다양한 사건들의 시기에 대해서 나는 Kevin Peterson et al., "The Ediacaran Emergence of Bilaterians: Congruence Between the Genetic and the Geological Fossil Records," *Philosophical Transactions of the Royal Society* B 363 (2008): 1435-43에서 많은 부분을 참조했다. Shuhai Xiao and Marc Laflamme, "On the Eve of Animal Radiation: Phylogeny, Ecology and Evolution of the Ediacara Biota," *Trends in Ecology and Evolution* 24, no. 1 (2009): 31-40; Adolf Seilacher, Dmitri Grazhdankin, and Anton Legouta, "Ediacaran Biota: The Dawn of Animal Life in the Shadow of Giant Protists," *Paleontological Research* 7, no. 1 (2003): 43-54도 참조할 것.

p51 "가장 확실한 사례는 킴버렐라다"

킴버렐라에 대한 해석은 해파리라는 설부터 연체동물이라는 설까지 다양했다. 이에 대해서는 M. Fedonkin, A. Simonetta, and A. Ivantsov, "New Data on Kimberella, the Vendian Mollusc-like Organism (White Sea Region, Russia): Palaeoecological and Evolutionary Implications," in *The Rise and Fall of the Ediacaran Biota*, ed. Patricia Vickers-Rich and Patricia Komarower (London: Geological Society, 2007), 157-79과 좀 더 최근의 저작으로는 Graham Budd, "Early Animal Evolution and the Origins of Nervous Systems," *Philosophical Transactions of the Royal Society* B 370 (2015): 20150037을 참조할 것. 연체동물설에 대해서는 Jakob Vinther, "The Origins of Molluscs," *Palaeontology* 58, Part 1 (2015): 19-34을 참조하라. 이 책을 쓰는 동안 킴버렐라는 보다 중요한 화석이자 더 많은 논쟁의 대상이 됐다. 나와 교류하던 연구자 중 한 명은 내가 킴버렐라가 연체동물이라는 미심쩍은 해석을 유포하고 있다고 우려했다. 한편 다른 연구자들에게 '연체동물로서의 킴버렐라'는 초기 좌우대칭동물 진화의 해석에 필수적이다. (여기서 언급한 사람들은 위에서 나열된 논문들의 저자와는 다른 사람들이다.) 어쩌면 독자가 이 책을 읽을 때쯤이면 논의가 좀 더 정리된 후일지도 모른다.

p54 "미국의 고생물학자 마크 맥미너민의 말마따나"

Mark McMenamin, *The Garden of Ediacara: Discovering the First Complex Life* (New York: Columbia University Press, 1998)을 참조할 것.

p55 "*2015*년 런던 왕립학회가 주최한 초기 동물과 최초의 신경계에 대한 컨퍼런스에서"

당시 컨퍼런스에서 나온 논문들은 *Philosophical Transactions of the Royal Society* B 370, December 2015에 출판됐다. '신경계의 기원과 진화'라는 제목이 붙은 이 컨퍼런스는 Frank Hirth와 Nicholas Strausfeld가 조직한 행사였다. 해파리의 침에 대한 논의에 대해서는 위의 논문집에서 Doug

Irwin, "Early Metazoan Life: Divergence, Environment and Ecology"를 참조할 것. Graham Budd, "Early Animal Evolution and the Origins of Nervous Systems"도 참조할 것. 2016년 1월에 나온 다음호(제371호)는 후속 컨퍼런스인 '신경계 진화의 상동과 수렴'에서 발표된 논문들을 싣고 있는데 이 또한 이 책을 쓰는 데 큰 도움이 되었다.

p56 "'캄브리아기 대폭발'은 약 5억 4200만 년 전에 시작됐다"

여기서 나는 Charles Marshall, "Explaining the Cambrian 'Explosion' of Animals," *Annual Review of Earth and Planetary Sciences* 34 (2006): 355-84; Roy Plotnick, Stephen Dornbos, and Junyuan Chen, "Information Landscapes and Sensory Ecology of the Cambrian Radiation," *Paleobiology* 36, no. 2 (2010): 303-17을 사용했다.

p57 "최초의 좌우대칭동물은, 적어도 초기 좌우대칭동물 중 몇은"

Graham Budd and Sören Jensen, "The Origin of the Animals and a 'Savannah' Hypothesis for Early Bilaterian Evolution," *Biological Reviews*, published online November 20, 2015; Linda Holland 외 6인이 공저한, "Evolution of Bilaterian Central Nervous Systems: A Single Origin?" *EvoDevo* 4 (2013): 27을 참조할 것. 또한 앞서 언급한 2015년 학회 논문들을 모은 *Philosophical Transactions of the Royal Society* 논문집을 참조할 것. 최초의 좌우대칭동물과 오늘날 살아있는 모든 좌우대칭동물들의 최근공통조상에 대해 각기 다른 질문을 던질 수 있다. 예를 들어 안점은 최근공통조상에게는 있었을 수 있지만 최초의 좌우대칭동물에게는 없었을 수 있다. 만일 오늘날 살아있는 모든 좌우대칭동물들의 최근공통조상이 안점을 갖고 있었다면 이는 킴버렐라나 스프리기나 같은 에디아카라기 좌우대칭동물들도 안점을 갖고 있었거나(이들이 좌우대칭동물이 맞다면) 적어도 그들의 조상들이 안점을 갖고 있었음을 시사한다. 다시 말하지만 이 모든 것들은 현재로서는 여전히 논란의 대상이다.

한편 불가사리는 성체가 되면 방사형의 대칭을 띠긴 하지만 공식적으로 좌우대칭동물이다. 불가사리를 어떻게 분류할지는 여전히 논란이 있다. 자포동물은 사실 좌우대칭동물이거나 좌우대칭동물 조상을 갖고 있었다는 주장도 있다. 이에 대해서는 John Finnerty, "The Origins of Axial Patterning in the Metazoa: How Old Is Bilateral Symmetry?," *International Journal of Developmental Biology* 47 (2003): 523-29을 참조할 것.

p58 "좌우대칭형 체제가 아닌 동물 중 가장 복잡한 행동을 하며 가장 똑똑한 것은 무엇일까"

Anders Garm, Magnus Oskarsson, and Dan-Eric Nilsson, "Box Jellyfish Use Terrestrial Visual Cues for Navigation," *Current Biology* 21, no. 9 (2011): 798-803을 참조할 것.

p61 "정교한 눈이 이때 처음으로 등장"

Andrew Parker, *In the Blink of an Eye: How Vision Sparked the Big Bang of Evolution* (New York: Basic Books, 2003)을 참조할 것.

p62 "버드는 동물의 행동 자체가 에디아카라기에 자원이 배분되는 방식을 바꿨다고 본다"

앞서 인용한 Budd and Jensen, "The Origin of the Animals and a 'Savannah' Hypothesis..."를 참조할 것. Gheling은 애들레이드에서 내게 에디아카라기 생물들을 보여주면서 이렇게 가설들을 설명했다.

p63 "철학자 마이클 트레스트먼은 이런 동물들을 바라보는 흥미로운 방법을 제시한다"

Trestman의 논문 "The Cambrian Explosion and the Origins of Embodied Cognition," *Biological Theory* 8, no. 1 (2013): 80-92을 참조할 것.

p65 "생물학자 데틀레프 아렌트와 그의 동료들은 이런 학설을 제시했다"

Maria Antonietta Tosches and Detlev Arendt, "The Bilaterian Forebrain: An Evolutionary Chimaera," *Current Opinion in Neurobiology* 23, no. 6 (2013): 1080-89; Arendt, Tosches, and Heather Marlow, "From Nerve Net to Nerve Ring, Nerve Cord and Brain—Evolution of the Nervous System," *Nature Reviews Neuroscience* 17 (2016): 61-72을 참조할 것.

p67 "생명의 나무에서 이 부분을 표현한 그림"

이 그림에서 나는 여전히 논쟁 중인 문제에 대해서는 한쪽 편을 들기를 피했다. 빗해파리도 생략했다. 뉴런이 어디서 진화했는지가 불분명하다는 것은 빗해파리가 생명의 나무 위에서 어느 위치를 차지하는지가 불분명하다는 결론으로 이어진다. 불가사리와 다른 극피동물, 그리고 일부 좌우대칭 무척추동물들은 분기에서 우리 편에 위치한다. 이 그림은 식물이나 균류와 같이 동물이 아닌 생물은 포함하지 않는다. 식물과 균류, 그리고 많은 단세포 생물들은 훨씬 더 오른편에 있는 가지들 위에 나타날 것이다.

3. 장난과 기교

p69 "클라우디우스 아에리아누스"

On the Characteristics of Animals, Book 13, translated by A. F. Schofield, Loeb Classical Library (Cambridge, MA: Heinemann, 1959), 87-88에서 인용했다.

p71 "문어를 비롯한 두족류가 속한 '연체동물'은"

두족류와 두족류의 행동에 관한 기초적인 과학에 대해서는 Roger Hanlon and John Messenger, *Cephalopod Behaviour* (Cambridge, U.K.: Cambridge University Press, 1996, 2018년 2판이 나왔다); *Cephalopod Cognition*, a collection edited by Anne-Sophie Darmaillacq, Ludovic Dickel, and Jennifer Mather (Cambridge University Press, 2014)을 참조할 것.

보다 대중적인 저작으로는 Mather, Roland Anderson, and James Wood, *Octopus: The Ocean's Intelligent Invertebrate* (Portland, OR: Timber Press, 2010); Sy Montgomery, *The Soul of an Octopus: A Surprising Exploration into the Wonder of Consciousness* (New York: Atria/Simon and Schuster, 2015, 『문어의 영혼』 최로미 옮김, 글항아리, 2017)을 참조할 것.

p71 "두족류는 껍데기를 가진 초기 연체동물에서 비롯된 것으로 보인다"

이 장에서 다루는 역사의 많은 부분을 Björn Kröger, Jakob Vinther, and Dirk Fuchs, "Cephalopod Origin and Evolution: A Congruent Picture Emerging from Fossils, Development and Molecules," *BioEssays* 33, no. 8 (2011): 602-13에 의존했다. James Valentine, *On the Origin of Phyla* (Chicago: University of Chicago Press, 2004)은 이에 대한 큰 그림을 제공한다.

p72 "육지에 사는 동물이 공중에서 이동하기는 쉽지 않다"

흥미롭게도 육지에서의 비행은 바다와 그나마 좀 더 비슷했던 공기 속에서 발명됐을 수 있다. Robert Dudley, "Atmospheric Oxygen, Giant Paleozoic Insects and the Evolution of Aerial Locomotor Performance," *Journal of Experimental Biology* 201 (1998): 1043-50를 참조할 것.

p74 "앵무조개는 살아남았다"

앵무조개에 대해 더 자세히 알고 싶다면 Jennifer Basil and Robyn Crook, "Evolution of Behavioral and Neural Complexity: Learning and Memory in Chambered Nautilus," in *Cephalopod Cognition*, ed. Darmaillacq, Dickel, and Mather, 31-56을 참조할 것.

p75 "가장 오래된 문어 화석은"

최초의 화석에 대해서는 Joanne Kluessendorf and Peter Doyle, "Pohlsepia mazonensis, an Early 'Octopus' from the Carboniferous of Illinois, USA," *Palaeontology* 43, no. 5 (2000): 919-26를 참조할 것. 어떤 생물학자들은 적어도 2억 9천만 년 전인 이 화석의 신빙성에 의구심을 갖는다. 논란의 여지가 없는 화석은 훨씬 나중 시기인 1억 6400년 전의 것으로 '프로테록토푸스'라 불린다. J.-C. Fischer and Bernard Riou, Le plus ancien octopode connu (Cephalopoda, Dibranchiata): Proteroctopus ribeti nov. gen., nov. sP., du Callovien de l'Ardèche (France)," *Comptes Rendus de l'Académie des Sciences de Paris* 295, no. 2(1982): 277-80.를 참조할 것. 온라인 문어 뉴스 매거진인 TONMO에서 문어 화석에 대한 좋은 논의를 읽어볼 수 있다: https://www.tonmo.com/pages/fossil-octopuses.

p77 "두족류의 몸이 오늘날의 형태로 진화하면서"

이 주제에 관한 좋은 논문으로는 Frank Grasso and Jennifer Basil, "The Evolution of Flexible Behavioral Repertoires in Cephalopod Molluscs," *Brain, Behavior and Evolution* 74, no. 3 (2009): 231-45를 참조할 것.

p77 "참문어는 체내에 5억 개의 뉴런을 갖고 있다"

Binyamin Hochner, in "Octopuses," *Current Biology* 18, no. 19 (2008): R897-98 초록에서는 이렇게 말한다. "문어의 신경계는 약 5억 개의 신경세포를 갖고 있는데 이 숫자는 다른 연체동물(일례로 달팽이는 약 1만 개의 뉴런을 갖고 있다)에 비해 네 배 이상이며 무척추동물 중 행동의 복잡성으로는 두족류 다음인 고등 곤충(바퀴벌레와 벌은 100만 개 정도의 뉴런을 갖고 있다)에 비해 두 배 이상이다. 문어의 뉴런 숫자는 개구리(1600만 개) 같은 양서류나 생쥐(5000만 개)나 시궁쥐(1억 개) 같은 작은 포유류 수준이며 개(6억 개), 고양이(10억 개), 붉은털원숭이(20억 개)에 비해 크게 적은 숫자가 아니다."

뉴런의 수를 세어보거나 추정하기란 어렵다. 때문에 위의 숫자들은 대략적인 것으로 봐야 한다. 밴더빌트 대학교의 Suzana Herculano-Houzel은 뉴런의 수를 측정하는 새로운 방식을 개발했으며 몇몇 동물들에게 적용했는데 곧 문어에 대해서도 실시할 예정이다.

p79 "동물의 지능에 대한 최근 연구에서 밝혀진 사실은"

Irene Maxine Pepperberg, *The Alex Studies: Cognitive and Communicative Abilities of Grey Parrots* (Cambridge, MA: Harvard University Press, 2000); Nathan Emery and Nicola Clayton, "The Mentality of Crows: Convergent Evolution of Intelligence in Corvids and Apes," *Science* 306 (2004): 1903-907; Alex Taylor, "Corvid Cognition," *WIREs Cognitive Science* 5, no. 3 (2014): 361-72를 참조할 것.

p80 "생물학자들이 조류나 포유류, 심지어 어류를 살펴볼 때도"

David Edelman, Bernard Baars, and Anil Seth, "Identifying Hallmarks of Consciousness in Non-Mammalian Species," *Consciousness and Cognition* 14, no. 1 (2005): 169-87을 참조할 것.

p81 "실험실에서 테스트할 경우 문어는 천재적이지는 않아도 문제를 꽤나 잘 해결한다"

Hanlon and Messenger, *Cephalopod Behaviour; Cephalopod Cognition*, ed. Darmaillacq, Dickel, and Mather를 참조할 것.

p82 "하버드 대학교의 피터 듀스는 약물과 행동의 상호관계를 주로 연구한 과학자였지만"

그의 논문은 Peter Dews, "Some Observations on an Operant in the Octopus," *Journal of the Experimental Analysis of Behavior* 2, no. 1 (1959): 57-63이다. 보상과 처벌을 통한 학습에 대한 생각의 역사에 대해서는 Edward Thorndike, "Animal Intelligence: An Experimental Study of the Associative Processes in Animals," *The Psychological Review, Series of*

Monograph Supplements 2, no. 4 (1898): 1-109; B. F. Skinner, *The Behavior of Organisms: An Experimental Analysis* (Oxford, U.K.: Appleton-Century, 1938)를 참조할 것.

p86 "적어도 두 곳의 수족관에서 문어들이 불을 끄는 법을 배운 것이다"

한 사례는 영국《텔레그라프》에서 보도했다. 독일 코부르크의 시스타 수족관은 원인 모를 정전으로 고생을 했다. 대변인은 이렇게 말했다. "셋째 밤이 되서야 우리는 문어 '오토'가 이 혼돈을 일으킨 범인임을 발견했습니다.… 오토는 수족관이 겨울에는 문을 닫기 때문에 지루해했고 몸 길이가 80센티미터 가량되는 오토는 자신이 수조 끝에서 잘 조준하면 자기 위에 있는 2000와트 짜리 스포트라이트를 맞출 수 있다는 걸 알게 됐죠." (https://www.telegraph.co.uk/news/newstopics/howaboutthat/3328480/Otto-the-octopus-wrecks-havoc.html) 다른 사례는 뉴질랜드의 오타고 대학교에서 있었던 것으로 Jean McKinnon이 내게 개인적으로 말해준 것이다. 그는 이렇게 덧붙였다. "이젠 그런 일이 더 안 일어나요. 방수 램프를 달았거든요!"

p87 "댈하우지 대학교의 셸리 애더머가 데리고 있던 갑오징어는"

이는 Adamo가 내게 직접 말해준 것이다.

p87 "*2010*년의 한 실험으로 문어가 개별 인간을 인지할 수 있으며"

Roland Anderson, Jennifer Mather, Mathieu Monette, and Stephanie Zimsen, "Octopuses (Enteroctopus dofleini) Recognize Individual Humans," *Journal of Applied Animal Welfare Science* 13, no. 3 (2010): 261-72를 보라.

p88 "린퀴스트의 경험과 비슷한 다른 이야기도 있다"

이는 Jean Boal이 내게 직접 말해준 것이다.

p91 "문어를 지각이 있는 존재로 간주하는 사람은 문어에 대한 초기 연구 자료들을 읽기가 고통스러울 것이다"

초기 신경생물학 연구는 대부분 이러했다. 일례로 Marion Nixon and John Z. Young, *The Brains and Lives of Cephalopods* (Oxford and New York: Oxford University Press, 2003)에서 묘사된 다양한 연구들을 참조할 것. 유럽연합의 새로운 규범은 유럽연합 훈령 2010/63/EU으로 제정돼 있다.

p91 "두족류 연구의 혁신가인 제니퍼 매더는 시애틀 수족관의 롤랜드 앤더슨과 함께 이러한 행동에 대한 최초의 연구를 실시했고"

Mather and Anderson, "Exploration, Play and Habituation in Octopus dofleini," *Journal of Comparative Psychology* 113, no. 3 (1999): 333-38; Michael Kuba, Ruth Byrne, Daniela Meisel, and Jennifer Mather, "When Do Octopuses Play? Effects of Repeated Testing, Object Type, Age, and Food Deprivation on Object Play in Octopus vulgaris," *Journal of Comparative Psychology* 120, no. 3 (2006): 184-90를 참조할 것. *Cephalopod Cognition*에서 이에 관해 놀이 전문가 Gordon Burghardt와 Michael Kuba가 기고한 장도 있다.

p93 "이 투어는 *10*분 정도 계속됐고"

매튜는 자신의 카메라에 시간을 기록했다. 문어의 안내를 받은 유일한 투어는 아니었지만 가장 길게 지속된 경험이었다.

p93 "그는 두족류에 관심이 있는 사람들과 과학자들이 모이는 웹사이트에 사진 몇장을 올렸다"

이 사이트는 TONMO.com 이다.

p94 "우리가 지금은 '옥토폴리스'라 부르는 그곳은"

옥토폴리스에 대한 우리의 첫 논문은 Godfrey-Smith and Lawrence, "Long-Term High-Density Occupation of a Site by Octopus tetricus and Possible Site Modification Due to Foraging Behavior," *Marine and Freshwater Behaviour and Physiology* 45, no. 4 (2012):1-8이다.

p96 "다음은 조가비 무덤 위에서 벌어지는 장면이다"

이 사진을 비롯해 중간 삽지에 실린 사진들은 옥토폴리스에 설치된 무인 카메라에 찍힌 영상의 스틸컷이다. 이 사진들을 책에 사용할 수 있게 허락해 준 동료 Matt Lawrence, David Scheel, Stefan Linquist에게 감사한다.

p98 "2009년 인도네시아의 한 연구진은 야생 문어들이 반으로 잘린 코코넛 껍데기를 이동식 주거지로 사용하는 것을 보고 놀랐다"

이에 대한 논문은 Julian Finn, Tom Tregenza, and Mark Norman, "Defensive Tool Use in a Coconut-Carrying Octopus," *Current Biology* 19, no. 23 (2009): R1069-70이다. 동물이 복합도구를 사용하는 사례에 대해 내가 아는 최선의 것은 침팬지가 돌 모루와 '쐐기 돌'를 사용해 견과류를 깨는 것이다. 쐐기 돌은 모루 밑에 꽂아 모루 표면의 높이를 보다 편리하게 쓸 수 있도록 조정한다. William McGrew, "Chimpanzee Technology," *Science* 328 (2010): 579-80을 참조할 것.

p100 "절지동물의 경우 매우 복잡한 행동을"

이는 크게 일반화한 이야기며 거미와 구각류같이 예외적인 경우를 더 많이 강조하는 학자도 많다. 거미에 대해서는 Robert Jackson and Fiona Cross, "Spider Cognition," *Advances in Insect Physiology* 41 (2011): 115-74을 참조할 것. UC버클리의 선도적인 문어 연구자 Roy Caldwell은 어떤 구각류(갯가재)는 매우 복잡한 행동 능력을 갖고 있으며 문어에 비해 '덜' 복잡하지 않다고 주장한다. 그러나 그들의 감각 능력이 상이하기 때문에 그는 이를 비교하는 것이 큰 의미가 없다고 생각한다. Thomas

Cronin, Roy Caldwell, and Justin Marshall, "Learning in Stomatopod Crustaceans," *International Journal of Comparative Psychology* 19 (2006): 297-317을 참조할 것.

p100 "Y자 가운데에 있는 조상은 분명 뉴런을 갖고 있었다"

선구동물/후구동물 조상인 이 동물의 복잡성에 대해서는 여전히 논쟁이 이어지고 있다. Nicholas Holland, "Nervous Systems and Scenarios for the Invertebrate-to-Vertebrate Transition," *Philosophical Transactions of the Royal Society* B 371, no. 1685 (2016): 20150047; 그리고 같은 논문집에 수록된 Gabriella Wolff and Nicholas Strausfeld, "Genealogical Correspondence of a Forebrain Centre Implies an Executive Brain in the Protostome-Deuterostome Bilaterian Ancestor," article 20150055를 참조할 것. 2장에서 언급한 Hirth와 Strausfeld가 주최한 2015년 컨퍼런스의 두 번째날 발표된 논문들을 모은 논집이다.

내가 "벌레와 비슷하게 생긴 생물"이라고 표현한 것은 의도적으로 모호하게 쓴 것이며 오늘날의 벌레(편형동물, 환형동물 등)를 가리키는 것이 아니다. Wolff와 Strausfeld는 그들의 논문 제목이 말하고 있듯 공통조상에게는 '집행 두뇌'가 있었으나 그들이 염두에 두고 있는 것은 어떤 기준으로 보더라도 단순한 구조의 두뇌다. 그들은 가설상의 조상을 수백 개의 뉴런을 갖고 있는 두뇌를 가진 편형동물과 비교한다. 매우 작고 더 단순한 초기 좌우대칭동물을 가정하는, 다른 견해에 대해서는 Gregory Wray, "Molecular Clocks and the Early Evolution of Metazoan Nervous Systems," article 20150046 in *Philosophical Transactions* B 370, no. 1684 (2015)를 참조할 것. 이 논집은 해당 컨퍼런스의 첫째날 발표된 논문들을 모은 것이다.

p101 "한편 두족류 계보에서는"

Bernhard Budelmann, "The Cephalopod Nervous System: What Evolution Has Made of the Molluscan Design," in O. Breidbach and W.

Kutsch, eds., The Nervous System of Invertebrates: An Evolutionary and Comparative Approach, 115-38 (Basel, Switzerland: Birkhäuser, 1995)를 참조할 것.

p102 "행동과 해부학적 측면을 살펴본 초기의 연구는"

Nixon and Young, *The Brains and Lives of Cephalopods*를 참조할 것.

p103 "문어가 먹이를 끌어당길 때"

Tamar Flash and Binyamin Hochner, "Motor Primitives in Vertebrates and Invertebrates," *Current Opinion in Neurobiology* 15, no. 6 (2005): 660-66을 참조할 것.

p103 "각 다리의 신경계는 뉴런의 연결고리를 포함하는데"

Frank Grasso, "The Octopus with Two Brains: How Are Distributed and Central Representa-tions Integrated in the Octopus Central Nervous System?" in *Cephalopod Cognition*, 94-122을 참조할 것.

p104 "매우 기발한 실험이 기술되어 있다"

Tamar Gutnick, Ruth Byrne, Binyamin Hochner, and Michael Kuba, "Octopus vulgaris Uses Visual Information to Determine the Location of Its Arm," *Current Biology* 21, no. 6 (2011): 460-62를 참조할 것.

사이 몽고메리의 책『문어의 영혼』에서 그는 '많은 연구자들이 먹이가 들어 있는 낯선 수조에 문어가 넣어졌을 때 다리끼리 서로 의견의 불일치를 일으키는 것처럼 보인다는 일화를 이야기한다'고 말한다. 어떤 다리는 문어를 먹이를 향해 끌어당기려고 하는 반면 다른 다리는 구석에 웅크리고 싶어 하는 듯 보인다는 것이다. 나도 정확히 이렇게 보이는 상황을 본 적이 있다. 시드니에 있는 실험실의 수조에 문어를 넣었을 때였다. 문어는 상황에 대해 매우 다르게 반응하는 다리 사이에서 이리저리 끌려다니는 듯 보였다. 그러나 나는 이 사건이 얼마나 중요한지에 대해서 확신이 없다. 실험실 내의 빛이 너무 밝아 문어가 완전히 혼란스러워 했을 수 있다는 걸 나중에 깨달았기 때문이다.

p106 "문어는 암초나 얕은 해저를 두리번거리며"

심해에 사는 문어 종 또한 존재한다. 이들에 대해서는 알려진 부분이 더욱 적다. *Cephalopod Cognition*에 심해 문어를 매우 잘 다룬 부분이 있다.

p106 "동물심리학자들이 커다란 두뇌의 진화를 설명할 때는"

Nicholas Humphrey, "The Social Function of Intellect," in P. P. G. Bateson and R. Hinde, eds., *Growing Points in Ethology*, 303-17 (Cambridge, U.K.: Cambridge University Press, 1976); Richard Byrne and Lucy Bates, "Sociality, Evolution and Cognition," *Current Biology* 17, no. 16 (2007): R714-23을 참조할 것.

p106 "이 생각을 더 가다듬기 위해 나는 영장류 동물학자 캐서린 깁슨이 *1980*년대에 발달시킨 개념을 적용할 것이다"

그의 논문은 "Cognition, Brain Size and the Extraction of Embedded Food Resources," in J. G. Else and P. C. Lee, eds., *Primate Ontogeny, Cognition and Social Behaviour*, 93-103 (Cambridge, U.K.: Cambridge University Press, 1986)이다. 나는 "Cephalopods and the Evolution of the Mind," *Pacific Conservation Biology* 19, no. 1 (2013): 4-9에서도 이 개념들을 논의했다.

p108 "같은 종 안에서 이루어지는 "사회" 생활에는"

Michael Trestman과 Jennifer Mather 둘 다 이 점을 지적했다.

p111 "보상과 처벌을 통한 학습, 효과가 있는 것과 없는 것을 탐지하는 학습은"

Clint Perry, Andrew Barron, and Ken Cheng, "Invertebrate Learning and

Cognition: Relating Phenomena to Neural Substrate," *WIREs Cognitive Science* 4, no. 5 (2013): 561-82를 참조할 것.

p111 "갑오징어는 일종의 렘(REM) 수면 상태를 갖고 있는 것으로 보인다"

Marcos Frank, Robert Waldrop, Michelle Dumoulin, Sara Aton, and Jean Boal, "A Preliminary Analysis of Sleep-Like States in the Cuttlefish Sepia officinalis," *PLoS One* 7, no. 6 (2012): e38125를 참조할 것.

p113 "한 가지 중심적인 개념은 우리가 세상에 대처할 수 있게 해 주는 '똑똑함'의 일부는 그 근원이 우리의 두뇌가 아닌 우리의 신체 그 자체라는 것이다"

이에 대한 전반적인 논의를 다룬 고전은 Andy Clark, Being There: Putting Brain, Body, and World Together Again (Cambridge, MA: MIT Press, 1997)이다. 로봇공학 연구에 대해서는 Rodney Brooks, "New Approaches to Robotics," *Science* 253 (1991): 1227-32을 참조할 것. Hillel Chiel과 Randall Beer의 논문은 Hillel Chiel and Randall Beer, "The Brain Has a Body: Adaptive Behavior Emerges from Interactions of Nervous System, Body and Environment," *Trends in Neurosciences* 23, no. 12 (1997): 553-57이다. 문어에 대해서 '체화'의 개념을 사용하는 흥미로운 논문 두 개로는 Letizia Zullo and Binyamin Hochner, "A New Perspective on the Organization of an Invertebrate Brain," *Communicative and Integrative Biology* 4, no. 1 (2011): 26-29, 그리고 Hochner, "How Nervous Systems Evolve in Relation to Their Embodiment: What We Can Learn from Octopuses and Other Molluscs," *Brain, Behavior and Evolution* 82, no. 1 (2013): 19-30를 참조할 것.

이 장 마지막의 호주철학협회의 2014년 모임에서 Sidney Diamante의 '세계에 다가가기: 문어와 체화된 인지(Reaching Out to the World: Octopuses and Embodied Cognition)' 대담에 대한 회원들의 논의에 영향을 받았다. 피사의 Cecilia Laschi는 로봇 문어에 대해, 특히 촉수들에 주

안점을 둔 연구팀을 이끌고 있다. http://www.octopus-project.eu/index.html를 참조할 것.

p113 "하지만 이는 신체에 어떠한 형태가 존재해야 함을 의미한다"

엄밀하게 말하자면 문어는 단지 '위상'만을 갖고 있다고 말할 수 있다. 어디가 어디에 연결돼 있는지에 대한 사실들은 존재하지만 각각의 거리와 각도는 모두 조정이 가능하다.

p114 "문어의 신경계는 온몸에 퍼져 있고, 뇌는 시작과 끝이 분명하지 않으므로"

눈 뒤에 있는 시엽(視葉)은 문어의 인지에 중요함에도 불구하고 때때로 '중심' 두뇌의 일부는 아닌 것으로 묘사된다.

4. 백색소음에서 의식에 이르기까지

p118 "토머스 네이글은 우리에게 주관적 경험이 제시하는 수수께끼를 보여 주고자 '…이란 어떤 것인가'라는 표현을 썼다"

Thomas Nagel, "What Is It Like to Be a Bat?" *The Philosophical Review* 83, no. 4 (1974): 435-50을 참조할 것.

p119 "이 문제들을 완전히 해결했다고 주장하지 않겠다. 다만 제임스가 제시한 목표에 근접할 수는 있을 것이다"

이에 대한 추가적인 시도를 Peter Godfrey-Smith, "Mind, Matter, and Metabolism," *The Journal of Philosophy* 113, no. 10 (2016): 481-506과 "Evolving Across the Explanatory Gap"(미출간)에서 했다. 내가 제시한 방안은 부분적으로는 새로운 이론의 발달에서 비롯됐고 또한 문제 그 자체를 비판적으로 재구성하는 방식으로도 이루어졌다. 나는 여기서는 문제

를 많이 재구성하려 시도하지 않았다.

p119 "'주관적 경험'이란 가장 기초적인 현상으로 설명하자면"

나는 주관적 경험의 특징들의 일부에 대해 Animal Evolution and the Origins of Experience," in *How Biology Shapes Philosophy: New Foundations for Naturalism*, edited by David Livingstone Smith (Cambridge University Press, 2016)에서 보다 상세하게 논의했다.

p120 "'범심론자'들의 생각처럼 온 자연에 충만한 것도 아니다"

Thomas Nagel, "Panpsychism," in Mortal Questions (Cambridge, U.K.: Cambridge University Press, 1979), 181-95; Galen Strawson et al., Consciousness and Its Place in *Nature: Does Physicalism Entail Panpsychism?*, ed. Anthony Freeman (Exeter, U.K., and Charlottesville, VA: Imprint Academic, 2006)을 참조할 것.

p121 "시각장애인을 위한 시각대체촉각시스템(TVSS) 기술의 사례를 생각해 보자"

Paul Bach-y-Rita, "The Relationship Between Motor Processes and Cognition in Tactile Vision Substitution," in *Cognition and Motor Processes*, ed. Wolfgang Prinz and Andries Sanders, 149-60 (Berlin: Springer Verlag, 1984); Bach-y-Rita and Stephen Kercel, "Sensory Substitution and the Human-Machine Interface," *Trends in Cognitive Sciences* 7, no. 12(2003): 541-46을 보라. 이러한 기술에 대한 보다 비판적인 관점에 대해서는 Ophelia Deroy and Malika Auvray, "Reading the World through the Skin and Ears: A New Perspective on Sensory Substitution," *Frontiers in Psychology* 3 (2012): 457를 참조할 것.

p123 "그러나 그들의 반응은 입력의 중요성을 깡그리 거부하거나"

이 말이 이상하게 들리길 바란다. 어떻게 그럴 수가 있단 말인가? 어떤 철학자들은 생명체에 의한 경험의 해석을 너무나 강조하는 바람에 감각 '입력'이 생명체 자체에 의한 일종의 구성에 그치게 되기까지 한다. 생물학적으로 생각하는 철학자들이 주장하는, 이 책에 보다 적절한 다른 접근법은 생명체의 경계를 바깥으로 확장하는 것이다. 감각과 행위가 서로 오가는 데 중요한 역할을 하는 것은 생명체 '내부'에 있는 것이 틀림없다. 이러한 종류의 견해는 최근에는 Evan Thompson, *Mind in Life: Biology, Phenomenology, and the Sciences of Mind* (Cambridge, MA: Belknap Press of Harvard University Press, 2007)에서 주장됐다. 이러한 견해는 생명체가 외부의 정보를 수동적으로 수용하는 존재라는 견해를 피하고자 하는 결의에서 그 동기를 얻는 경우가 종종 있다. 그러나 이들은 반대 방향으로 너무 멀리 가버렸다.

p124 "전체적인 인과관계의 형태는 다음과 같이 그릴 수 있다"

Alva Noë, *Out of Our Heads: Why You Are Not Your Brain, and Other Lessons from the Biology of Consciousness* (New York: Hill and Wang, 2010), and Thompson, *Mind in Life*를 참조할 것.

p125 "일례로 어떤 물고기는 다른 동물과 의사소통을 하는 데 전기 펄스를 발산한다"

Ann Kennedy et al., "A Temporal Basis for Predicting the Sensory Consequences of Motor Commands in an Electric Fish," *Nature Neuroscience* 17 (2014): 416-22를 참조할 것.

p126 "스웨덴의 신경과학자 비에른 메르케르가 언급한 것처럼"

Merker의 탁월한 논문 "The Liabilities of Mobility: A Selection Pressure for the Transition to Consciousness in Animal Evolution," *Consciousness and Cognition* 14, no. 1 (2005): 89-114를 참조할 것. Merker의 논문은 이 장에 상당한 영향을 미쳤다.

p127 "이러한 인지와 행위의 상호작용은 심리학자들이 말하는 '지각 항등성'에서도 볼 수 있다"

철학적 질문에서 지각 항등성의 중요성은 Tyler Burge, *Origins of Objectivity* (Oxford and New York: Oxford University Press, 2010)에서 강조된 바 있다.

p128 "그러나 이 질문을 가지고 비둘기를 연구했을 때"

Laura Jiménez Ortega et al., "Limits of Intraocular and Interocular Transfer in Pigeons," *Behavioural Brain Research* 193, no. 1 (2008): 69-78을 참조할 것.

p129 "같은 실험을 문어를 대상으로 한 기록도 있다"

W. R. A. Muntz, "Interocular Transfer in Octopus: Bilaterality of the Engram," *Journal of Comparative and Physiological Psychology* 54, no. 2 (1961): 192-95을 참조할 것.

p129 "좀더 최근에는 트리에스테 대학교의 조르지오 발로티가라 같은 동물연구자들이"

G. Vallortigara, L. Rogers, and A. Bisazza, "Possible Evolutionary Origins of Cognitive Brain Lateralization," *Brain Research Reviews* 30, no. 2 (1999): 164-75을 참조할 것.

p130 "이러한 발견들은 인간의 '분할뇌'에 대한 실험을 연상시킨다"

Roger Sperry, "Brain Bisection and Mechanisms of Consciousness," in *Brain and Conscious Experience*, ed. John Eccles, 298-313 (Berlin: Springer-Verlag, 1964); Thomas Nagel, "Brain Bisection and the Unity of Consciousness," *Synthese* 22 (1971): 396-413; Tim Bayne, *The Unity of Consciousness* (Oxford and New York: Oxford University Press, 2010)을 참조할 것.

p131 "마리안 도킨스는 닭에게 새로운 사물(빨간 장난감 망치)을 보여 주는 단순한 실험을 했다"

Marian Dawkins, "What Are Birds Looking at? Head Movements and Eye Use in Chickens," *Animal Behaviour* 63, no. 5 (2002): 991-98을 참조할 것.

p132 "시간의 척도는 다르지만 진화 또한 깨어나는 과정이다"

세 번째 시간의 척도도 있다. 바로 개체의 발달에 관한 것이다. Alison Gopnik, *The Philosophical Baby: What Children's Minds Tell Us About Truth, Love, and the Meaning of Life* (New York: Farrar, Straus and Giroux, 2009)을 보라.

p133 "시각을 연구하는 과학자 데이비드 밀너와 멜빈 구달은 *DF*를 집중적으로 연구했다"

그들의 저서 *Sight Unseen: An Exploration of Conscious and Unconscious Vision* (Oxford and New York: Oxford University Press, 2005)를 참조할 것. 여기서 내가 이 대목에서 사용한 연구들에 대한 흥미로운 비판을 언급하고자 한다. 어떻게 '무의식적' 처리를 구분하는지의 문제다. 이 연구가 의식적 경험의 존재를 지나치게 '예/아니요'의 문제로 환원하는가? 그보다는 전적으로 정도의 문제로 봐야 하는 것은 아닐까? 자료 수집과 결과 보고는 다르게 해석되어야 한다는 뜻이다. Morten Overgaard et al., "Is Conscious Perception Gradual or Dichotomous? A Comparison of Report Methodologies During a Visual Task," *Consciousness and Cognition* 15 (2006): 700-708을 참조할 것.

p134 "*1960*년대 데이비드 잉글은 외과수술을 통해 개구리 몇 마리의 신경계를 재배선했다"

그의 논문은 "Two Visual Systems in the Frog," *Science* 181 (1973): 1053-55이다. Milner와 Goodale의 논평은 그들의 책 *Sight Unseen*에서 인용했다.

p137 "신경과학자 스타니슬라스 데하에네도 이 관점을 옹호했다"

그의 저서 *Consciousness and the Brain: Deciphering How the Brain Codes Our Thoughts* (New York: Viking Penguin, 2014)를 참조할 것. 다음 문단에 나오는 눈깜빡임 실험 결과에 대한 보다 자세한 논의는 Robert Clark et al., "Classical Conditioning, Awareness, and Brain Systems," *Trends in Cognitive Sciences* 6, no. 12 (2002): 524-31를 참조할 것.

p138 "바스는 뇌의 중앙화된 '작업공간'에 전달된 정보에 대해서는 의식을 한다고 생각했다"

Bernard Baars, *A Cognitive Theory of Consciousness* (Cambridge, U.K.: Cambridge University Press, 1988)을 참조할 것.

p139 "나와 함께 뉴욕 시립대에서 일하는 제시 프린츠는"

Jesse Prinz, *The Conscious Brain: How Attention Engenders Experience* (Oxford and New York: Oxford University Press, 2012)를 참조할 것.

p139 "이 문제의 결론을 앞으로 주관적 경험에 대한 '후발적' 관점이라고 부를 것이다"

이 개념에 대해 보다 자세히 알고 싶다면 나의 "Animal Evolution and the Origins of Experience"을 참조할 것.

p139 "이 학자들 중 일부는 의식과 주관적 경험을 구분할 수 없다고 생각한다"

Prinz는 이러한 관점을 견지한다. 데하에네도 그렇게 생각하는지는 분명치 않다.

p140 "갑자기 찾아온 고통이나"

나는 여기서 어류, 조류, 무척추동물의 고통에 대한 최근 연구들을 이용했다. 주로 이용한 것은 T. Danbury et al., "Self-Selection of the Analgesic

Drug Carprofen by Lame Broiler Chickens," *Veterinary Record* 146, no. 11 (2000): 307-11; Lynne Sneddon, "Pain Perception in Fish: Evidence and Implications for the Use of Fish," *Journal of Consciousness Studies* 18, nos. 9-10 (2011): 209-29; C. H. Eisemann et al., "Do Insects Feel Pain?—A Biological View," *Experientia* 40, no. 2 (1984): 164-67; R. W. Elwood, "Evidence for Pain in Decapod Crustaceans," *Animal Welfare* 21, suppl. 2 (2012): 23-27이다. Derek Denton의 '원초적 감성'에 대해서는 D. Denton et al., "The Role of Primordial Emotions in the Evolutionary Origin of Consciousness," *Consciousness and Cognition* 18, no. 2 (2009): 500-514을 참조할 것.

p144 "이 장의 제목은 시모나 긴스버그와 에바 자블론카의 논문의 한 문장에서 빌려온 것이다"

이 논문은 "The Transition to Experiencing: I. Limited Learning and Limited Experiencing," *Biological Theory* 2, no. 3 (2007): 218-30이다.

p146 "보다 풍부한 형태로 세계와 관여하기 시작한 캄브리아기가"

여기에는 많은 선택지가 있다. 이 단계에서 정도와 특징적 변화가 일어났다고 보는 것을 넘어 아예 주관적 경험이 '시작'됐다고 보는 것은 지나칠 수 있다. 나는 "Mind, Matter, and Metabolism," *The Journal of Philosophy* 113, no. 10 (2016): 481-506에서 보다 급진적인 선택지들에 대해 논했다.

p147 "그렇다면 최소한 주관적 경험이라는 특징에는 세 종류의 다른 기원이 존재한다"

여기서 나는 선구/후구동물 공통조상이 단순하며 에디아카라기를 단순하게 살고 있었을 것이라고 가정한다. 위에서 언급한 대로 어떤 이들은 이 공통조상이 보다 복잡했고 Gabriella Wolff와 Nicholas Strausfeld가 '집행적 두뇌'라고 부른 행위의 선택을 통제하는 기제를 가지고 있었다고 생각한다. 이들의 "Genealogical Correspondence of a Forebrain Centre

Implies an Executive Brain in the Protostome-Deuterostome Bilaterian Ancestor," *Philosophical Transactions of the Royal Society* B 371 (2016): 20150055을 참조할 것. 이들의 주장은 오늘날의 척추동물과 절지동물의 뇌에 유사점이 존재한다는 사실에 기반했다. 흥미롭게도 이들은 인간과 곤충은 같은 조상의 계보에서 갈라져 나온 반면 두족류는 완전히 새로운 구조에서 진화했다고 생각한다. "연체동물 중 두족류가 갖고 있는 증거들은 다른 종과 비교할 만한 행동을 만드는 사고 회로가 완전히 독립된 조상에서 기원했다는 사실을 명확하게 뒷받침한다." 여기서 이렇게 질문해 보자. 문어와 인간의 최근공통조상은 문어와 곤충의 공통조상과 동일한 동물이다. 그러므로 그들의 관점에 따르면 연체동물은 그들이 물려받은 '집행적 두뇌'를 버렸고 그 다음 두족류는 새로운 뇌를 만들어 낸 것으로 보인다.

p147 "이제 독특하면서도 역사적으로 중요한 동물인 문어에게 돌아가 보자"

이 문제에 대한 획기적인 논문 두 개가 있다. Jennifer Mather, "Cephalopod Consciousness: Behavioural Evidence," *Consciousness and Cognition* 17, no. 1 (2008): 37-48; Edelman, Baars, and Seth, "Identifying Hallmarks of Consciousness in Non-Mammalian Species," *Consciousness and Cognition* 14 (2005): 169-87이다.

p149 "*1956*년 행해진 오래된 실험에서 문어들은 특정 형태의 사물에는 다가가고 다른 형태의 사물은 피하도록 배웠다"

B. B. Boycott and J. Z. Young, "Reactions to Shape in Octopus vulgaris Lamarck," *Proceedings of the Zoological Society of London* 126, no. 4 (1956): 491-547을 참조할 것. Michael Kuba는 그가 알기로는 지금까지 이 실험에 대한 후속 실험이 없었다는 놀라운 사실을 내게 확인해 주었다.

p150 "몇 년 전 제니퍼 매더는 이런 종류의 행동에 대해 면밀한 연구를 실시했다"

Jennifer Mather, "Navigation by Spatial Memory and Use of Visual Landmarks in Octopuses," *Journal of Comparative Physiology* A 168, no. 4 (1991): 491-97 을 참조할 것.

p152 "진 알루페이와 동료들은 최근 발표한 논문에서"

Jean Alupay, Stavros Hadjisolomou, and Robyn Crook, "Arm Injury Produces Long-Term Behavioral and Neural Hypersensitivity in Octopus," *Neuroscience Letters* 558 (2013): 137-42와 Mather, "Do Cephalopods Have Pain and Suffering?" in *Animal Suffering: From Science to Law, eds. Thierry Auffret van der Kemp and Martine Lachance* (Toronto: Carswell, 2013)도 참조할 것.

Alupay와 동료들이 수행한 연구는 문어의 중심 뇌에서 보통 가장 똑똑해 보이는 부분(수직엽vertical lobe과 측두엽)을 제거하더라도 상처로 향하는 행동을 막지 못했다는 것을 발견했다. 그러므로 연구진이 말하듯 상처에 대한 행동이 일반적으로 생각하는 것처럼 고통의 표시가 되지 않거나 자신의 신경계 밖에 고통과 관련된 부분을 갖고 있는 것이다. 누구도 완전히 알 수는 없지만 나는 후자가 맞다고 생각한다.

p154 "우리의 경우를 통해 몇 가지를 유추해 보자"

나는 예루살렘에 있는 베니 호크너의 문어 실험실을 방문한 후 가진 논의에서 이에 대해 여러가지 흥미로운 제안을 한 데 대해 Laura Franklin에게 감사하다.

p156 "쉽게 잦을 수는 없지만 분명 존재하고 있다"

M. A. Goodale, D. Pelisson, and C. Prablanc, "Large Adjustments in Visually Guided Reaching Do Not Depend on Vision of the Hand or Perception of Target Displacement," *Nature* 320 (1986): 748-50 참조.

p157 "내가 앞서 인용한 '체화된 인지' 논문에서"

Chiel and Beer, "The Brain Has a Body: Adaptive Behavior Emerges from Interactions of Nervous System, Body and Environment," *Trends in Neurosciences* 23 (1997): 553-57.

5. 색깔 만들기

p162 "실험실에서 이들을 상세히 연구한 극소수의 연구자 중 하나인 알렉산드라 슈넬은"

Alexandra Schnell, Carolynn Smith, Roger Hanlon, and Robert Harcourt, "Giant Australian Cuttlefish Use Mutual Assessment to Resolve Male-Male Contests," *Animal Behavior* 107 (2015): 31-40을 참조할 것.

p163 "원리는 이렇다"

Hanlon과 Messenger의 저서 *Cephalopod Behavior*에 좋은 설명이 나와 있다. 우즈홀해양생물연구소에 있는 Roger Hanlon의 실험실에서 나온 많은 논문들에서 추가적인 정보를 얻을 수 있다. http://www.mbl.edu/bell/current-faculty/hanlon/ 색소세포에 대한 자세한 내용은 Leila Deravi et al., "The Structure-Function Relationships of a Natural Nanoscale Photonic Device in Cuttlefish Chromatophores," *Journal of the Royal Society Interface* 11, no. 93 (2014): 201130942를 참조할 것. 피부층에 대한 나의 설명은 이 논문에 나온 그림을 약간 참조했다. 모든 두족류가 여기서 설명한 세 층의 피부를 갖고 있는 것은 아니다.

p177 "이 말도 안되는 결론은"

Hanlon and Messenger, *Cephalopod Behaviour*, Box 2.1, P. 19을 참조할 것.

p178 "처음 조각이 맞춰진 것은 *2010*년이었는데"

Lydia Mäthger, Steven Roberts, and Roger Hanlon, "Evidence for Distributed Light Sensing in the Skin of Cuttlefish, Sepia officinalis," *Biology Letters* 6, no. 5 (2010): 20100223을 참조할 것.

p179 "첫째로 이 분자들이 눈이 아닌 다른 기관에 있을 때는"

첫 번째 논문이 밝힌 것은 이 분자들을 위한 '유전자'들이 피부에서 활성화돼 있었다는 것뿐이다.

p179 "나는 그저 왜 예전의 연구 결과에 대한 후속 연구가 없는지 궁금해하는 책 리뷰나 썼는데"

*Cephalopod Cognition*에 대한 나의 리뷰로 ed. Darmaillacq, Dickel, and Mather, *Animal Behavior* 106 (2015): 145-47을 참조할 것.

p179 "토드 오클리와 함께 쓴 그의 논문은 먼저"

M. Desmond Ramirez and Todd Oakley, "Eye-Independent, Light-Activated Chromatophore Expansion (LACE) and Expression of Phototransduction Genes in the Skin of Octopus bimaculoides," *Journal of Experimental Biology* 218 (2015): 1513-20.

p181 "생태학자이자 난초 전문가이고 예술가인 루 조스트는 또 다른 가능성을 제시했다"

내가 옛날에 운영하던 두족류 블로그에서 볼 수 있다: http://giantcuttlefish.com/?p=2274

p181 "각기 다른 색깔의 색소세포가 확장하고 수축하면서"

이 메커니즘을 사용하면, 적색 색소세포를 확장시킬 경우 황색 색소세포를 확장시킬 때보다 들어오는 빛에 영향을 덜 미칠 경우 적색을 더 많이 포함한 빛을 보여주게 될 것이다.

p185 "그런데 갑오징어는 탈출에 성공했다"

두족류의 먹물은 단순히 어두운 색소만 함유하고 있는 게 아니다. 포식자의 신경계에 다양한 영향을 미칠 수 있는 물질들을 갖고 있다. Nixon and Young, *The Brains and Lives of Cephalopods* (New York: Oxford University Press, 2003), 288을 참조할 것.

p185 "두족류의 색깔 변화가 갖는 본래의 기능"

위장술과 신호 보내기 기능 사이의 관계에 대한 자세한 논의로는 Jennifer Mather, "Cephalopod Skin Displays: From Concealment to Communication," in *Evolution of Communication Systems: A Comparative Approach*, ed. D. Kimbrough Oller and Ulrike Griebel, 193-214 (Cambridge, MA: MIT Press, 2004)을 참조할 것.

p186 "호주 남부 해안의 공업도시 와이알라 근처 어느 지점에서 이를 가장 드라마틱하게 볼 수 있다"

Karina Hall and Roger Hanlon, "Principal Features of the Mating System of a Large Spawning Aggregation of the Giant Australian Cuttlefish Sepia apama (Mollusca: Cephalopoda)," *Marine Biology* 140, no. 3 (2002): 533-45을 참조할 것. 여기서 몇몇 복잡한 행동들을 볼 수 있다. 암컷들의 배우자처럼 행동하기에 덩치가 모자란 어떤 수컷들은 암컷을 '흉내'내려고 한다. 경비하고 있는 수컷들을 피하고 암컷들에게 보다 가까기 다가가기 위해서다. 성공률은 꽤 높다.

p189 "또 다른 가능성은 내가 앞서 설명한 색깔의 감각에 대한 추론과 연관돼 있다"

제인 쉘든이 제안한 것이다.

p191 "아프리카 대륙 보츠와나의 오카방고 델타에 사는 야생 개코원숭이들을 연구했다"

Dorothy Cheney and Robert Seyfarth, *Baboon Metaphysics: The Evolution of a Social Mind* (Chicago: University of Chicago Press, 2007). 이들의 견해에 대해 더 자세한 내용은 나의 "Primates, Cephalopods, and the Evolution of Communication," in *The Social Origins of Language*, ed. Michael L. Platt, (New Jersey: Princeton University Press, 2017)를 참조할 것. 개코원숭이는 목소리 외에도 의사소통을 위한 제스처를 가지고 있다.

Jennifer Mather의 논문 "Cephalopod Skin Displays: From Concealment to Communication"도 두족류의 전시 행위의 특이한 수신-발신자 관계에 대해 논하고 있다.

p194 "두족류의 한 종인 카리브암초꼴뚜기의 신호 생성은 *1970*년대와 *1980*년대에 파나마에서 연구 중이던 마틴 모이니헌과 아르카디오 로다니체에 의해 상세하게 기록돼 있다"

여기서 언급하고 있는 흥미로운 연구는 Martin Moynihan and Arcadio Rodaniche, "The Behavior and Natural History of the Caribbean Reef Squid (Sepioteuthis sepioidea): With a Consideration of Social, Signal and Defensive Patterns for Difficult and Dangerous Environments," *Advances in Ethology* 25 (1982): 1-151이다. Arcadio Rodaniche는 이 책을 마무리하는 중에 세상을 떠났다. Moynihan과 Rodaniche의 연구의 역사를 알려 준 Denice Rodaniche에게 감사를 표한다.

p196 "이 꼴뚜기는 두족류 중에서 가장 사회성이 높은 편이다"

와이알라의 대왕오징어의 집단생활은 일시적이긴 하지만 (교미를 위해 모인다) 또다른 사례다. 훔볼트오징어는 대규모의 집단을 이루며 산다. 훔볼트오징어에 대한 연구는 별로 많이 이루어지지 않았는데 덩치가 크고 공격적인 게 그러한 이유 중 하나다. 아마도 현재까지 알려진 두족류

중 가장 공격적인 종일 것이다. Julian Finn이 근래에 앵무조개들을 관찰하여 보고했는데 여기서도 앵무조개들이 큰 집단을 이루며 사는 것을 발견했다.

6. 우리의 정신, 타자의 정신

p203 "철학사 전체를 통틀어 가장 유명한 구절이다"

이 구절은 1739년 처음 출간된 David Hume, *A Treatise of Human Nature*, Book I, Part IV, Section VI, "Of Personal Identity"에 등장한다.

p204 "흄은 내적 언어가 약한 사람이었던 걸까"

Christopher Heavey와 Russell Hurlburt는 표본으로 연구한 대학생들이 평소 깨어 있을 때 의식 생활의 26퍼센트를 내적 언어가 차지한다고 발표했다. 또한 연구 대상에 따라 그 편차가 상당히 크다는 것도 발견했다. "The Phenomena of Inner Experience," *Consciousness and Cognition* 17, no. 3 (2008): 798-810을 참조할 것.

p205 "흄의 시대로부터 거의 200년이 지난 후, 세계를 보는 관점이 흄과는 매우 달랐던 미국의 철학자 존 듀이는"

Dewey는 자신의 저서 *Experience and Nature* (Chicago: Open Court Publishing, 1925)의 5장에서 이러한 논평을 남겼다.

p206 "레프 비고츠키는 지금의 벨라루스에서 은행가의 아들로 태어나 자랐다"

Vygotsky의 『사고와 언어』는 그가 사망하고 당해인 1934년에 출간됐다. 영어로 출간된 것은 1962년으로 Eugenia Hanfmann과 Gertrude Vakar의 번역으로 MIT Press에서 발행했다. 비고츠키의 원문을 복원한 번역본의 개정증보판이 1986년 Alex Kozulin의 편집으로 나왔다.

p207 "오늘날 심리학계에서 그의 영향을 인정하는 저명 인사는 마이클 토마셀로를 비롯해 소수지만(내가 처음으로 비고츠키의 이름을 본 것은 토마셀로의 유명한 책의 '감사의 말'에서였다)"

Tomasello의 유명한 책은 *The Cultural Origins of Human Cognition* (Cambridge, MA: Harvard University Press, 1999)이다. Andy Clark는 그의 선구적인 저작 *Being There: Putting Brain, Body, and World Together Again* (Cambridge: MIT Press, 1997)에서 비고츠키에게 많은 영향을 받았다고 말한다.

p209 "케임브리지대학교의 니콜라 클레이튼과 연구진은"

그 사례로 Joanna Dally, Nathan Emery, and Nicola Clayton, "Food-Caching Western Scrub-Jays Keep Track of Who Was Watching When," *Science* 312 (2006): 1662-65와 Clayton and Anthony Dickinson, "Episodic-like Memory During Cache Recovery by Scrub Jays," *Nature* 395 (2001): 272-74가 있다.

p210 "쾰러는 제*1*차 세계대전 당시 카나리아 제도의 테네리페 섬에서 *4*년 동안 현장 연구를 한"

그의 저서 Wolfgang Köhler, *The Mentality of Apes*, trans. Ella Winter (New York: Harcourt Brace, 1925)를 참조할 것.

p210 "둘째로 그는 '존 수사'로 알려진 프랑스계 캐나다 수도사의 놀라운 사례를 이용했다"

Merlin Donald의 저서 *Origins of the Modern Mind: Three Stages in the Evolution of Culture and Cognition* (Cambridge, MA: Harvard University Press, 1991)는 이제는 오래된 책임에도 불구하고 여전히 매우 흥미롭다. '존 수사'에 대한 논문은 André Roch Lecours and Yves Joanette,

"Linguistic and Other Psychological Aspects of Paroxysmal Aphasia," *Brain and Language* 10, no. 1 (1980): 1-23을 참조할 것. 나는 존 수사를 과거시제를 사용해 설명했지만 그가 아직까지 살아있는지 확인하지는 못했다.

p211 "이 문제에 대한 양 극단의 관점, 즉 언어가 사고의 중요한 도구라는 관점과"

Peter Carruthers, "The Cognitive Functions of Language," *Behavioral and Brain Sciences* 25, no. 6 (2002): 657-74는 이에 대한 좋은 개관이며 대안적인 관점을 표하는 다른 연구자들의 논평도 실려 있다.

p212 "어린이들을 대상으로 실시한 최근 연구 사례가 있다"

Shilpa Mody and Susan Carey, "Evidence for the Emergence of Logical Reasoning by the Disjunctive Syllogism in Early Childhood," *Cognition* 154 (2016): 40-48을 참조할 것. 이들은 3세 미만의 어린이는 선언적 삼단논법을 처리해야 하는 과업에 성공하지 못했지만 3세의 어린이는 성공했다는 것을 발견했다. 또한 어린이들은 두 번째 생일이 지나고 곧 '그리고'라는 단어를 쓰기 시작하는 반면 3세가 될 때까지 '또는'을 사용하진 않는다는 것을 (다른 연구를 인용하여) 특기했다. Mody와 Carey는 이 발견에 대한 해석에 주의하며 공적 언어의 이 부분을 내면화하는 게 어린이들로 하여금 이 과업을 성공할 수 있게 해준다고 주장하지 않는다.

비슷한 방향으로 나아가는 한 가지 잘 알려진 실험은 Linda Hermer and Elizabeth Spelke, "A Geometric Process for Spatial Reorientation in Young Children," *Nature* 370 (1994): 57-59이다. 이에 대한 후속 연구와 결론은 Spelke, "What Makes Us Smart: Core Knowledge and Natural Language," in Dedre Gentner and Susan Goldin-Meadow's collection, *Language in Mind: Advances in the Investigation of Language and Thought* (Cambridge, MA: MIT Press, 2003)에서 논의됐다. 이 연구는 오직 언어를 사용할 수 있는 인간만이 방 안을 탐색하는 데 각기 다른 종류의 정보(지형+색상 신호)를 결합하여 쓸 수 있으며 쥐나 언어를 습득하

기 이전의 어린이는 그렇게 할 수 없다고 주장했다. 그러나 보다 최근의 연구는 이 실험들의 중대성을 보다 불분명하게 만든 듯하다. 인간의 경우에 대해서는 Kristin Ratliff and Nora Newcombe, "Is Language Necessary for Human Spatial Reorientation? Reconsidering Evidence from Dual Task Paradigms," *Cognitive Psychology* 56 (2008): 142-63을 참조할 것. 조르지오 발로티가라 또한 쥐가 해결하지 못한 과업을 닭이 해결할 수 있었다고 보고한 바 있다. Vallortigara et al., "Reorientation by Geometric and Landmark Information in Environments of Different Size," *Developmental Science* 8 (2005): 393-401을 참조할 것.

p213 "하지만 몇몇 연구 결과에 기반한 한 가지 그럴싸한 모형이 있다"

Daniel Dennett, *Consciousness Explained* (New York: Little, Brown and Co., 1991)은 이 관점을 개괄하는 데 중요한 자료다. 내적 언어가 원심성 사본을 다른 용도로 쓰게 된 데 기원했다는 생각에 대해서는 Simon Jones and Charles Fernyhough, "Thought as Action: Inner Speech, Self-Monitoring, and Auditory Verbal Hallucinations," *Consciousness and Cognition* 16, no. 2 (2007): 391-99을 참조할 것. Peter Carruthers는 내적 언어가 정교하고 논리적인 스타일의 사고를 촉진하는 내부적 '전파'의 도구라고 자신의 논문 "An Architecture for Dual Reasoning," in Jonathan Evans and Keith Frankish, eds., In *Two Minds: Dual Processes and Beyond* (Oxford and New York: Oxford University Press, 2009)에서 주장한다. Fernyhough가 내적 언어에 대해 쓴 저서는 Charles Fernyhough, *The Voices Within: The History and Science of How We Talk to Ourselves* (New York: Basic Books, 2016)을 참조할 것. 내적 언어에 대한 나의 생각은 Kritika Yegnashankaran의 박사학위 논문 "Reasoning as Action," Harvard University, 2010에도 영향을 받았다.

p213 "이제 이런 친숙한 사실들을 뇌과학에서 점차 더 중요해지고 있는 개념에 연결시킬 것이다"

이 개념을 도입한 프레임에 대해서는 나중에 더 이야기할 것이다. 이에 대한 좋은 자료로는 앞서 인용한 Merker의 논문 "The Liabilities of Mobility: A Selection Pressure for the Transition to Consciousness in Animal Evolution," *Consciousness and Cognition* 14 (2005): 89-114와 Kalina Christoff et al., "Specifying the Self for Cognitive Neuroscience," *Trends in Cognitive Sciences* 15, no. 3 (2011): 104-12가 있다.

p214 "나는 *4*장에서 '원심성 사본'이란 표현을 쓰지는 않았지만"

나는 또한 원심성 사본들이 설명하는 데 (십중팔구) 중요한 역할을 하는 현상 중 하나를 다뤘다. 바로 지각항등성이다. 예를 들어 우리가 뛰어다녀도 우리 눈은 (자주 그러하듯이) 사물들을 그대로 있는 것으로 본다. 이는 '항등성' 현상의 범주에 속하는 한 가지 측면이다. 다른 측면으로는 조명의 상태에 따른 변화를 보상하는 우리의 능력이 포함되는데 이는 행위나 원심성 사본과 연관된 것이 아니다. 항등성 현상에서 원심성 사본이 행하는 역할에 대해서는 여전히 연구가 이루어지고 있다. W. Pieter Medendorp, "Spatial Constancy Mechanisms in Motor Control," *Philosophical Transactions of the Royal Society* B 366 (2011): 20100089을 참조할 것.

p216 "다니엘 카네만을 비롯한 심리학자들의 용어를 빌리자면 내적 언어는 '시스템 *2*' 사고를 위한 도구다"

Kahneman의 책 *Thinking, Fast and Slow* (New York: Farrar, Straus and Giroux, 2011)은 이미 고전의 반열에 올랐다. Evans와 Frankish가 편집한 논집 *In Two Minds: Dual Processes and Beyond*도 참조할 것. Dewey는 상상 속에서 행위를 리허설하는 것을 크게 강조했는데 특히 도덕적 행동에 대한 자신의 이론에서 이를 강조했다.

p217 "제임스 조이스의 소설에 나오는 질주하는 내면의 독백 표현을 차용하여"

Daniel Dennett의 *Consciousness Explained*를 참조할 것. Dennett은 자신의 이론에서 원심성 사본을 이용하지 않는다. 그는 조이스적 기계의 기원에 대한 자신의 설명을 Richard Dawkins가 설명한 '밈'의 전이의 개념과 결부짓는다. 나는 밈에 대해서는 보다 회의적인 편이다(Dawkins의 *The Selfish Gene*, Oxford and New York: Oxford University Press, 1976을 참조할 것).

p217 "*2001*년 한 실험에서 피험자들에게"

Harald Merckelbach and Vincentvan de Ven, "Another White Christmas: Fantasy Proneness and Reports of 'Hallucinatory Experiences' in Undergraduate Students," *Journal of Behavior Therapy and Experimental Psychiatry* 32, no. 3 (2001): 137-44을 참조할 것.

p218 "*1970*년대의 역사적인 연구에서 영국의 심리학자 앨런 배델리와"

Alan Baddeley and Graham Hitch, "Working Memory," in *The Psychology of Learning and Motivation*, Vol. VIII, ed. Gordon H. Bower, 47-89 (Cambridge, MA: Academic Press, 1974)를 참조할 것.

p221 "작업공간 이론의 2세대 버전은"

Stanislas Dehaene and Lionel Naccache, "Towards a Cognitive Neuroscience of Consciousness: Basic Evidence and a Workspace Framework," *Cognition* 79 (2001): 1-37을 참조할 것.

p223 "오랫동안 의식과 어느 정도 연관이 있다고 여겨져 온 현상으로"

특히 David Rosenthal의 연구를 참조할 것. David Rosenthal, "Thinking That One Thinks," in Martin Davies and Glyn Humphreys, eds., *Consciousness: Psychological and Philosophical Essays*, 197-223 (Oxford:

Blackwell Publishing, 1993)

p225 "누구도 인간의 언어가 얼마나 오래됐는지 모른다"

W. Tecumseh Fitch, *The Evolution of Language* (Cambridge, U.K.: Cambridge University Press, 2010)을 참조할 것.

p227 "*1950*년 독일의 생리학자 에리히 폰 홀스트와 호르스트 미텔슈태트는"

von Holst and Mittelstaedt, "The Reafference Principle (Interaction Between the Central Nervous System and the Periphery," 1950, reprinted in *The Behavioural Physiology of Animals and Man: The Collected Papers of Erich von Holst*, vol. 1, trans. Robert Martin, 139-73 (Coral Gables, FL: University of Miami Press, 1973)을 참조할 것.

한 가지 측면에서 내가 그들로부터 빌어 온 용어는 최선이 아니다. 재구심성(reafference)을 다루는 데 사용되는 내부 신호는 근육에 전송되는 출력 신호의 '사본'일 필요가 전혀 없다. 내가 '원심성 사본'이라 부르는 것은 때때로 '동반 방출'이라 일컬어지기도 한다. '방출'이란 표현은 '사본'보다는 중립적이다. Trinity Crapse와 Marc Sommer는 "Corollary Discharge Across the Animal Kingdom," *Nature Reviews Neuroscience* 9 (2008): 587-600에서 원심성 사본을 동반 방출의 한 '종류'로 봐야 한다고 주장한다. 어쩌면 이것이 관계를 보다 명확하게 정립하는 좋은 방법일 수 있다. 그러나 이 책에서 나는 구심성 대 원심성, 재구심성 대 외구심성과 같은 폰 홀스트와 미텔슈태트가 소개한 구분의 전체적인 네트워크를 활용하고자 했다. 이 프레임에서 '사본'이라는 용어는 이미 표준이 되었으므로 이를 그대로 사용했다.

본문에서 언급한 현상들은 처음에 시각의 사례에서 연구됐으며 그 주요 개념(지각의 모호성을 해소하기 위해 재구심성에 대한 보상을 해야 할 필요)이 시각에 대한 이론에 도입된 것은 17세기까지 거슬러 올라간다. 역사적인 측면에 대한 흥미로운 개관은 Otto-Joachim Grüsser,

"Early Concepts on Efference Copy and Reafference," *Behavioral and Brain Sciences* 17, no. 2 (1994): 262-65을 참조할 것.

p229 "그러나 이러한 종류의 기억은 의사소통의 현상이기도 하다"

나는 이에 대해 "Sender-Receiver Systems Within and Between Organisms," *Philosophy of Science* 81 (2014): 866-78에서 다루었다.

7. 압축된 경험

p237 "왜 우리 '모두'는 지금보다 더 오래 살지 못할까?"

이 장에서 다룬 노화 현상에 대한 고전적 저작들에는 Peter Medawar, *An Unsolved Problem of Biology* (London: H. K. Lewis and Company, 1952); George Williams, "Pleiotropy, Natural Selection, and the Evolution of Senescence," *Evolution* 11, no. 4 (1957): 398-411; William Hamilton, "The Moulding of Senescence by Natural Selection," *Journal of Theoretical Biology* 12, no. 1 (1966): 12-45가 있다. 노화에 관한 진화론적 이론의 발전에 대한 훌륭한 개괄은 Michael Rose et al., "Evolution of Ageing since Darwin," *Journal of Genetics* 87 (2008): 363-71을 참조할 것. 내가 본격적으로 다루지 않은 노화 이론은 '일회용 체세포' 이론이다. 나는 이 이론을 윌리엄스 이론의 변종으로 본다. 이에 대해서는 Thomas Kirkwood가 이 사안에 대한 또다른 훌륭한 개괄인 "Understanding the Odd Science of Aging," *Cell* 120, no. 4 (2005): 437-47에서 다뤘다.

p249 "해밀턴은 *2000*년 에이즈 바이러스(HIV)의 근원에 대해 조사하기 위해 아프리카를 방문했다가 말라리아에 걸려 사망했다"

이 인용구는 W. D. Hamilton, "My Intended Burial and Why," *Ethology Ecology and Evolution* 12, no. 2 (2000): 111-22에서 인용한 것이다. 이

뛰어난 사상가에 대해 더 자세히 알고 싶다면 *Narrow Roads of Gene Land: The Collected Papers of W. D. Hamilton, Volume 1: Evolution of Social Behaviour* (Oxford and New York: W. H. Freeman/Spektrum, 1996)을 참조할 것. 결국 그는 옥스포드 근처에 묻혔는데 근처의 벤치에 해밀턴의 파트너가 시간이 지나면 빗방울을 타고 아마존까지 닿으리라고 새겨 놓은 문구가 있다.

p249 "노화에 대한 진화론적 이론은 우리에게 노화와 관련 있는 쇠퇴의 기본적인 사실들에 대한 설명을 제공한다"

이 이론은 윌리엄스가 기술한 바와 같이 어떤 개체가 나이가 들면서 다양한 문제가 나타날 것임을 예상하지만 '어떻게' 노화와 연관된 손상이 발생하는지를 특정하지는 않는다. 생물학자들은 여전히 포유류 또는 더 큰 범주의 생물에게서 노화로 인한 쇠퇴가 발생하는 전반적인 메커니즘을 탐색 중이다. 노화로 인한 손상이 하나의 광범위한 원인 때문이라고 가정하는 가설들이 본문에서 설명한 노화의 진화론적 이론에 대한 부분적인 라이벌이 될 수 있다. 때로는 어떤 이론들이 라이벌 관계에 있고 어떤 이론들이 서로 호환되는지 구분하기가 어려울 때도 있다. 노화 메커니즘에 대한 최근의 연구에 대해서는 Darren Baker et al., "Naturally Occurring p16Ink4a-Positive Cells Shorten Healthy Lifespan," *Nature* 530 (2016): 184-89를 참조할 것.

p250 "암컷 문어들은 일회생식성의 극단적인 사례로"

Jennifer Mather, "Behaviour Development: A Cephalopod Perspective," *International Journal of Comparative Psychology* 19, no. 1 (2006): 98-115를 참조할 것.

p250 "문어 중에서도 최소 하나의 예외가 존재한다"

Roy Caldwell, Richard Ross, Arcadio Rodaniche, and Christine Huffard, "Behavior and Body Patterns of the Larger Pacific Striped Octopus," *PLoS*

One 10, no. 8 (2015): e0134152을 참조할 것. 이 논문은 이전의 연구와는 달리 문제의 문어를 '반복생식성'으로 묘사하지 않는다. "(이 문어에게는) 다회성이며 뚜렷하게 나뉘어진 산란기를 갖고 있는 '반복생식성' 보다는 일회성의 연장된 산란기를 갖고 있는 '지속 산란성'이 보다 적합한 분류로 보인다."

p253 "그러고는 그 껍데기를 버렸다"

Kröger, Vinther, and Fuchs, "Cephalopod Origin and Evolution: A Congruent Picture Emerging from Fossils, Development and Molecules," *BioEssays* 33 (2011): 602-13을 참조할 것.

p255 "*2007*년 이 연구소는 캘리포니아 중부 해안에서 *1600*미터 심해의 지층 돌출부를 조사하고 있었다"

Bruce Robison, Brad Seibel, and Jeffrey Drazen, "Deep-Sea Octopus (Graneledone boreopacifica) Conducts the Longest-Known Egg-Brooding Period of Any Animal," *PLoS One* 9, no. 7 (2014): e103437을 참조할 것.

p257 "그 결과 진화는 그의 수명을 다르게 설정했다"

두족류의 수명이 짧다는 데 대한 또 다른 예외가 될 수 있는 것은 흡혈오징어다. 이름은 그렇지만 흡혈오징어는 그리 무서운 동물이 아니다. 이 녀석들의 삶에 대해서는 알려진 게 거의 없어 최근에 네덜란드의 과학자 Henk-Jan Hoving과 공동 연구자들은 실마리를 얻기 위해 최근 실험실 내에 먼지가 쌓인 병 속에 오랫동안 보존되어 왔던 표본들을 연구하기 시작했다. 이들은 다른 거의 모든 두족류와는 다르게 암컷 흡혈오징어는 여러 번의 생식 주기를 거치며 그 주기가 꽤 긴 편이라는 증거를 발견했다. 연구진은 주기가 적어도 스무 번 이상 반복되는 것으로 보인다고 생각한다. 이것이 맞다면 흡혈오징어는 수명이 길 것이다. 심해동물인 흡혈오징어 역시 낮은 수온과 깊은 수심으로 인해 신진대사가 둔화돼 있다. 우리에게는 흡혈오징어가 직접적으로 맞닥뜨리는 포식 위험이 있다는 증거가 전혀 없다. Henk-Jan Hoving, Vladimir Laptikhovsky, and Bruce Robison, "Vampire Squid Reproductive Strategy Is Unique among Coleoid Cephalopods," *Current Biology* 25, no. 8 (2015): R322-23을 참조할 것.

p257 "이런 점들을 한데 모아 정리해 보면"

한 가지 측면에서 이 장에서 내가 두족류의 노화에 대해 다룬 것은 상당히 비정통적이다. 나는 주류 이론의 개념들(Medawar, Williams 등)을 적용하고 있지만 이러한 개념이 잘 적용되지 않는 문어는 한동안 골칫거리로 여겨졌다. 이는 많은 사람들이 보기에 문어는 특정 단계에서 죽도록 '프로그래밍'된 듯했기 때문이다. 문어의 노쇠는 문어의 죽음을 묘사할 때 자주 사용되던 말마따나 질서정연하고 '계획적'인 것처럼 보였다. 메더워-윌리엄스 이론에 골칫거리가 될 수 있는 사례의 목록이 있다면 문어는 그 목록의 상단에 있을 것이다. 메더워-윌리엄스 이론은 노화에 의한 손상이 '계획적으로' 이루어지는 것으로 보지 않으나 문어들은 분명 이런 인상을 준다.

1977년에 실시된 문어의 노쇠의 생리학적 기반에 대한 연구는 이러한 관점을 뒷받침한다. Jerome Wodinsky, "Hormonal Inhibition of Feeding and Death in Octopus: Control by Optic Gland Secretion," *Science* 198 (1977): 948-51. 이 논문은 벌문어(*Octopus hummelincki*)의 죽음이 "시선(optic gland, 視腺)"에서 나오는 분비물에 의한 것이라고 보고한다. 이 선을 제거하면 암컷과 수컷 문어 모두 더 오래 살고 달리 행동한다. 논문의 저자 Wodinsky는 "문어는 특정한 '자기파괴' 체계를 갖는 듯하다"고 해석한다. 문어가 그런 걸 왜 갖고 있는 걸까? Wodinsky는 각주에서 가설을 제시한다. "암컷과 수컷 모두에게서 이 메커니즘은 늙고 덩치가 크며 약탈적인 개체들의 사멸을 보장하며 매우 효과적으로 개체수를 조절할 수 있는 도구가 된다."

이러한 개체수 조절에 대한 주장이 '어째서' 이런 죽음을 초래하는 메커니즘이 존재하는가에 대한 설명으로 제시된다면 내가 본문에서 제시한 진화의 전반적인 원리에 위배되는 것으로 보인다. 보다 오래 사는 돌연변이가 나타나 다른 개체들보다 짝짓기를 더 많이 했다고 가정해 보자. 다른 개체들에게 해가 될 수 있다는 사실이 이 돌연변이가 더 흔해지는 것을 막지는 못할 것이다. '개체수 통제' 수단이 무임승차자들에 의해 전복되지 않으리라고 생각하기란 매우 어렵다.

Justin Werfel, Donald Ingber, Yaneer Bar-Yam의 모형화 논문은 종종 문어와 연관지어지곤 하는 계획된 죽음이 진화 '가능'하다고 주장한다. "Programmed Death Is Favored by Natural Selection in Spatial Systems," *Physical Review Letters* 114 (2015): 238103. 그러나 이 논문에 사용된 모형에서는 생식과 확산이 국지적 현상이다. 다시 말해 부모의 자식이 인근에서 정주하며 성장하는 것이다. 이는 가족 내부에서 경쟁이 발생하는 문제를 일으킬 수 있다. 당신의 자식과 손자가 같은 지역의 자원을 두고 경쟁하게 되는 것이다. 1980년대부터 다양한 모형들이 이처럼 '사과가 나무에서 멀리 떨어지지 않는' 상황이 특별한 진화적 결과를 가질 수 있다는 걸 보여 줬다. 그러나 문어는 그런 방식으로 생식하지 않는다. 알이 부화하면 유충은 플랑크톤에 붙어 흘러가며 살아남는 데 성공하면 어딘가의 해저에서 정착한다. Benjamin Kerr와 나는 이런 경우에서 협동적 행동의 모형을 Godfrey-Smith and Kerr, "Selection in Ephemeral Networks," *American Naturalist* 174, no. 6 (2009): 906-11에서 제시한 바 있다. 지금까지 알려지기로 어린 문어들은 어미가 살았던 곳 근처에서 정착할 수 있는 방법을 갖고 있지 않다. 만약 그런 방법이 있다면(일종의 화학물질 추적 등으로) 협력과 생식 '규제'의 가능성과 같은 여러가지 흥미로운 결과를 낳게 될 것이다.

나는 문어의 죽음이 보기보다 덜 '계획적'이라고 생각하지만 문어의 경우는 메더워-윌리엄스 이론이 인식한 현상의 극단적인 발현이라고 생각한다. (이러한 종류의 논의에 대해 더 자세히 알기 위해서는 앞서 인용한 Kirkwood의 논문을 참조할 것. 다만 문어의 사례는 아니다.) Wodinsky의 논문에 몇 가지 실마리가 있다. 시선을 절제하자 노쇠의 지

연을 비롯한 다양한 행동적 변화가 생겨났다("알을 낳은 후 이 선들을 제거하자 암컷은 알 낳기를 멈추었고 다시 먹이를 먹기 시작했으며 체중이 불어났고 더 오래 살았다"). 시선이 그 자체로 노쇠를 일으키는 게 아니라 시선이 일으키는 행동적, 생리적 특징이 노쇠를 그 부산물로 갖고 있는 것일 수도 있다.

한 가지 측면에서 두족류는 노화의 진화론적 이론에 좋은 사례다. 포식 위험이 격심하면 수명은 매우 짧아진다. 다른 측면에서 두족류는 이 이론에 나쁜 사례 같아 보이기도 한다. 노화로 인한 손상이 매우 정연해 '미리 짜여진' 것처럼 여겨질 정도다. 어쩌면 내가 한 이야기에서 뭔가 빠진 부분이 있을 수 있다. 특히 알을 낳지 않는 수컷 문어의 경우 갑작스러운 노화 현상은 이상하게 보인다. 그러나 '개체수 통제'는 가능성이 낮으며 결국은 메더워-윌리엄스-해밀턴 이론이 적용될 것이라고 본다.

8. 옥토폴리스

p263 "요즘 내가 주로 문어들을 관찰하는 장소는"

옥토폴리스의 독특한 특징에 대해서는 Godfrey-Smith and Lawrence, "Long-Term High-Density Occupation of a Site by Octopus tetricus and Possible Site Modification Due to Foraging Behavior," *Marine and Freshwater Behaviour and Physiology* 45 (2012): 1-8을 참조할 것. 옥토폴리스는 계속 변하고 있으며 그 모습은 Metazoan.net에 계속 업데이트된다.

p263 "여러 마리의 문어가 무리를 이루는 사례는 이미 몇 번 보고된 바 있지만"

우리가 쓴 논문에서 우리는 과거에 보고된, 문어가 무리 지어 모여 있거나 사회적 상호작용을 하는 사례들을 분류한 표를 만들어 넣었다. Scheel, Godfrey-Smith, and Lawrence, "Signal Use by Octopuses in Agonistic

Interactions," *Current Biology* 26, no. 3 (2016): 377-82의 표1을 참조할 것.

p265 "우리가 지금까지 확인한 바로는 우리가 주변에 있건 없건 그들의 행동은 크게 다르지 않았다"

이것에 대해 완전히 확신할 수는 없다. 왜냐하면 카메라 자체가 그들의 환경에 일시적으로 추가된 것이기 때문이다. 카메라는 삼각대로 고정돼 있고 문어들에게 상당히 가까이 있을 때가 많다. 때로는 문어가 카메라를 공격하기도 한다. 우리가 받은 인상은, 대부분의 경우 잠수부가 없을 때 카메라에 잡힌 행동은 잠수부가 있을 때와 크게 다르지 않았으며 대부분의 경우 카메라는 문어의 관심의 초점이 아니었다는 것이다. 하지만 확신하기는 어렵다.

p266 "데이비드는 아프리카에서 사자를 연구했다"

일례로 Scheel and Packer, "Group Hunting Behavior of Lions: A Search for Cooperation," *Animal Behaviour* 41, no. 4 (1991): 697-709을 참조할 것.

p270 "우리의 무인 카메라는 때때로 다른 문어나 다른 것들과 상호작용하지 않고 혼자 가만히 앉아 있는 듯 보이는 문어가 별다른 이유 없이 일련의 색깔과 무늬들을 전시하는 모습을 촬영했다"

이 경우에 대해서 완전히 확신하지는 못하겠다. 왜냐하면 카메라의 시야 너머에 어떤 문어가 있을 수도 있기 때문이다. 어쩌면 카메라 자체가 이런 행동을 유발했을지도 모를 일이다.

p270 "때때로 자신의 몸 뒷부분 전체를…머리 위로 들어올리기도 한다"

배경에 보이는 물체는 삼각대 위에 올려져 있는 우리 카메라 중 하나다. 이 삼각대는 우리가 최근에 쓰기 시작한 높은 것이고 다른 삼각대는 높이가 낮고 덜 눈에 띈다.

p271 "그는 피부빛의 어두운 정도가 문어가 얼마나 공격적이 될 것인지를 보여주는 믿을 만한 지표라는 걸 발견했다"

Scheel, Godfrey-Smith, and Lawrence, "Signal Use by Octopuses in Agonistic Interactions"을 참조할 것.

p272 "나는 한 미술가에게 이 무늬의 차이를 보다 분명하게 보여 주는 그림을 의뢰했다"

그림은 Eliza Jewett이 그렸다. 이 그림은 Scheel, Godfrey-Smith, and Lawrence, "Signal Use by Octopuses in Agonistic Interactions"에도 사용됐다.

p273 "*1982*년 마틴 모이니헌과 아르카디오 로다니체는 그때까지 기록된 바 없고 흔치 않은 외모와 밝은 줄무늬를 가진 문어를 발견했다고 보고했다"

이는 5장에서 언급한 논문 "The Behavior and Natural History of the Caribbean Reef Squid (Sepioteuthis sepioidea): With a Consideration of Social, Signal and Defensive Patterns for Difficult and Dangerous Environments," *Advances in Ethology* 25 (1982): 1-151 과 동일한 것이다.

p274 "캘드웰과 로스와 동료들이 공저한 논문에서는"

Caldwell et al., "Behavior and Body Patterns of the Larger Pacific Striped Octopus," *PLoS One* 10 (2015): e0134152을 참조할 것.

p280 "우리가 옥토폴리스에 대해 쓴 두 번째 논문은"

이 논문은 Scheel, Godfrey-Smith, and Lawrence, "Octopus tetricus (Mollusca: Cephalopoda) as an Ecosystem Engineer," *Scientia Marina* 78, no. 4 (2014): 521-28이다.

p281 "*2011*년, 옥토폴리스에 사는 문어와 밀접한 관계가 있는 문어 종에 대한 연구에서 문어가 개체별로 문어를 인식할 수 있다는 결론이 나왔다"

Elena Tricarico et al., "I Know My Neighbour: Individual Recognition in Octopus vulgaris," *PLoS One* 6, no. 4 (2011): e18710를 참조할 것.

p281 "보다 논란의 소지가 있는 *1992*년의 연구는"

Graziano Fiorito and Pietro Scotto, "Observational Learning in Octopus vulgaris," *Science* 256 (1992): 545-47.

p285 "조류와 인류의 공통조상인 도마뱀을 닮은 동물은"

Richard Dawkins and Yan Wong, *The Ancestor's Tale* (New York: Houghton Mifflin, 2004; 『조상 이야기』, 이한음 옮김, 까치, 2018)을 참조할 것.

p286 "*1972*년의 유명한 한 논문에서 앤드류 패커드는"

Andrew Packard, "Cephalopods and Fish: The Limits of Convergence," Biological Reviews 47, no. 2 (1972): 241-307을 참조할 것. Frank Grasso and Jennifer Basil, "The Evolution of Flexible Behavioral Repertoires in Cephalopod Molluscs," *Brain, Behavior and Evolution* 74, no. 3 (2009): 231-45 도 참조할 것.

p287 "새로운 관점은 문어와 갑오징어, 그리고 오징어의 가장 최근의 공통조상은 *1*억 *7000*만 년 전이 아닌 *2*억 *7000*만 년 전에 살았다고 본다"

여기서도 나는 Kröger, Vinther, and Fuchs, "Cephalopod Origin and Evolution: A Congruent Picture Emerging from Fossils, Development and Molecules," *Bioessays* 33 (2011): 602-13을 참고했다. 흡혈오징어(*Vampyromorpha*)가 어디에 들어갈 수 있는지는 좀 불확실하다. '십완상목'은 두족류의 하위그룹 외에도 갑각류의 하위그룹을 가리키는 표현이란 점을 참고할 것.

p288 "여전히 두족류와 어류 사이의 경쟁이 진행 중이었을 수 있으나"

Packard가 논문을 썼던 시절에 비교해 바뀐 것은 단지 두족류가 기원한 시기만이 아니었다. 어류에 대해서도 마찬가지의 변화가 있었다. Packard가 두족류의 경쟁자로 봤던 어류종은 이제는 그가 생각했던 것보다 더 일찍 등장한 것으로 여겨진다. 어쩌면 초형아강 두족류의 공통조상이 살던 시기로 요즈음 추정되는 페름기였을 수 있다. Thomas Near et al., "Resolution of Ray-Finned Fish Phylogeny and Timing of Diversification," *Proceedings of the National Academy of Sciences* 109, no.34 (2012): 13698-703 참조.

p288 "*2015*년 처음으로 문어의 유전체 염기서열이 분석됐다"

Caroline Albertin et al., "The Octopus Genome and the Evolution of Cephalopod Neural and Morphological Novelties," *Nature* 524 (2015): 220-24을 참조할 것.

p289 "일례로 크리스텔 조제-알브와 그의 연구진이 프랑스 노르망디에서 내가 이 책에서 다룬 대왕갑오징어보다 더 작은 종에 대해 최근 실시한 기억에 관한 연구가 있다"

Christelle Jozet-Alves, Marion Bertin, and Nicola Clayton, "Evidence of Episodic-like Memory in Cuttlefish," *Current Biology* 23, no. 23 (2013): R1033-35을 참조할 것. 이들이 참조한 조류 연구는 앞서 인용한 Clayton and Dickinson, "Episodic-like Memory During Cache Recovery by Scrub Jays," *Nature* 395 (2001): 272-74이다.

p294 "그런데 *2002*년, 한 작은 만이 해양보호구역으로 지정되면서"

이 보호구역은 시드니 북쪽에 있는 캐비지트리 만에 위치해 있다.

p295 "*1800*년대 중반 북해의 어부들은 혹여 자신들이 물고기들의 씨를 말리지 않을까 의문을 갖기 시작했고"

나는 여기서 특히 Charles Clover의 저서 *The End of the Line: How Overfishing Is Changing the World and What We Eat* (New York: New Press, 2006)을 참고했다. Alanna Mitchell, *Sea Sick: The Global Ocean in Crisis* (Toronto: McClelland and Stewart, 2009) 또한 마찬가지로 경각심을 일깨우는 책이다. 보다 짧으면서도 매우 훌륭한 (그리고 경각심을 일깨우는) 글은 Elizabeth Kolbert, "The Scales Fall," *The New Yorker*, August 2, 2010이다. Huxley의 연설은 1883년 런던의 어업박람회에서 행해진 것이다. Clover는 이렇게 썼다. "병든 헉슬리가 회원이었던 의회 조사단은 10년이 지나지 않아 이 결론을 번복했다."

p295 "어업은, 특히 대구 어업은 불과 수십년 만에 심각한 위기에 처했다"

대구 어업의 경우 어획량의 쇠퇴는 Huxley가 이런 발언을 했던 1883년에 이미 진행 중이었다. 어획량의 쇠퇴는 가속화되다가 제1차 세계대전이 발생하면서 멈추었다. 전쟁이 끝나자 대구의 개체수는 변동을 거듭했으나 결국 감소했고 1992년 캐나다의 대구 어업은 완전히 무너졌다. 2015년의 자료는 조업의 감소로 대구가 당시보다는 상태가 나아졌음을 시사한다 "Cod Make a Comeback... ," *New Scientist*, July 8, 2015.

p296 "산성화는 화학적 변화의 한 가지 사례다"

두족류와 바다 산성화에 대한 연구를 많이 발견하지는 못했다. 꽤 우려스러운 자료가 H. O. Pörtner et al., "Effects of Ocean Acidification on Nektonic Organisms," *Ocean Acidification*, edited by J.-P. Gattuso and L. Hansson (Oxford: Oxford University Press, 2011)에서 논의된 바 있다 Katherine Harmon Courage에 따르면 Roger Hanlon은 두족류가 여러 종류의 '더러운' 물을 다룰 수 있음에도 불구하고 기이한 혈액 내 화학적 특징 때문에 물의 산성도(pH)에 매우 민감하다고 말한다. 때문에 바다의 산성화는 두족류에게 심각한 위협이라는 것이다. Katherine Harmon

Courage, *Octopus! The Most Mysterious Creature in the Sea* (New York: Current/ Penguin, 2013), 70, 213을 참조할 것.

p297 "배런에게 물었을 때"

이런 사안에 관한 글로는 Andrew Barron, "Death of the Bee Hive: Understanding the Failure of an Insect Society," *Current Opinion in Insect Science* 10 (2015): 45-50을 참조할 것.

p299 "세계의 바다 여기저기에는 동물은 물론이고 다른 생명체도 거의 살 수 없는 '데드존'들이 있는데"

Alanna Mitchell, *Sea Sick: The Global Ocean in Crisis*을 참조할 것. 요약된 내용은 "What Causes Ocean 'Dead Zones'?," *Scientific American*, September 25, 2102, www.scientificamerican.com/article/ocean-dead-zones 에서 읽을 수 있다. Mitchell의 책에 따르면 '데드존'들은 1960년대부터 10년마다 두 배씩 늘고 있다.

찾아보기

ㄱ

ㄴ

ㄷ

ㄹ

ㅁ

ㅂ

ㅅ

ㅇ

ㅈ

ㅊ

ㅎ

기호&ABC

고프리스미스의 철학책이라면 믿을 만하다. 그는 세계를 뒤져서 단서를 찾아내는 드문 철학자이기 때문이다. 고프리스미스는 감탄스러울 정도로 지식이 풍부하고 호기심이 많다. 고프리스미스의 탐험은 옳으며, 그는 독단적이지 않고 놀랍도록 예리하다.

칼 사피나, 뉴욕 타임스 북 리뷰

입문과 심화과정을 한 번에! 고프리스미스는 우리를 바다라는 독특한 철학적 여정으로 인도한다. 우리는 열렬한 다이버이자 존경할 만한 작가인 저자와 동행한다. 그가 두족류의 삶과 의식의 기원을 탐구하고 있기 때문이다. 두족류와의 만남에 대한 매혹적인 묘사와 함께, 책 제목에서 알 수 있듯이 그는 이 생물들이 마음을 갖고 있다고 믿는다.

스테판 케이브, 파이낸셜 타임스

문어와 문어의 친척들에 대해 매혹적인 설명으로 매끄럽게 써 내려간 책이다. 고프리스미스는 우리와 다른 동물의 차이점을 강조하며 동시에 우리와 동물이 같다는 점을 높이 평가한다. 과학과 다이빙을 통해 얻은 개인적 경험을 섞어서 생생하게 묘사했다.

콜린 맥긴, 월스트리트 저널

훌륭하다. 이 책의 아름다움은 고프리스미스의 글이 가진 명확성에 있다. 외계인 같기도 하고, 이상하고, 아름다운 이 동물들이 우리 생각보다 우리와 더 가깝다는 것을 증명했다.

필립 호아레, 가디언

고프리스미스는 이 책을 통해 스스로 두 가지 도전에 직면했다. (i) 문어의 행동과 인식에 대해 알려진 사실을 종합하고, (ii) 왜 이 정보가 정신에 대해 우리가 갖고 있는 철학적, 과학적 개념에 도전하는지 보여주었다. 그 결과는 가장 설득력이 있다.

오필리아 드로이, 사이언스

과학철학자이자 숙련된 심해 다이버 고프리스미스는 자신이 몰두하던 것들을 한 권의 책으로 만들었다. 그는 철학과 생물학을 세련된 대중과학의 문법으로 엮어냈다. 두족류와의 만남을 통해 직접 겪은 생생한 일화, 사로잡힌 문어들이 만든 장난스런 이야기가 담겨 있다.…믿을 수 없을 정도로 통찰력 있고 즐거운 책이다.

미한 크리스트, 로스앤젤레스 타임스

사랑스러운 책이다. 자연사, 철학, 생명의 경이로움을 장인의 솜씨로 블렌딩해 놓았다. 『아더 마인즈』는 환상적인 심해 속으로 우리를 데려간다. 바다 밑 세계와 신비롭고 지적인 문어뿐 아니라 억겁의 세월 동안 이어져 온 정신의 본성과 진화를 흥미롭고 친절하게 안내한다. 피터 고프리스미스는 이토록 매력적인 이야기를 생생하고도 우아한 글로 탄생시켰다. 문어에 대한 그의 열정과 사랑을 모든 페이지에서 볼 수 있다. 문어가 된다는 것이 과연 어떨지 궁금한 사람, 또는 우리 인간 그리고 지각이 있는 다른 생명체가 밟아온 정신의 진화에 관심이 있는 사람이라면 꼭 읽어야 한다.

제니퍼 애커먼 『새들의 천재성』 저자

생명의 가장 큰 수수께끼 중 하나는 동물이 어떻게 그리고 왜 자신을 인식하게 되었는가이다. 피터 고프리스미스는 문어를 통해 직접 체험한 지식으로 동물의 의식 속으로 세심하게 안내한다.

프란스 드 발 『동물의 생각에 관한 생각』 저자

놀랍고, 극적이고, 생생하고, 볼거리가 많은 이 책에는 입을 다물 수 없을 정도로 놀라운 아이디어와 짜릿한 이야기가 가득하다. 아름답고, 맑고, 좋은 느낌을 주는 글에서 다이버 철학자 피터 고프리스미스는 생명의 본질, 진화의 과정, 정신의 진화를 말하며 당신의 생각을 변화시킬 것이다. 『아더 마인즈』는 모든 자연주의자와 모든 잠수부와 다른 생물이 어떻게 경험하는지 궁금한 모든 사람을 만족시킬 것이다. 즉, 누구나 이

책을 읽고 지구와 바다를 공유하는 다른 동물들과 더욱 친밀하고 배려 있는 관계를 맺어야 한다.

사이 몽고메리 『문어의 영혼』 저자

이런 놀라운 동물들을 공감과 정확성을 갖고 조사한 것만으로도 충분한 성취다. 고프리스미스가 이 책에서 하고 있는 것처럼 의식의 탄생과 본성에 빛을 비추는 작업은 정말 매혹적이다.

차이나 미에빌 『이중도시』 『크라켄』 저자

고프리스미스는 여기서 한 가지, 아니 두 가지의 중요한 탐험—진화의 가장 중요한 전환점으로의 여행과, 어느 비범한 생물의 정신이라는 세계로의 선구자적 여행—을 떠난다.

조너선 밸컴 『물고기는 알고 있다』 저자

우리 인간의 가장 나쁜 자질 중 하나는 의식을 배타적인 길이라고 고집하는 것이다. 다행히도 피터 고프리스미스는 우리에게 전혀 새로운 사고 영역에 대한 로드맵을 제시한다. 이 다른 세계를 향한 친절하고 너그러운 탐험으로 지각이라는 개념 전체를 재고하게 될 것이다.

폴 그린버그 『포 피쉬』 저자